物理定数表

2018 CODATA 調整値*より　（　）内数字は末位の 2 桁の誤差（標準偏差[illegible]）を示す。

名称	記号	値	単位
標準重力加速度（緯度 45°，海面）	g_{n}	9.80665	$\mathrm{m/s^2}$
万有引力定数	G	$6.67430(15)\times10^{-11}$	$\mathrm{N{\cdot}m^2/kg^2}$
真空中の光の速さ（定義値）	c	299792458	m/s
磁気定数（真空の透磁率）	μ_0	$4\,\pi\times10^{-7}=12.5663706212(19)\times10^{-7}$	$\mathrm{N/A^2}$, H/m
電気定数（真空の誘電率 $1/\mu_0c^2$）	ε_0	$8.8541878128(13)\times10^{-12}$	F/m
電気素量（素電荷 定義値）	e	$1.602176634\times10^{-19}$	C
プランク定数（定義値）	h	6.62607015×10^{-34}	J/Hz, J·s
$h/2\,\pi$（定義値）	$\hbar$	$1.054571817\cdots\times10^{-34}$	J/Hz, J·s
電子の質量	m_{e}	$9.1093837015(28)\times10^{-31}$	kg
陽子の質量	m_{p}	$1.67262192369(51)\times10^{-27}$	kg
中性子の質量	m_{n}	$1.67492749804(95)\times10^{-27}$	kg
微細構造定数	α	$7.2973525693(11)\times10^{-3}$	
リュードベリ定数	R_∞	10973731.568160(21)	$\mathrm{m^{-1}}$
ボーア半径	a_0	$0.529177210903(80)\times10^{-10}$	m
ボーア磁子	μ_{B}	$927.40100783(28)\times10^{-26}$	J/T
磁束量子（定義値 $h/2e$）	Φ_0	$2.067833848\cdots\times10^{-15}$	Wb
電子の磁気モーメント	μ_{e}	$-928.47647043(28)\times10^{-26}$	J/T
電子の比電荷	$-e/m_{\mathrm{e}}$	$-1.75882001076(53)\times10^{11}$	C/kg
原子質量単位	m_{u}	$1.66053906660(50)\times10^{-27}$	kg
アボガドロ定数（定義値）	N_{A}	6.02214076×10^{23}	$\mathrm{mol^{-1}}$
ボルツマン定数（定義値）	k	1.380649×10^{-23}	J/K
気体定数（定義値 $N_{\mathrm{A}}k$）	R	$8.314462618\cdots$	J/(mol·K)
ファラデー定数（定義値 $N_{\mathrm{A}}e$）	F	$96485.33212\cdots$	C/mol
シュテファン・ボルツマン定数（定義値 $(\pi^2/60)k^4/\hbar^3c^2$）	σ	$5.670374419\cdots\times10^{-8}$	$\mathrm{W/(m^2{\cdot}K^4)}$
0 ℃の絶対温度（定義値）	T_0	273.15	K
標準大気圧（定義値）	P_0	101325	Pa
理想気体の 1 モルの体積（定義値 0°C，1 atm）	V_{m}	$22.41396954\cdots\times10^{-3}$	$\mathrm{m^3/mol}$
1 カロリーのエネルギー（定義値）		4.184	J
地球の質量	M_{E}	5.972×10^{24}	kg
地球・太陽間の距離（天文単位 1au の定義値）		$1.49597870700\times10^{11}$	m

*http://physics.nist.gov/cuu/constants

ギリシャ文字

A	α	アルファ	N	ν	ニュー
B	β	ベータ	Ξ	ξ	グザイ（クシー）
Γ	γ	ガンマ	O	o	オミクロン
Δ	δ	デルタ	Π	π	パイ
E	ε	イプシロン	P	ρ	ロー
Z	ζ	ゼータ	Σ	$\sigma\ \varsigma$	シグマ
H	η	イータ	T	τ	タウ
Θ	θ	シータ	Υ	υ	ウプシロン
I	ι	イオタ	Φ	$\phi\ \varphi$	ファイ
K	κ	カッパ	X	χ	カイ
Λ	λ	ラムダ	Ψ	ψ	プサイ
M	μ	ミュー	Ω	ω	オメガ

物理定数表

CODATA（2014 年）より，[（　）内数字は誤差（標準偏差で表した不確かさ）を示す]

名称	記号	値	単位
標準重力加速度（緯度 45°，海面）	g_{n}	9.80665	$\mathrm{m/s^2}$
万有引力定数	G	$6.67408(31)\times10^{-11}$	$\mathrm{N{\cdot}m^2/kg^2}$
真空中の光の速さ（定義値）	c	299792458	m/s
磁気定数（真空の透磁率 定義値）	μ_0	$4\,\pi\times10^{-7} = 12.566370614\cdots\times10^{-7}$	$\mathrm{N/A^2}$，H/m
電気定数（真空の誘電率 定義値 $1/\mu_0 c^2$）	ε_0	$8.854187817\cdots\times10^{-12}$	F/m
電気素量（素電荷）	e	$1.6021766208(98)\times10^{-19}$	C
プランク定数	h	$6.626070040(81)\times10^{-34}$	J·s
$h/2\,\pi$	$\hbar$	$1.054571800(13)\times10^{-34}$	J·s
電子の質量	m_{e}	$9.10938356(11)\times10^{-31}$	kg
陽子の質量	m_{p}	$1.672621898(21)\times10^{-27}$	kg
中性子の質量	m_{n}	$1.674927471(21)\times10^{-27}$	kg
微細構造定数	α	$7.2973525664(17)\times10^{-3}$	
リュードベリ定数	R_∞	10973731.568508(65)	$\mathrm{m^{-1}}$
ボーア半径	a_0	$0.52917721067(12)\times10^{-10}$	m
ボーア磁子	μ_{B}	$927.4009994(57)\times10^{-26}$	J/T
磁束量子	Φ_0	$2.067833831(13)\times10^{-15}$	Wb
電子の磁気モーメント	μ_{e}	$-928.4764620(57)\times10^{-26}$	J/T
電子の比電荷	$-e/m_{\mathrm{e}}$	$-1.758820024(11)\times10^{11}$	C/kg
原子質量単位	m_{u}	$1.660539040(20)\times10^{-27}$	kg
アボガドロ定数	N_{A}, L	$6.022140857(74)\times10^{23}$	$\mathrm{mol^{-1}}$
気体定数	R	8.3144598(48)	J/(mol·K)
ボルツマン定数	k	$1.38064852(79)\times10^{-23}$	J/K
シュテファン・ボルツマン定数	σ	$5.670367(13)\times10^{-8}$	$\mathrm{W/(m^2{\cdot}K^4)}$
ファラデー定数	F	96485.33289(59)	C/mol
0 ℃の絶対温度（定義値）	T_0	273.15	K
標準大気圧（定義値）	P_0	101325	Pa
理想気体の 1 モルの体積（0°C，1 atm）	V_{m}	$22.413962(13)\times10^{-3}$	$\mathrm{m^3/mol}$
1 カロリーのエネルギー（定義値）		4.184	J
地球の質量	M_{E}	5.972×10^{24}	kg
地球・太陽間の距離(天文単位 1au の定義値)		$1.49597870700\times10^{11}$	m

http://physics.nist.gov/constants

ギリシャ文字

大文字	小文字	読み	大文字	小文字	読み
A	α	アルファ	N	ν	ニュー
B	β	ベータ	Ξ	ξ	グザイ（クシー）
Γ	γ	ガンマ	O	o	オミクロン
Δ	δ	デルタ	Π	π	パイ
E	ε	イプシロン	P	ρ	ロー
Z	ζ	ゼータ	Σ	$\sigma\ \varsigma$	シグマ
H	η	イータ	T	τ	タウ
Θ	θ	シータ	Υ	υ	ウプシロン
I	ι	イオタ	Φ	$\phi\ \varphi$	ファイ
K	κ	カッパ	X	χ	カイ
Λ	λ	ラムダ	Ψ	ψ	プサイ
M	μ	ミュー	Ω	ω	オメガ

工学を学ぶための
物理入門 ―力学―

佐藤　杉弥
服部　邦彦
梅谷　篤史
狩野　みか
佐藤　由佳
中村　　輝

東京教学社

著者紹介

佐藤(さとう) 杉弥(すぎや)	日本工業大学・共通教育学群（物理学）・教授・理学修士
服部(はっとり) 邦彦(くにひこ)	日本工業大学・共通教育学群（物理学）・教授・工学博士
梅谷(うめや) 篤史(あつし)	日本工業大学・共通教育学群（物理学）・准教授・博士（理学）
狩野(かのう) みか	日本工業大学・共通教育学群（物理学）・准教授・博士（理学）
佐藤(さとう) 由佳(ゆか)	日本工業大学・共通教育学群（物理学）・講師・博士（理学）
中村(なかむら) 耀(ひかる)	日本工業大学・共通教育学群（物理学）・講師・博士（工学）

まえがき

この教科書で扱う，運動，力，エネルギーなどの力学の基礎は，基本的に高校までの理科に出てくることと変わりません．ただし，それをより高度な言葉と数学で言い換えています．実は，「工学の基礎」として取り組んで欲しいことは，基礎的なことがらを便利な部品要素として単に覚えることではなく，用語に込められた概念や，物理現象の本質と関連性を忍耐強く理解し，工学者同士で通用する言葉（数学）で対象の課題を論理的に扱う鍛錬です．

取り上げた例題や問題の多くは基本的なものであり，現代ではインターネット検索やコンピュータ・ソフトウェアを利用して答えを得ることができます．それをなぜ苦労して自分で解く必要があるのでしょうか．その理由は問題を解くプロセスを経験して体得することです．特に工学においては，曲げることのできない自然法則の制約と具体的な状況から問題を計算できる形で定式化することと，得られた結果を同様に吟味することが重要です．そのためには言葉で与えられた具体的な問題のエッセンスを読み解いて数式に落とし込むことと，結果の数式や数値を状況に即した言葉に読み戻すことが必要です．力学は，自然を観察し理解するための方法論と論理の体系の精髄です．また，そこに含まれる概念は工学共通の基本的事項であるとともに，広くアナロジーとしても使われるものです．ここで，どんな分野でどんなことに役立つのかということを列挙することもできますが，なによりも学ぶこと自体に科学技術の基本として分野によらない価値があります．

この教科書は，おもに大学で工学を学ぶ人が共通の基礎として持つべきそのような素養を，基本的な内容に限って短い時間で学べるように作成しました．第1章でこのテキストでの学び方の注意，および，物理学の中でも力学はどのようなものかという背景説明と基礎事項を述べた後，第2章から第6章で，力学の基本的な法則の理解と応用を解説しています．例題や練習問題を根気よく解くことで，考え方や具体的な解法を身につけてください．

なお，本書は前書『工学を学ぶための物理』を大幅に改訂した新版です．内容を吟味して要点をまとめ，前書と併せて作成したワークシートの内容も取り入れて，自習しやすい工夫をしています．さらにその元となったのは著者らの先輩たちが著した，「はじめての物理学（力学編）」でした．科学同様に科学のテキストもまた先人の肩の上に立っているものです．日本工業大学物理教室の諸先輩方，前テキストの著者でもある鳥塚潔先生，佐々木潔先生，平井正紀先生，ならびに，お世話になった東京教学社の鳥飼正樹様，岩井裕一様に厚く感謝いたします．

2024年3月

著　者

目　　次

第1章　物理学への道

1.1 なぜ力学を学ぶのか 2

1.2 近代物理学の成立 5

1.2.1 ガリレイの実験 5
1.2.2 運動の 3 法則 6
1.2.3 万有引力 6
1.2.4 物理学と因果律 7
1.2.5 推理と法則の発見 8
1.2.6 物理学と実験 8

1.3 基礎事項 1：物理量と単位 9

1.3.1 単位 9
1.3.2 物理量の計算 11
1.3.3 接頭語 11

1.4 基礎事項 2：物理量とグラフ 12

1.5 基礎事項 3：微分と積分，および，速度と加速度 13

1.6 基礎事項 4：ベクトル 16

1.6.1 ベクトルの演算規則 17
1.6.2 2 次元のベクトル 20
1.6.3 3 次元のベクトル 21
1.6.4 スカラー積とベクトル積の性質 24

第2章　簡単な運動

2.1 質点の運動 32

2.1.1 質点とは 32
2.1.2 運動のベクトル表記 34
2.1.3 平面運動における経路の式 38
2.1.4 相対運動 39
2.1.5 発展：流れの中の運動 41

2.2 円運動 …… 43
2.2.1 孤度法と極座標 43
2.2.2 角速度・角加速度 44
2.2.3 円周上の運動 45
2.2.4 等速円運動 48
2.2.5 発展：円運動を用いた 2 次元の曲線運動の表し方 51
2.3 単振動 …… 51
2.3.1 単振動とは 51

第3章 力と運動

3.1 運動の法則 …… 60
3.1.1 運動の第 1 法則 · · · 慣性の法則 60
3.1.2 運動の第 2 法則 · · · 運動の法則 61
3.1.3 運動の第 3 法則 · · · 作用・反作用の法則 62
3.1.4 運動の 3 法則の理解に向けて 63
3.2 いろいろな力と運動の第 2 法則 …… 65
3.2.1 いろいろな力 66
3.2.2 運動の第 2 法則の適用 70
3.3 運動方程式とその解き方 …… 74
3.3.1 運動方程式 74
3.3.2 力が一定で 1 方向の運動の場合 76
3.3.3 力が一定で 2 方向の運動の場合 83
3.3.4 方向が一定で大きさが変化する力の場合 86
3.4 振動運動と運動方程式 …… 88
3.4.1 単振動の運動方程式 89
3.4.2 減衰振動の運動方程式 94
3.4.3 強制振動の運動方程式 97
3.5 発展：中心力による運動 …… 99
3.5.1 中心力のもとでの質点の運動方程式 99
3.5.2 万有引力のもとでの運動 100

第4章 仕事とエネルギー

4.1 仕事 …… 108

4.2 エネルギー…… 112
4.2.1 運動エネルギー 113
4.2.2 保存力とポテンシャル・エネルギー 116
4.3 力学的エネルギー保存の法則 …… 119

第5章 運動量と角運動量

5.1 運動量と力積…… 124
5.1.1 運動量 124
5.1.2 力積 125
5.1.3 運動量保存の法則 127
5.2 力のモーメントと角運動量 …… 129
5.2.1 力のモーメント 129
5.2.2 角運動量 132
5.2.3 角運動量と力のモーメントの関係 133

第6章 質点系の力学 ―多くの質点からなる系の力学―

6.1 質点系の並進運動 …… 140
6.2 質点系の回転…… 144
6.3 剛体とそのつりあい …… 146
6.4 偶力…… 150
6.5 固定軸のある剛体の運動 …… 151
6.6 慣性モーメント…… 153
6.7 回転の運動エネルギーと仕事 …… 160
6.8 剛体の平面運動…… 162

問題略解 …… 167
索 引 …… 175

第1章

物理学への道

学習のポイント

(1) 理解のために

その1：物理学は暗記物ではないという心構えをもつ．

その2：読解力・想像力と数学の基礎が必要である．

その3：物理の数式は物理量の関係を表すことを忘れない．

(2) 近代物理学の成立

ガリレイ　外力が働いていないとき物体は現状を持続しようとする → 慣性

ニュートン　物体の運動を支配する自然の法則 → 運動の3法則

地上物体の運動から類推して天体の運動を考察 → 万有引力の法則

（近代物理学の考え方）

- 近代物理学の法則は決定論的因果律に従っている．
- 観察する → 仮説を立てる → 検証する → 自然現象から法則が見出される．
- 直接観察や実験で集めたデータから得られた事実 → 物理概念が定義される．

(3) 物理量 = 数値 × 単位

本書で使う基本単位　長さ [L]（単位 m），質量 [M]（単位 kg），時間 [T]（単位 s）

(4) グラフ（→ 2つの量の関係を視覚的に知る）

$y = ax + b$, $y = ax^2$, $y = \dfrac{a}{x}$, $y = a\sin(bx)$ のグラフが描けるか確認

(5) 時間 t，位置 $x(t)$，速度 $v(t)$，加速度 $a(t)$ のとき，

速度 $v(t) = \dfrac{\mathrm{d}x}{\mathrm{d}t}$　　加速度 $a(t) = \dfrac{\mathrm{d}v}{\mathrm{d}t}$

時間が t_1 から t_2 まで変化するときの 位置の総変化量 $= \displaystyle\int_{t_1}^{t_2} v(t)\mathrm{d}t$

時間が t_1 から t_2 まで変化するときの 速度の総変化量 $= \displaystyle\int_{t_1}^{t_2} a(t)\mathrm{d}t$

(6) 2次元ベクトル　$\boldsymbol{r} = x\boldsymbol{i} + y\boldsymbol{j}$（$\boldsymbol{i}$ は x 方向，$\boldsymbol{j}$ は y 方向の単位ベクトル）

大きさ $r = |\boldsymbol{r}| = \sqrt{x^2 + y^2}$

3次元ベクトル　$\boldsymbol{r} = x\boldsymbol{i} + y\boldsymbol{j} + z\boldsymbol{k}$（$\boldsymbol{k}$ は z 方向の単位ベクトル）

大きさ $r = |\boldsymbol{r}| = \sqrt{x^2 + y^2 + z^2}$

ベクトル $\boldsymbol{r}_1 = x_1\boldsymbol{i} + y_1\boldsymbol{j} + z_1\boldsymbol{k}$, $\boldsymbol{r}_2 = x_2\boldsymbol{i} + y_2\boldsymbol{j} + z_2\boldsymbol{k}$ に対して

和　$\boldsymbol{r} = (x_1 + x_2)\,\boldsymbol{i} + (y_1 + y_2)\,\boldsymbol{j} + (z_1 + z_2)\,\boldsymbol{k}$

スカラー積　$\boldsymbol{r}_1 \cdot \boldsymbol{r}_2 = x_1x_2 + y_1y_2 + z_1z_2$

$= |\boldsymbol{r}_1||\boldsymbol{r}_2|\cos\theta$（$\theta$ は $\boldsymbol{r}_1$, $\boldsymbol{r}_2$ のなす角）

1.1 なぜ力学を学ぶのか

ここがポイント！

理解のために

その1：物理学は暗記物ではないという心構えをもつ．

その2：読解力・想像力と数学の基礎が必要である．

その3：物理の数式は物理量の関係を表すことを忘れない．

古代，人間が五感を使って自然と向かい合い，その恵みも災厄もそのまま受けとって暮らしていたころから，自然界のできごとにはあるルール（法則）があることは気づかれていただろう．そのルールをよく知るものは，未来を予測し，便利な道具を作り，よりよい暮らしを手に入れることができた．

近代になってガリレオやニュートンの現れた時代になると，自然界の法則を探るための方法として科学が確立した．その方法とは，だれでも同じ程度に正しく観測，測定することのできる事実（測定データ）に基づき，論理を用いて整合性のある説明（仮説）を考え，またそれを確かめる（仮説の検証）というものである．実際，科学の方法はおおむねうまく働き，そこから得られた知見を利用して工学が発展し，世の中は便利に，豊かになった（一方，古代にはなかった危険や問題も生み出された）．

そして，工学の成果によって自然観察や実験の技術が向上することで，科学の知見も広がり続けている．現代では，事実と論理と検証に基づく科学の成果の積み重ねによって，五感だけでは容易に想像することのできない遠い星々や極微の原子の現象もよく知られている．また，それらが工学的に利用されてきたことで，現代社会は，過去の人間から見ると魔法のような道具であふれている＊1．

＊1　多くの現代人にとってもスマホやワクチンは魔法のように見えるかもしれない．相対性理論と量子力学がなかったらカーナビが正しく動かないって知っていましたか？

科学の中でも，自然の法則の最も基本的な部分を扱う分野が物理学で，その中でも初めて科学として確立したのが力学といえる．力学では自然界の出来事が起こるときに働く共通の作用を「力」という言葉で表して，つりあいや運動を説明する．力のように，自然現象を共通に理解するために考えられた言葉を物理概念というが，力学では力の他にも，質量や速度，エネルギー，運動量といった概念を用いて，さまざまな側面から物体の運動を説明し，それらが論理の体系としても，実際の現象と比較しても，矛盾のないようにまとめ上げられている．物理概念を用いて，論理を組み立て，検証し，実用的に計算するための共通の言葉として，科学の確立以前から深く研究されていた数学が使われている[*2].

驚くことに，力学はただの物理学の一要素ではなく，力学で用いられた概念や説明の論理は，電磁気や熱の現象にも共通に使えるもの，あるいはその先の説明の基礎にできるものだった．例えば，エネルギーは電気的な形にも熱的な形にも光学的な形にも変換できることがわかったので，より広い概念として使われている．振動現象を表す数式は，振り子の運動でも電気回路でも同じ形である．原子・分子などミクロの世界で成り立つ量子力学の名前の中に力学が含まれるのも，古典的な力学の手法をもとに発展して来た名残ともいえる．

このため，伝統的に物理学では最初に古典的な力学を学ぶ．その目的は，基本的な概念を理解し，自然現象の説明の手法，数学的な論理の進め方を学ぶことである．しかし，力学で学ぶことは決して物理学の中にとどまるものではない．力学だけをみると全く日常とは関わりのないつまらない問題が並ぶように見えるが，それは，科学や工学の基礎として，分野によらず，現実の問題の本質を抜き出し，数学の論理に置き換えて扱うためのエッセンスなのである[*3].

これまでのことをまとめると，ここで学ぶことは，

- 工学の基礎になる，物理概念や力学現象の理解
- 実際の問題を抽象化して数式として扱う基本的な作法の修得

である．これらは未知の問題に取り組むための準備になる．基本の事実（問題に表れる条件）や，基本的な法則（数少ない確立された自然法則）から，答えにたどりつけるようにならなくてはならない．そのためには，どのような点に気をつけて学習を進めればよいだろうか．以下にそのポイントを挙げておこう．

その1　物理学は暗記物ではないという心構えをもつ

本当に基本的な物理概念や物理法則は少ない．例えばこの教科書の質点の力学の範囲では，

物理概念：力，質量，速度，加速度，運動量，仕事，エネルギー
物理法則：運動の3法則，万有引力の法則（重力），エネルギー保存則，フックの法則

くらいでほぼ足りる（本当はもう少しあるが，基礎的な概念をよく理解

＊2　数学は単に科学の言語として便利に使われるだけでなく，それ自体が広く深い分野であるため，数学の成果が科学の研究に結びつくことも多いし，逆に，科学の研究から数学が発展したところもある．例えば微積分はもともと力学の説明のために考案されたし，日常と関わりのなさそうな難しい数学が相対性理論を記述できる体系であることがわかったりもした．

＊3　工学で扱う公式の多くは，自然現象の科学法則や数学の定理を実用的に便利なように書き換えたものである．

しておけば，新たに出てきた概念の理解の助けになる）．物理概念は自然現象の見方や定義を共通の用語で理解して簡単に話が通じるように成立してきたものである．物理法則はわれわれの知っている自然がそういうルールで動いているという事実なので，これらは覚える必要がある．しかし，これらを納得して使えれば，水平投射や自由落下のように場合分けされた多くの公式をいちいち暗記する必要はない．ただ公式を暗記して決まった問題の計算ができるだけでは意味がなく，そのようなやり方では無限のパターンを覚えなければならなくなる．膨大な暗記に頼るのではなく，数少ない原理原則から推論を進めるようにして学ぶことによって理解が深まっていくのである．この教科書では，読者が高校初級程度の物理を修得していることを想定しているが，覚えたつもりの用語や法則であっても改めて確認して欲しい＊4．

＊4　教科書では理論的な側面だけしか扱えないので，データの取得や仮説の検証といった科学の方法に基づいた学習は主に実験を通して学ぶことになる．

その 2　読解力・想像力と数学の基礎が必要である

概念を理解したり，問題の状況を読み解いて必要な情報を得たりするためには，物理や数学以前に，文章構造を読み解き，図表を正しく読み取る力が必要となる．日常とやや違う使われ方をする用語（例えば「仕事」）や，状況などを示すための分野に特有の言い回し（例えば「なめらかな」といったら摩擦を無視できる）なども引っかかるところかもしれない．これらのことは物理学の本質ではないが，数学とならんでつまずくことが多いところである．

ここを乗り越えて適切な法則と条件を使えば，具体的な状況のエッセンスである数式が得られる．また，このことは，逆に数式を処理した結果を読み解くときにも必要になる＊5．

＊5　数学を用いて論理を進めることができることは技能として重要だが，物理学の本質は数式を処理することではない．想像力を働かせて思考実験をしたり，数式が解けるような物理的な条件を探したり，応用や探求のアイデアを考えたりすることが大切である．

その 3　物理の数式は物理量の関係を表すことを忘れない

物理学で扱う量は現実の何かを測った量なので，それぞれが長さやエネルギーといった物理概念と結びついている．これらの量を数式で表すためには，例えば距離を x，質量を m，速度を v というような文字で変数や定数に置き換えるが，それぞれの量の値はある物理単位を基準に測られるもので，単位が物理概念を表している．したがってそれらの量で組み立てられた数式は，これらの量の関係を表した自然法則の究極のモデル（模型）にあたる．

例えば，次のような数式

$$ma = F$$

があったとする．この式は，そのまま読めば「エム エー イコール エフ」

である．しかし，もしこれがニュートンの運動の法則を書いたものなら，m は質量，a は加速度，F は力にあたるので，この式は，

$$質量 \times 加速度 = 力$$

という関係を意味し，「力というものは，質量と加速度の積で決まる量だ」ということを簡潔に表している [*6]．

*6　例えば質量の変数名 m は Mass，加速度の変数名 a は Acceleration，力の変数名 F は Force の頭文字なので，英語もできると理解しやすい．

1.2　近代物理学の成立

ここがポイント！

ガリレイ

- 外力が働いていないときには，物体には現状を持続しようとする慣性が存在すると主張した．

ニュートン

- 物体の運動を支配する自然の法則を 3 つにまとめた．
- 地上物体の運動から類推して天体の運動をも考察し万有引力の仮説に至った．

近代物理学の考え方

- 近代物理学の法則は決定論的因果律に従っている．
- 自然現象から法則が見出されるときには，観察して，仮説を立て，検証するという推理の過程を経る．
- 直接観察や実験で集めたデータから得られた事実を基礎にして物理概念を定義する．

先に進む前に，力学が成立した時代のことや，物理学の背景を少し見ておこう．

1.2.1　ガリレイの実験

近代物理学は 17 世紀，ガリレイ [*7] とニュートン [*8] の 2 人によって開かれ，方向づけられた．以後 300 年にわたり，多くの人々の努力によって補修され，近年になって物理学の研究法も確立され，近代物理学はほぼ完成した．これは数学と技術の発展に負うところが大きい．

*7　G. Galilei (1564～1642)
*8　I. Newton (1643～1727)

それまでの人は，力が作用しないと運動は止まる（速さはなくなる）と

いうアリストテレス流の考えを 2000 年間信じていた．それに対してガリレイは外から力が作用しなくても運動が止まることはないことを指摘した．氷面上に投げた石がよく滑り，なかなか止まらないことを例に出し，外力が働いていないときには，物体には現状を持続しようとし，静止しているものは静止を，運動しているものはそのまま等速度運動を続けようとする慣性 [*9] が存在すると主張した．ガリレイはこのことを観測だけでなく，実験で確かめ，慣性の法則を発見したのである．それまでの人と違って，ガリレイは観測だけでなく，それを実験という手段に訴えて事象を探究しようとした．ガリレイの科学者としての偉大さはここにある．

*9 英語で inertia という．

1.2.2 運動の 3 法則

ガリレイの考えを受けついでニュートンは，物体の運動を支配する自然の法則を 3 つにまとめ，これを経験則でなく原理の形で提唱した．それは 1687 年出版の名著「自然哲学の数学的諸原理」[*10] 略名プリンキピア（原理）の題名からも明らかである．この原理は，実験・経験と一致し，現在でも物理法則として十分に役立つ．この著作では，まず始めに質量 [*11]，運動量，外力などの 8 つの用語の定義を述べ，次に公理または運動の法則として，

① 外力が作用しないとき
② 外力が作用したとき
③ 力の作用の仕方

を挙げて述べている．この 3 法則は，現在では多少形を変えて表現されているが本質は変わらない．

*10 ラテン語題名 Philosophiæ Naturalis Principia Mathematica

*11 当時は「物質量」と呼んだ．

1.2.3 万有引力

ニュートンは，地上物体の運動から類推して天体の運動をも考察した．天体の運行については，すでにケプラー [*12] がチコ・ブラーエ [*13] の長期にわたる精密・膨大な観測と記録をもとにして，惑星の運行を次の 3 法則にまとめていた（図 1.1）．

① 各惑星の軌道は円でなく太陽を焦点とする楕円軌道をとる．
② 動径の描く面積速度は一定である．
③ 公転周期の 2 乗は長半径の 3 乗に比例する．

ガリレイやケプラーは，ある特殊な目に見える物体（落体，放物体，惑

*12 J. Kepler (1571～1630)

*13 Tycho Brahe (1546～1601)

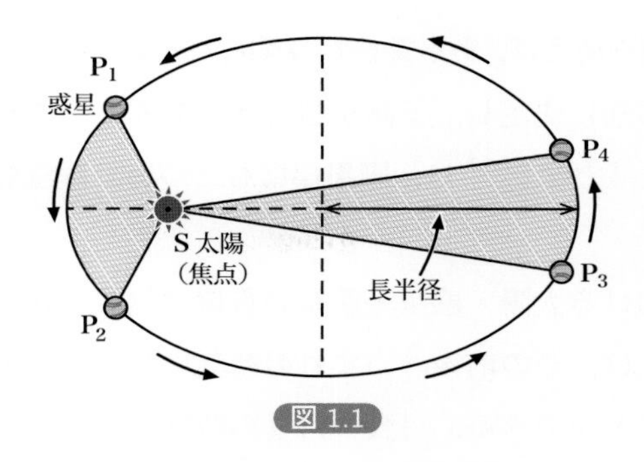

図 1.1

星など）についての観測をもとにして法則を求めた．これに対しニュートンは，さらに一歩進め，自然界に起こるあらゆる物体の運動現象について，いつどんな場合でも適用できる基本原理を提唱し，それをもとにして具体的な 1 つひとつの運動現象を説明しうるような理論体系を築こうとした．運動は，力と密接に関連している．2 つの物体があればその間に力が働く．これを解明するために運動の 3 法則と**万有引力の法則**を提案し，これらを数式化して，ガリレイ，ケプラー，ホイヘンス [*14] などの多くの動力学上のそれまでの研究成果を矛盾なく説明した．その上，古代の静力学やパスカル [*15] などの流体や固体に関する静力学上の研究成果もこの理論の特殊な場合として説明することができた．

*14 C. Huygens (1629～1695)

*15 B. Pascal (1623～1662)

万有引力の法則は次のように記述できる．図 1.2 のように，質量 M, m の 2 つの物体が中心間距離 r だけ離れて位置しているとき，両者の間に引力が働き，その大きさ F は，G を**万有引力定数**として，

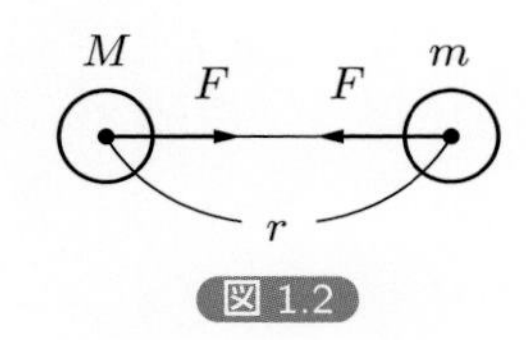

図 1.2

$$F = \frac{GMm}{r^2} \tag{1-1}$$

で与えられる．万有引力定数 G はキャベンディッシュ [*16] によるねじれ秤（図 1.3）の測定データを用いて算出され，その値は

*16 H. Cavendish (1731～1810)

$$G = 6.6720 \times 10^{-11}\ \mathrm{N{\cdot}m^2/kg^2} \tag{1-2}$$

である．

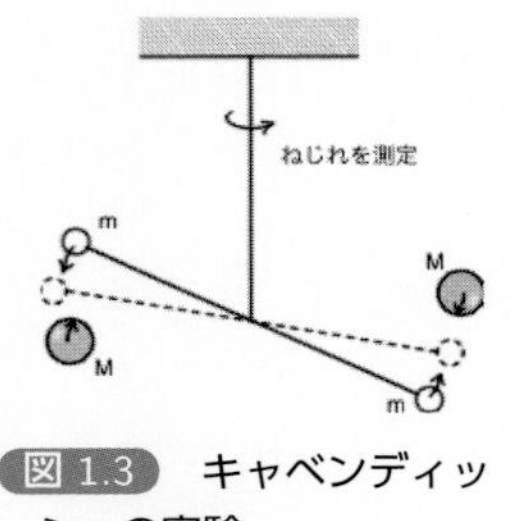

図 1.3 キャベンディッシュの実験

1.2.4 物理学と因果律

近代物理学の法則はすべて次に述べる決定論的因果律に従っている．

① 自然界には法則があり，その法則は人間の理解できる範囲内にある．

② すべての現象には原因があり，原因なしには現象は現れない．同じ条件下では，同じ原因から常に同じ結果が生まれる．

このような法則を使えば，ある条件が与えられるとその後どのような現象が現れるかを事前に決定し，予測することができる．ニュートンによってまとめられた「力学」[*17] は，因果律にもとづいた理論体系の代表例である．

*17　力学（この教科書で扱っている内容）はニュートンによってまとめあげられたことから「ニュートン力学」と呼ばれる．また，現代物理学との対比で「古典力学」と呼ばれることもある．

ある時刻における太陽・惑星・衛星の質量と位置，速度，それらの間に働く力を知れば，その前後のいずれの時刻における太陽系の位置をも厳密に求めることができる．日食・月食の時刻を秒の正確さで事前に予測できるのはこの決定論的因果律のおかげである．地上の物体についても同じである．

多くの原因が重なっているときには，まずその主原因に着目し，それを抽出し，他のものは省略して原因・結果の関係を調べる．その後で前に省略したものを小さな乱れとして処理する方法がとられる．

1.2.5　推理と法則の発見

物理学の法則はどのように発見されていったのであろうか．自然現象から法則が見出されるときには，観察して，仮説を立て，検証するという推理の過程を経るのが一般的である．

自然科学は自然現象を対象とする科学で，そのもとになっているのはデータである．データはラテン語の「与えられたもの」に由来している．したがって，データは人にとって外部から与えられたもので，人が勝手に変えることのできないものである．データが蓄積され，それを眺めいろいろと推理を働かせ，データにはある秩序，ある規則性があることに人は気付いたのである．紀元前 5，6 世紀頃のギリシャで，推理の方法が生み出されて以来，科学は著しく進歩したといわれている．

推理を行うときに，よくとられる方法は次の通りである．まず，多くの観測事実から仮説を立てる．立てた仮説に対して，さらに観測を行い，仮説通りの結果が観察されれば，仮説の確からしさが増大する．この確からしさを増大させることを**仮説の検証**という．仮説の検証を繰り返すことによって，仮説が次第に法則として認められるようになる．このように，事実を集積して導き出された結論が法則であり，未知のものへの予測に使えるのである．もし，仮説に反することが観察されると，この仮説は誤りと認定され，法則にはならないのである．

1.2.6　物理学と実験

観察は，自然界に起こる現象をありのまま見ることである．実験は，複雑な現象の中の主役と思われるものを抽出して，それを主にして人工的条件下でどのように起こるかを見る手段で，自然の本質を明らかにするために必要である．自然の事象の単なる観察者から一歩踏み出し実験するようになったときに物理学の進歩が始まった．

天文学や地球物理学は，従来，観察科学の域を出ていなかったが，太陽系の惑星探査により火星や木星，土星について新しい知識を得るようになった．地球内部の構造については地震波による観察だけでなく，これを実験やコンピューターシミュレーションで確かめるようになった．天気予報もいろいろ工夫されており，予報の的中率が飛躍的に上昇した．

直接観察や実験で集めたおびただしいデータを注意深く分析，分類，整頓して得られた事実を基礎にして，物理概念を定義する．そして，これらの概念に対して拡張および抽象化をはかり，より広範囲の現象に適応される法則を見出し，この法則により新たな現象を予測し，より包括的な理論体系を構成しようとする．これが物理学の大きな特徴である．

1.3 基礎事項1：物理量と単位

節 1.3～節 1.6 では，第 2 章以降で用いるための基礎事項を簡単に整理しておく．内容は，物理量とその計算，運動の記述，微積分とベクトルである．準備の出来ている読者は第 2 章に進んでよい．

ここがポイント！

定性的な関係，定量的な関係を繰り返し検証 → 法則

物理量 = 数値 × 単位

基本単位のうち本書で使うもの

物理量	次元式	単位の記号	記号の読み方
長さ	L	m	メートル
質量	M	kg	キログラム
時間	T	s	秒，セカンド

1.3.1 単位

現象を分析して理解しようとするとき，性質や傾向に注目して考察するさまを「**定性的**」といい，量に注目して考察するさまを「**定量的**」という．多くの物理法則は，観測や実験を繰り返しながら，定性的にも定量的にも検証されていったものである．物理学では，定性的な関係だけ

でなく，定量的な関係が繰り返し検証されることで仮説が法則として認められていく．長さや力といった物理概念を，実際に測った量などを用いて定量的に，つまり，数値で表したものを**物理量**という．例えば，屋上から投げられた球が落下する現象を取り扱うとき，球の速さは毎秒何メートル，到達距離は何メートル，着地時間は何秒，球に働く重力の大きさは何ニュートンなどというように，その大きさが定義できるものだけを抽出する．こうして抽出されたものが物理量である．

このようにしてできあがった物理量の間の定量的関係が物理学でいう**法則**である．法則は，例えば $ma = F$ のように文字式で記述され，m, a, F がそれぞれ物理量を表す．実際に法則を使って具体的な現象を考えるときには，これらの文字に具体的な数値が入ることを忘れてはならない．

1つの物理量を決めるには，それと同じ内容をもつ基準を選び，基準量の何倍というように数値を使って表現する．この基準を**単位**といい，物理量は

$$\textbf{物理量} = \textbf{数値} \times \textbf{単位}$$

で表される．

物理量には多くの種類があり，それぞれの単位名も数多くある[*18]が現在の物理学では1960年の国際度量衡総会（こくさいどりょうこうそうかい）で決められた国際単位系（略称SI[*19]）を使用することになった．SIは，長さ（m），質量（kg），時間（s），電流（A），熱力学温度（K），光度（cd），物質量（mol）の7つのSI基本単位（**表 1.1**）と，これらを組み合せたSI組立単位で構成されている．なお，その部門の研究に大きく寄与した人の名に由来した単位名も用いられている（表（おもて）見返しの国際単位系を参照）．

具体的な大きさによらず，物理量の性質を表す概念として**次元**がある．一般的に力学では長さ[*20] [L]，質量[*21] [M]，時間[*22] [T] の3つの次元を用いると，他の量はこれらを組み合わせて $[\mathrm{L}^x\mathrm{M}^y\mathrm{T}^z]$ の形で表すことができる．この式を**次元式**という[*23]．例えば，速さは「距離/時間」なので，その次元は $[\mathrm{L}^1\mathrm{M}^0\mathrm{T}^{-1}]$ と表される．他にも例を挙げると，$(x = -3,\ y = 1,\ z = 0)$ は密度 $[\mathrm{L}^{-3}\mathrm{M}^1\mathrm{T}^0]$ を，$(x = 1,\ y = 1,\ z = -2)$ は力 $[\mathrm{L}^1\mathrm{M}^1\mathrm{T}^{-2}]$ を表す．力学で使われる長さ，質量，時間の次元に電流[*24] [I] の次元を加えると電気関係の諸量は $[\mathrm{L}^\alpha\mathrm{M}^\beta\mathrm{T}^\gamma\mathrm{I}^\delta]$ の形で表すことができる．

時と場所によって変化しない精密測定ができるものが，基本単位に選ばれている．現在の基本単位の定義[*25]を**表 1.2** に挙げておこう．

＊18　例えば，長さだけでもメートル，フィート，マイル，尺，光年などの単位がある．

＊19　フランス語の Systéme International d'Unités の頭文字をとって SI と省略する．

表 1.1　SI 基本単位

物理量	名称	記号
長さ	メートル	m
質量	キログラム	kg
時間	秒（セカンド）	s
電流	アンペア	A
熱力学温度	ケルビン	K
物質量	モル	mol
光度	カンデラ	cd

＊20　英語で Length という．

＊21　英語で Mass という．

＊22　英語で Time という．

＊23　次元は物理量の性質だけを表すもので，単位はさらに基準の大きさを指定するものと考えればよい．

＊24　英語で Current または Electric Current という．「I」は電流の強さという意味のフランス語 Intensité du Courant（英語では Current Intensity）からきている．

＊25　2018年末の国際度量衡委員会で，プランク定数 h，ボルツマン定数 k_B，アボガドロ数 N_A，電気素量 e の4つの物理定数を固定化（定義値化）する国際単位系（SI）の改訂が決議された．これにともない2019年5月に基本単位の定義が変更された．ただし，変更前と比べて数値的にはほぼ変わりはない．

表 1.2　SI の基本単位の定義

長さ（m）	$\mathrm{m\cdot s^{-1}}$ の単位で表したときの真空中の光の速さの値が 299792458 となるように 1 m を定める．
質量（kg）	$\mathrm{kg\cdot m^2\cdot s^{-1}}$ の単位で表したときのプランク定数の値が $6.62607015 \times 10^{-34}$ となるように 1 kg を定める．
時間（s）	$\mathrm{s^{-1}}$ の単位で表したときの非摂動・基底状態にある $^{133}\mathrm{Cs}$ 原子の超微細構造の値が 9192631770 となるように 1 s を定める．
電流（A）	$\mathrm{A\cdot s}$ の単位で表したときの電気素量の値が $1.602176634 \times 10^{-19}$ となるように 1 A を定める．
熱力学温度（K）	$\mathrm{kg\cdot m^2\cdot s^{-2}\cdot K^{-1}}$ の単位で表したときのボルツマン定数の値が 1.380649×10^{-23} となるように 1 K を定める．
物質量（mol）	$6.02214076 \times 10^{23}$ の要素粒子を含むように 1 mol を定める．
光度（cd）	$\mathrm{kg^{-1}\cdot m^{-2}\cdot s^3\cdot cd\cdot sr}$（sr は立体角の単位）の単位で表したときの単色光（周波数 $540 \times 10^{12}\ \mathrm{s^{-1}}$）の発光効率の値が 683 となるように 1 cd を定める．

1.3.2　物理量の計算

物理量の計算では有効数字と単位に特に注意しなければならない．ある物理式が正しいかどうかの判定は，まず，次元が正しいことが絶対条件である．式の変形，式の計算の際にはつねに次元を確認する必要がある．例えば $v^2 = ax^2 + bx \pm c$ が物理式であるためには v, x, a, b, c が物理的意味をもつとともに，次元が正しくなくてはならない．この式の右辺の各項は「+」，「−」で結ばれているので，すべて同じ次元でなくてはならない．また，「=」の両側で次元が同じでなくてはならない．すなわち，左辺の次元と右辺の次元は同じでなくてはならない．v の単位に m/s，x の単位に m を選んだ場合を考える．左辺の単位が $\mathrm{m^2/s^2}$ であるので，右辺の単位も $\mathrm{m^2/s^2}$ であり，a, b, c の単位はそれぞれ $1/\mathrm{s^2}$, $\mathrm{m/s^2}$, $\mathrm{m^2/s^2}$ となる．このあとで学ぶベクトル式を使う際にも同様で，同一次元でないと，和，差，等号は使えない．

1.3.3　接頭語

物理量の単位には接頭語を用いることがある．例えば，1000 m（メートル）のことを 1 km（キロメートル）と表記することがある．また，0.001 m（メートル）のことを 1 mm（ミリメートル）と表記することがある．ここで，「k（キロ）」，「m（ミリ）」とは，それぞれ $10^3 = 1000$ 倍，$10^{-3} = \dfrac{1}{1000}$ 倍を表す接頭語である．接頭語の一覧表は表（おもて）見返しにある．

1.4 基礎事項2：物理量とグラフ

ここがポイント！

グラフによって，2 つの量の関係を視覚的に知る．
グラフの形をイメージできるようにしておきたい関係

- y の変化量が x の変化量に比例　$y = ax + b$
- y が x の 2 乗に比例　$y = ax^2$
- y が x に反比例　$y = \dfrac{a}{x}$
- y が x の変化に対して振動　$y = a\sin(bx)$

物理法則は，複数の物理量の間の関係性を示すものが多く，これらは数式で表現される．また，物理量は観測や実験で測定されるものであり，測定器を使って直接測定できる**直接測定量**と，直接測定量から定義式により間接的に求められる**間接測定量**がある．直接測定量は限られており，多くの量は間接測定量である．

物理法則を表す式や，直接測定量と間接測定量とを結ぶ式に対して，グラフが用いられることが多い．2 つの量の関係は，グラフに描くことによって全体の様子を視覚的に知ることができる．これを知ることは非常に大切である．2 つの量の関係が，① 変化量が比例する，② 2 乗に比例する，③ 反比例 [*26] する ④ 振動するなどの，物理学によくでてくるものはグラフから容易に理解できる．それぞれに対応した式

*26　逆比例ともいう．

$$① \quad y = \frac{x}{2} + 3$$

$$② \quad y = \frac{x^2}{2}$$

$$③ \quad y = \frac{4}{x} \quad (x > 0)$$

$$④ \quad y = 5\sin\left(\frac{\pi x}{4}\right)$$

は一組の (x, y) の値を使って方眼紙上に描くことができる．図 1.4(a)～(d) は式 ①～④ の x と y との関係をグラフに描いたものである．各グラフの特徴をよく理解しておこう．

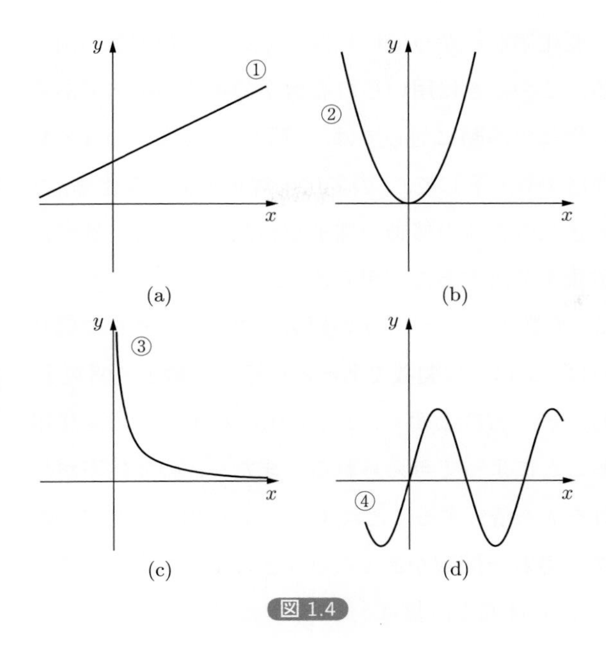

図 1.4

1.5 基礎事項3：微分と積分，および，速度と加速度

ここがポイント！

量 A の変化に対する量 B の変化の変化率 → B を A で微分

- 時間 t の変化に対する位置 $x(t)$ の変化の変化率 → 速度 v

$$v(t) = \frac{\mathrm{d}x}{\mathrm{d}t} = \lim_{\Delta t \to 0} \frac{x(t + \Delta t) - x(t)}{\Delta t} \quad \text{（位置を時間で微分）}$$

- 時間 t の変化に対する速度 $v(t)$ の変化の変化率 → 加速度 a

$$a(t) = \frac{\mathrm{d}v}{\mathrm{d}t} = \lim_{\Delta t \to 0} \frac{v(t + \Delta t) - v(t)}{\Delta t} \quad \text{（速度を時間で微分）}$$

量 A の変化に対する量 B の総変化量 → B の変化率を A で積分

- 時間が t_1 から t_2 まで変化するときの位置の総変化量

$$\text{位置の総変化量} = \int_{t_1}^{t_2} v(t)\mathrm{d}t \quad \text{（位置の変化率が速度 } v\text{）}$$

- 時間が t_1 から t_2 まで変化するときの速度の総変化量

$$\text{速度の総変化量} = \int_{t_1}^{t_2} a(t)\mathrm{d}t \quad \text{（速度の変化率が加速度 } a\text{）}$$

物理現象を考えるときには，対象となる複数の物理量の間にどのような関係があるのかに注目する．そして，ある物理量の値の変化に対する他の物理量の変化の割合，すなわち，変化率を知ることは，物理現象の理解の大きな助けとなる．変化率を求めるための数学の手法が**微分**であ

る．また，変化率がわかっていれば，そこから物理量の値を予測することができる．このときに用いられる数学の手法が**積分**である．

例えば，物体の移動に対しては，時間 t の経過に対する物体の位置 x の変化に注目する．そして，t の変化に対する x の変化率，すなわち，速度が計算できれば物体の移動の様子がわかる．また，速度から，数秒後の物体の位置を予測することができる．

数学では，変数 t があって，t の値を定めたときそれに応じて x の値も定まるならば，x は t の**関数**であるという．変数 t の関数をよく $f(t)$ の記号で表し，$x = f(t)$ と書く．t の変化に対する x の変化率は $f(t)$ を t で微分することによって与えられる．また，x の変化率が与えられていれば，これを t で積分することによって x を知ることができる．

$x = t^2$ で表される関数があるとき，x の微分を $\dfrac{\mathrm{d}x}{\mathrm{d}t}$ で表し，その結果は $2t$ となる．具体的な計算は

$$x = t^2, \tag{1-3}$$

$$x + \Delta x = (t + \Delta t)^2 = t^2 + 2t\Delta t + (\Delta t)^2, \tag{1-4}$$

$$\begin{aligned}\frac{\mathrm{d}x}{\mathrm{d}t} &= \lim_{\Delta t \to 0}\frac{\Delta x}{\Delta t} = \lim_{\Delta t \to 0}\frac{(t+\Delta t)^2 - t^2}{\Delta t} \\ &= \lim_{\Delta t \to 0}(2t + \Delta t) = 2t \end{aligned} \tag{1-5}$$

である．これを $x = t^2$ を t で微分するといい，$\dfrac{\mathrm{d}x}{\mathrm{d}t} = \dfrac{\mathrm{d}}{\mathrm{d}t}t^2 = 2t$ と書く．

t によって変わらない数を**定数**といい，これを C とすると $\dfrac{\mathrm{d}C}{\mathrm{d}t} = 0$ である．このような論理を数学的帰納法によって進めていくと，

$$\frac{\mathrm{d}}{\mathrm{d}t}t^n = nt^{n-1}, \quad \frac{\mathrm{d}}{\mathrm{d}t}(t^n + C) = nt^{n-1} \tag{1-6}$$

という公式を得る．またこれから，微分の逆演算である積分の公式の 1 つが，

$$\int t^n \mathrm{d}t = \frac{1}{n+1}t^{n+1} + C \quad (n \neq -1) \tag{1-7}$$

となることがわかる．初歩の段階でよく使われる微分法，積分法の公式を裏見返しに示した．

$y = f(x)$ が図 1.5 上の曲線で表されるとき，定積分

$$\int_{t_1}^{t_2} f(t)\mathrm{d}t \tag{1-8}$$

は図の灰色の部分の面積を表す．式の意味を見てみよう．図の灰色の部分に対して，t_1 から t_2 までを縦に細長い短冊状に細かく分割する．各短

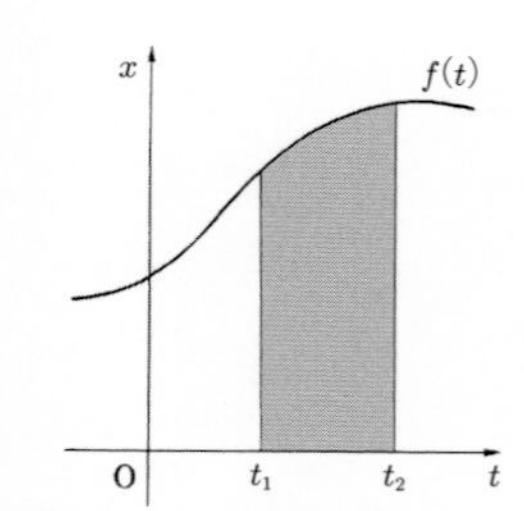

積分の幾何学的表示．曲線と x 軸の間の斜線部分の面積は，t が t_1 から t_2 まで変化する間の総和にあたる．

図 1.5

冊の幅が dt で，これは微小な幅であるため，各短冊は長方形とみなしてよい．ある t ($t_1 \leq t \leq t_2$) のところにある短冊の高さは $f(t)$ であるので，面積は $f(t)\mathrm{d}t$ と表される．これを t_1 から t_2 まで足し上げたものが式 (1-8) で表された量である．この定積分を物理学に利用する場合には，x, t はそれぞれ物理的意味をもつ量でなければならない．

以下，物体の運動を例に，物理の中に現れる微分・積分を具体的に見てみよう．物体の運動とは，物体が時間の変化に伴って位置を変えることである．ここでは直線上の運動を考えよう．物体が直線上を時間 t の間に距離 l だけ動いたとすると，この場合，$\dfrac{l}{t}$ を平均の速さという．移動の間の各時刻での速さは別に定義し，これを瞬間の速さ，または単に速さという．さらに「どの方向に」ということまで考えたものを，それぞれ，平均速度，瞬間速度，速度という．

図 1.6 は，直線上を移動する物体の時間 t と位置 x との関係を表したものである．点 P，R 間の平均速度 $\bar{v}$ は，図 1.6 より

$$\bar{v} = \frac{x_{\mathrm{R}} - x_{\mathrm{P}}}{t_{\mathrm{R}} - t_{\mathrm{P}}} \tag{1-9}$$

で表される．しかし，これは途中の点 Q での速度を表現していない．そこで次のように考える．点 Q の近くに点 Q′ をとる．QQ′ 間の位置の差（距離）を $\Delta x = x_{\mathrm{Q'}} - x_{\mathrm{Q}}$，時間差を $\Delta t = t_{\mathrm{Q'}} - t_{\mathrm{Q}}$ と書くと，QQ′ 間の平均速度は $\dfrac{\Delta x}{\Delta t}$ と書ける．ここで時間差 Δt を小さくしていくと，位置の差 Δx も小さくなり，$\Delta t \to 0$ の極限は $\lim\limits_{\Delta t \to 0}$ の記号を用いて，

$$\lim_{\Delta t \to 0} \frac{\Delta x}{\Delta t} \tag{1-10}$$

と表せる．これを $\dfrac{\mathrm{d}x}{\mathrm{d}t}$ と書いて，x を t で微分するという．これは点 Q

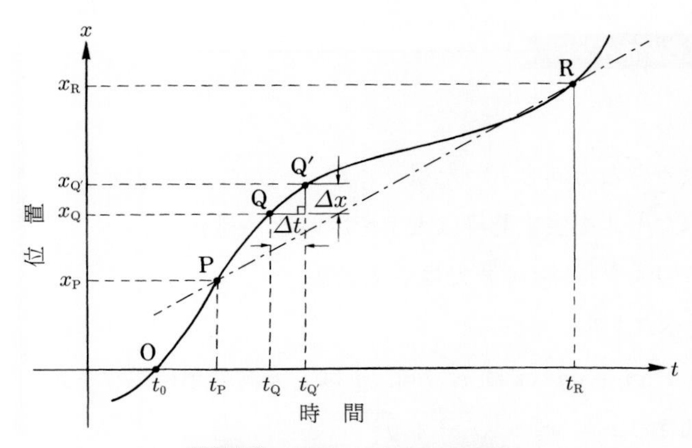

図 1.6 時間 t と位置 x の関係

または時刻 t_{Q} での瞬間速度 v を表している．つまり，

$$v = \lim_{\Delta t \to 0} \frac{\Delta x}{\Delta t} = \frac{\mathrm{d}x}{\mathrm{d}t} \tag{1-11}$$

となる．図形的には，v は位置 x を表す曲線の点 Q での接線の傾きを表している．

速度も一般に時間とともに変化する．ある時刻 t での速度を v とし，時間 Δt の間に速度が v から $v + \Delta v$ に変化したとき，$\dfrac{\Delta v}{\Delta t}$ を平均加速度という．ここで $\Delta t \to 0$ の極限をとれば，

$$\lim_{\Delta t \to 0} \frac{\Delta v}{\Delta t} = \frac{\mathrm{d}v}{\mathrm{d}t} = \frac{\mathrm{d}^2 x}{\mathrm{d}t^2} = a \tag{1-12}$$

となり，これを時刻 t での瞬間加速度，もしくは単に加速度という．数学的には，x を t で 2 階微分するという．つまり加速度は，位置 x を時間 t で 2 階微分して得られる．

時間を t とし，t における物体の速度を v とすると，$\displaystyle\int_{t_1}^{t_2} v \mathrm{d}t$ は時刻 t_1 から t_2 までの間に移動した距離を表す．なぜなら，$v\mathrm{d}t$ は微小な時間 $\mathrm{d}t$ の間の移動距離を表し，この定積分は時刻 t_1 から t_2 まで速度が変化しながら移動した距離を，細かく区切って足し上げたものの極限にあたるからである．同様に，加速度を時間で積分すると速度が得られる．ここまでの話をまとめると，

位置 ⇄ 速度 ⇄ 加速度（右向き：時間微分，左向き：時間積分）

という関係になっている．

1.6 基礎事項4：ベクトル

ここがポイント！

ベクトル

大きさと方向をもった量

ベクトルを表す記号は太字を用いる（例 $\boldsymbol{r}$）

$\boldsymbol{r}$ の大きさは $|\boldsymbol{r}|$ または r で表す

2 次元ベクトル

$\boldsymbol{r} = x\boldsymbol{i} + y\boldsymbol{j}$（$\boldsymbol{i}$ は x 方向，$\boldsymbol{j}$ は y 方向の単位ベクトル）

大きさ $r = |\boldsymbol{r}| = \sqrt{x^2 + y^2}$

3次元ベクトル

$\boldsymbol{r} = x\boldsymbol{i} + y\boldsymbol{j} + z\boldsymbol{k}$（$\boldsymbol{k}$ は z 方向の単位ベクトル）

大きさ $r = |\boldsymbol{r}| = \sqrt{x^2 + y^2 + z^2}$

ベクトル $\boldsymbol{r}_1 = x_1\boldsymbol{i} + y_1\boldsymbol{j} + z_1\boldsymbol{k}$, $\boldsymbol{r}_2 = x_2\boldsymbol{i} + y_2\boldsymbol{j} + z_2\boldsymbol{k}$ に対して

和　$\boldsymbol{r} = (x_1 + x_2)\,\boldsymbol{i} + (y_1 + y_2)\,\boldsymbol{j} + (z_1 + z_2)\,\boldsymbol{k}$

スカラー積　$\boldsymbol{r}_1 \cdot \boldsymbol{r}_2 = x_1x_2 + y_1y_2 + z_1z_2$

$= |\boldsymbol{r}_1||\boldsymbol{r}_2|\cos\theta$　（θ は $\boldsymbol{r}_1$, $\boldsymbol{r}_2$ のなす角）

1.6.1　ベクトルの演算規則

線分の長さや体積などは，それらを測る単位を指定すれば，その大きさを表すただ1つの数値で完全にその物理量が表される．このようにその大きさを表す数値だけで表現される量を**スカラー**という．これに対して，速度，加速度，力などは，それらを測る単位を指定してその大きさを数値で表すだけではその物理量は完全には表現できない．その大きさに加え，方向を指定して初めてその物理量が完全に表現される．このような量を**ベクトル**という．

例えば，点Oから東へ4m進み，そこから北へ3m進んだ地点をPとすれば，点Oから見た点Pの位置を表すのに，図1.7に示されているような方向性のある矢印を用いる．この矢印 $\overrightarrow{\mathrm{OP}}$ の長さが，大きさ（距離）を表し，矢印自身がその方向を表しているので，この矢印自身を点Pの位置を表すベクトルという．

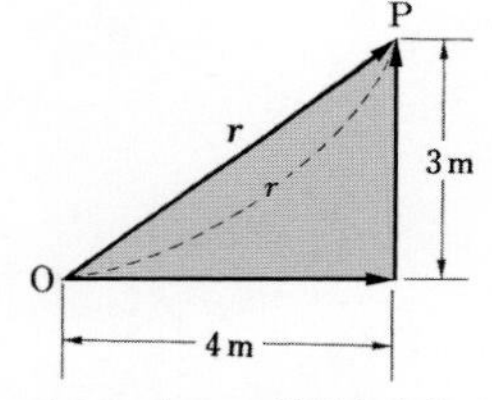

点Oからの点Pの位置を表すベクトル $\boldsymbol{r}$．その大きさ（距離）は r である．ベクトルは図的には矢印で表す．

図1.7

ベクトルは大きさと向きをもった量であるため，普通の数とは異なる表記方法と計算規則が必要になる．文字を使ったベクトルの表記方法として太字（ボールド体）の $\boldsymbol{r}$, $\boldsymbol{a}$, $\boldsymbol{A}$（通常の書体 r, a, A よりも太いことに注意せよ)，あるいは，文字の上に矢印をのせた $\vec{r}$, $\vec{a}$, $\vec{A}$ などが用いられる．本書では太字表記を採用する．手書きでは，太字を簡単に表すために，一部を二重線にして $\mathbb{A}$ のように書く．ベクトルの大きさを表すときは絶対値記号を用いて $|\boldsymbol{A}|$ と書く．あるいは，ベクトル $\boldsymbol{A}$ の大きさという意味で A と書く．本書では場面に応じて両方の表記を使用する．図1.7では，点Oからの点Pの位置を表すベクトルを $\boldsymbol{r}$ で，その大きさを r で示した．

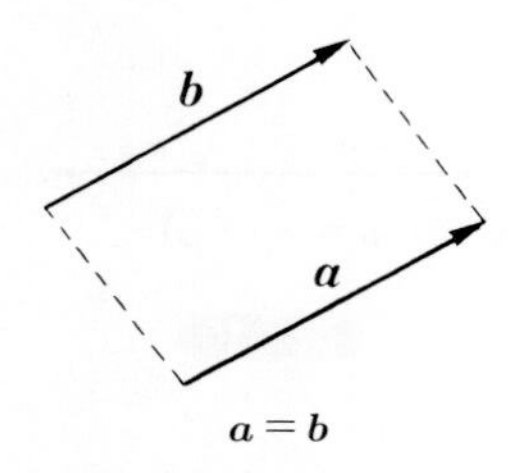

$\boldsymbol{a} = \boldsymbol{b}$

図1.8

計算規則は以下の通りである．

① 図1.8のように，2つのベクトル $\boldsymbol{a}$, $\boldsymbol{b}$ について，その大きさと向

きが等しいとき，すなわち平行移動によって矢印が重なるとき，互いに等しいといい，

$$\boldsymbol{a} = \boldsymbol{b} \tag{1-13}$$

と書く．このように，ベクトルは始点がどこにあるかによらないため自由に平行移動できる．ただし，図 1.7 のような位置を表すベクトルでは，平行移動すると点 P の位置が変わってしまうため，矢印の始点を点 O から動かすことはできない．始点を点 O のような基準点に固定したベクトルは位置ベクトルと呼ばれる．

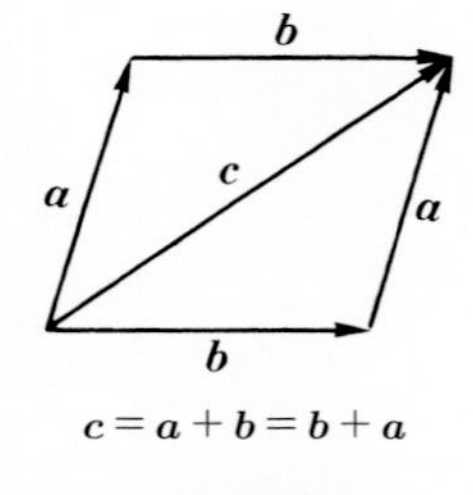

図 1.9

② 図 1.9 に示されているように，ベクトル $\boldsymbol{a}$ の終点にベクトル $\boldsymbol{b}$ の始点を置いて，ベクトル $\boldsymbol{a}$ の始点からベクトル $\boldsymbol{b}$ の終点に向かう新しいベクトル $\boldsymbol{c}$ を作るとき，$\boldsymbol{c}$ を $\boldsymbol{a}$ と $\boldsymbol{b}$ との和であるといい，

$$\boldsymbol{c} = \boldsymbol{a} + \boldsymbol{b} \tag{1-14}$$

と書く．また，$\boldsymbol{a}$, $\boldsymbol{b}$ を平行移動して作られる平行四辺形の対角線が $\boldsymbol{c}$ を与えるので，交換法則

$$\boldsymbol{a} + \boldsymbol{b} = \boldsymbol{b} + \boldsymbol{a} \tag{1-15}$$

成り立つ．

③ 3 つのベクトル $\boldsymbol{a}$, $\boldsymbol{b}$, $\boldsymbol{c}$ があるとき，これらの和について結合法則

$$(\boldsymbol{a} + \boldsymbol{b}) + \boldsymbol{c} = \boldsymbol{a} + (\boldsymbol{b} + \boldsymbol{c}) \tag{1-16}$$

が成り立つ．したがって，これらの和を単に $\boldsymbol{a} + \boldsymbol{b} + \boldsymbol{c}$ と書いてよい．

④ ベクトル $\boldsymbol{a}$ との和がベクトル $\boldsymbol{a}$ となるようなベクトルをゼロベクトルと呼び，$\boldsymbol{0}$（太字の 0）と表す．すなわち

$$\boldsymbol{a} + \boldsymbol{0} = \boldsymbol{0} + \boldsymbol{a} = \boldsymbol{a} \tag{1-17}$$

である．

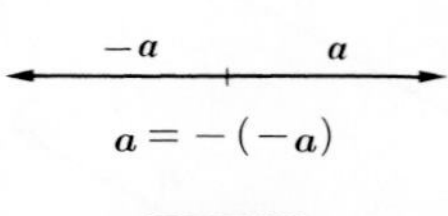

図 1.10

⑤ 図 1.10 のようにベクトル $\boldsymbol{a}$ があって，これと大きさ・方向が同じで，向きが反対のベクトルを負の符号「−」をつけて $-\boldsymbol{a}$ で表す．$\boldsymbol{a}$ と $-\boldsymbol{a}$ との和は

$$\boldsymbol{a} + (-\boldsymbol{a}) = \boldsymbol{a} - \boldsymbol{a} = \boldsymbol{0} \tag{1-18}$$

である．これを用いて，$\boldsymbol{a}+\boldsymbol{b}=\boldsymbol{c}$ となるベクトルに対して，ベクトルの差

$$\boldsymbol{a}=\boldsymbol{c}-\boldsymbol{b},\quad \boldsymbol{b}=\boldsymbol{c}-\boldsymbol{a} \tag{1-19}$$

を考えることができる．

⑥ ベクトル $\boldsymbol{a}$ を m 倍（m は正の実数とする）すると，図 1.11 のように大きさが $\boldsymbol{a}$ の m 倍で，向きが $\boldsymbol{a}$ と同じ別のベクトルを得ることができる．これをベクトルの定数倍という．⑤によりベクトルの向きを逆にできるので m は正でなくてもよい．したがって，定数倍したベクトルを $\boldsymbol{b}$ とすると

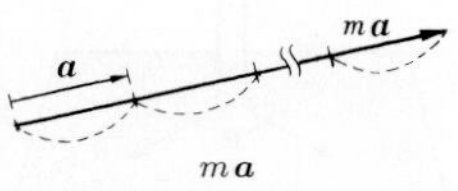

図 1.11

$$\boldsymbol{b}=m\boldsymbol{a} \tag{1-20}$$

である．ここで，m は実数である．また，ベクトルの定数倍について

$$m\,(\boldsymbol{a}+\boldsymbol{b})=m\boldsymbol{a}+m\boldsymbol{b}, \tag{1-21}$$

$$m(n\boldsymbol{a})=(mn)\boldsymbol{a}=n(m\boldsymbol{a}), \tag{1-22}$$

$$(m+n)\,\boldsymbol{a}=m\boldsymbol{a}+n\boldsymbol{a} \tag{1-23}$$

が成り立つ．

⑦ 大きさ 1 のベクトルを**単位ベクトル**という．例えば，ベクトル $\boldsymbol{a}$ があるとき，

$$\boldsymbol{e}=\frac{\boldsymbol{a}}{|\boldsymbol{a}|} \tag{1-24}$$

をベクトル $\boldsymbol{a}$ の向きの単位ベクトルという．

⑧ 2 つのベクトルの積の演算法はスカラー積とベクトル積の 2 種類がある．2 つのベクトル $\boldsymbol{a}, \boldsymbol{b}$ の**スカラー積**（**内積**）を $\boldsymbol{a}\cdot\boldsymbol{b}$ と書き，図 1.12 に示すように θ をとって，

$$\boldsymbol{a}\cdot\boldsymbol{b}=|\boldsymbol{a}||\boldsymbol{b}|\cos\theta=ab\cos\theta \tag{1-25}$$

と定義する．ただし，$a=|\boldsymbol{a}|$, $b=|\boldsymbol{b}|$ である．θ は $\boldsymbol{a}, \boldsymbol{b}$ 間の角で 180° より小さい方の角をとる．この θ をベクトル $\boldsymbol{a}, \boldsymbol{b}$ のなす角という．

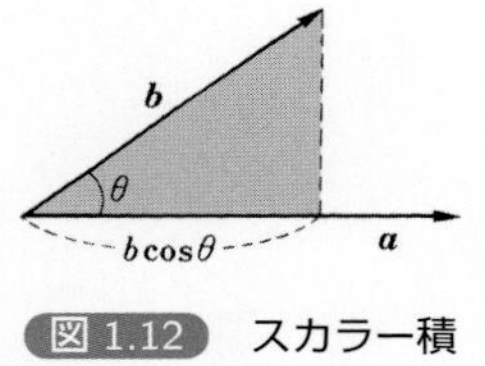

図 1.12 スカラー積

⑨ 2 つのベクトル $\boldsymbol{a}, \boldsymbol{b}$ の**ベクトル積**（**外積**）を $\boldsymbol{a}\times\boldsymbol{b}$ と書き，その大きさを図 1.13 に示すように θ をとって，

$$|\boldsymbol{a}\times\boldsymbol{b}|=|\boldsymbol{a}||\boldsymbol{b}|\sin\theta=ab\sin\theta \tag{1-26}$$

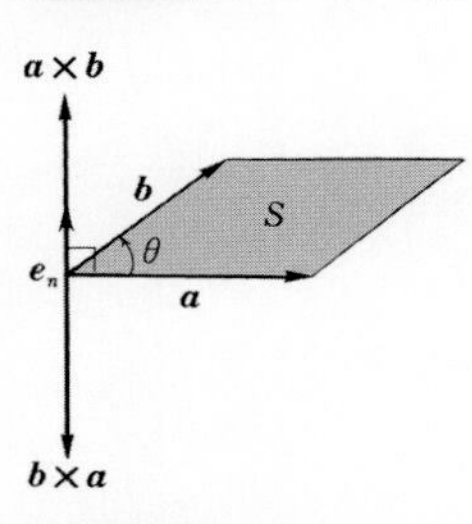

図 1.13 ベクトル積

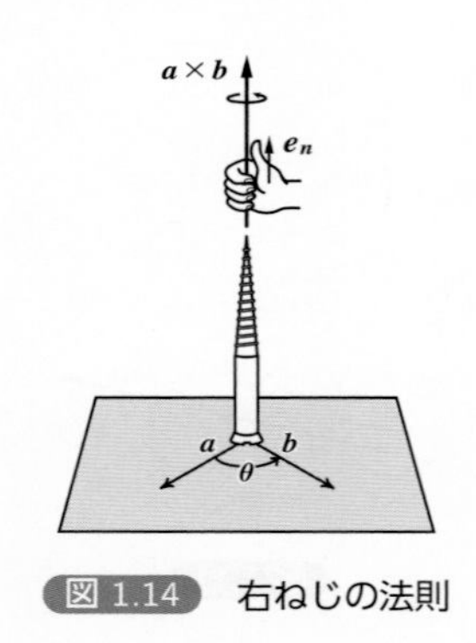

図 1.14 右ねじの法則

と定義する．これは図 1.13 に示すように a, b を 2 辺とする平行四辺形の面積 S に等しい．ただし，$a = |\boldsymbol{a}|, b = |\boldsymbol{b}|$ である．また，θ は $0° \leqq \theta \leqq 180°$ である．ベクトル積の結果は，その名の通りベクトルであることに注意する．向きはこの平行四辺形に垂直で，$\boldsymbol{a}$ から $\boldsymbol{b}$ に右ねじをまわしたときに右ねじの進む向き（図 1.14 右ねじの法則）である．

1.6.2 2 次元のベクトル

ベクトルの演算（和，差，スカラー積，ベクトル積）を行うには，これまで見てきたような矢印を用いた幾何学的な方法もあるが，ベクトルの大きさと向きを正負の数値で表し，代数的に行う方が簡単である．このためには座標を決める必要があるが，ここでは，直交座標と極座標について述べる．

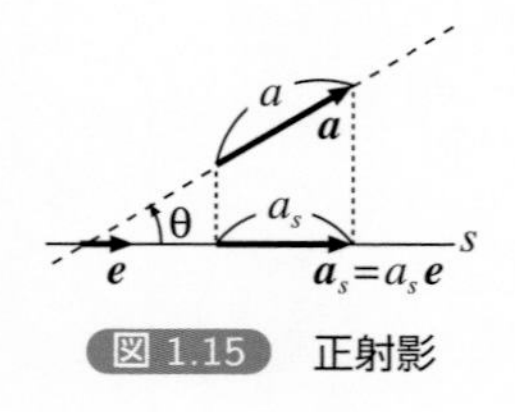

図 1.15 正射影

いまベクトル $\boldsymbol{a}$ があるとする．$\boldsymbol{a}$ を含む面内に 1 本の直線 s を引くと，例えば図 1.15 のようになる．このとき，ベクトル $\boldsymbol{a}$ の直線 s への正射影 a_s をベクトル $\boldsymbol{a}$ の s 成分という．$\boldsymbol{a}$ と直線 s とのなす角を θ（図のように θ を測る）とすると，$a_s = |\boldsymbol{a}|\cos\theta = a\cos\theta$ と書くことができる（$a = |\boldsymbol{a}|$ である）．直線 s 上に大きさ 1 の右向きのベクトルを考え，これを $\boldsymbol{e}$ と書くことにする．これは単位ベクトルである．$\boldsymbol{a}$ の直線 s への正射影をベクトルで表し，これを $\boldsymbol{a}_s$ と書くと，

$$\boldsymbol{a}_s = a_s\boldsymbol{e} = (|\boldsymbol{a}|\cos\theta)\boldsymbol{e} = (a\cos\theta)\boldsymbol{e} \tag{1-27}$$

と表される．

ベクトル $\boldsymbol{r}$（その大きさ r）があって，直線 s を x 軸として，$\boldsymbol{r}$ と x 軸とのなす角を θ とする．ベクトル $\boldsymbol{r}$ の始点を通り x 軸に垂直な直線をもう 1 本引き，これを y 軸とする．$\boldsymbol{r}$ の x 軸への正射影 x は

$$x = |\boldsymbol{r}|\cos\theta = r\cos\theta \tag{1-28}$$

と書き表され，同様に y 軸への正射影 y は

$$y = |\boldsymbol{r}|\sin\theta = r\sin\theta \tag{1-29}$$

と書き表される．ここで x 軸，y 軸の正の向きにそれぞれ単位ベクトル $\boldsymbol{i}, \boldsymbol{j}$（**基本単位ベクトル**という）を導入すれば，

$$\boldsymbol{r} = x\boldsymbol{i} + y\boldsymbol{j} = (r\cos\theta)\boldsymbol{i} + (r\sin\theta)\boldsymbol{j} \tag{1-30}$$

と表せる．ここで $\boldsymbol{i}$, $\boldsymbol{j}$ の係数 x, y（または $r\cos\theta$, $r\sin\theta$）をベクトル $\boldsymbol{r}$ の**成分**という．図 1.16 からわかるように，式 (1-30) の左辺を右辺のように書くときベクトル $\boldsymbol{r}$ を x, y 成分に分解するといい，これは**直交座標**での表現である．このとき，ベクトルの大きさは成分を用いて

$$|\boldsymbol{r}| = r = \sqrt{x^2 + y^2} \tag{1-31}$$

図 1.16

と表せる．また，なす角 θ について

$$\cos\theta = \frac{x}{\sqrt{x^2 + y^2}}, \quad \tan\theta = \frac{y}{x} \tag{1-32}$$

の関係がある．ベクトルの表し方として，式 (1-30) の他に

$$\boldsymbol{r} = (x, y) = (r\cos\theta, r\sin\theta) \tag{1-33}$$

と書くこともある．これを成分表示という．

ベクトル $\boldsymbol{r}$ の大きさ $r = |\boldsymbol{r}|$ の値と，x 軸とのなす角 θ の値を示すことによって，ベクトル $\boldsymbol{r}$ がどんなベクトルであるかを明らかにすることができる．ベクトル $\boldsymbol{r}$ をその大きさ r と，向きを表す θ とを用いて (r, θ) と書くとき，これを**極座標**による表現という．

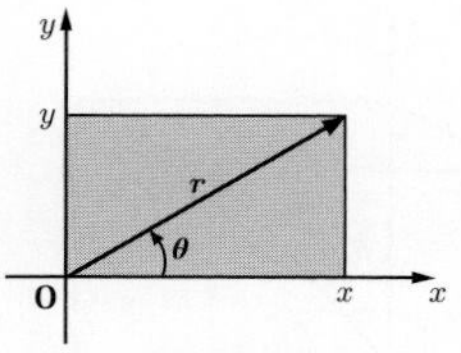

1.6.3　3 次元のベクトル

3 次元の直交座標系を考えるとき，図 1.17(a), (b) に示すように 2 種類の座標系のとり方がある．x 軸を y 軸の方に向かって回したとき，右ねじの進む方向が $+z$ 軸の方向を向いていれば，この座標系を**右手系**という．その逆に，右ねじの進む方向が $-z$ 軸の方向を向いていれば，この座標系は**左手系**である．図 1.17(a) は右手系，(b) は左手系である．3 次元の直交座標系のとり方はこの 2 つしかない．物理では，特に断りがない限り，右手系を使うことが習慣となっている．

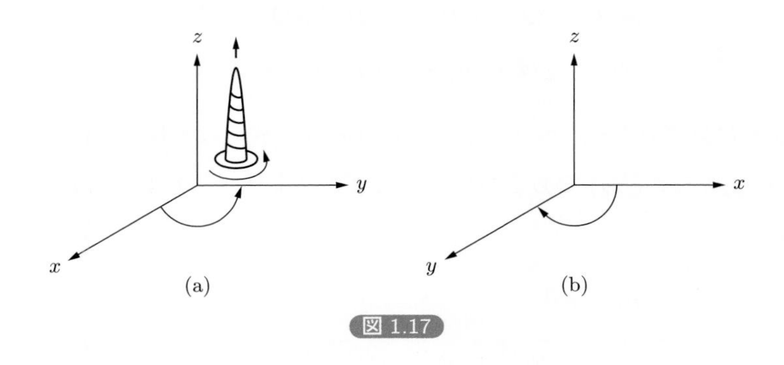

図 1.17

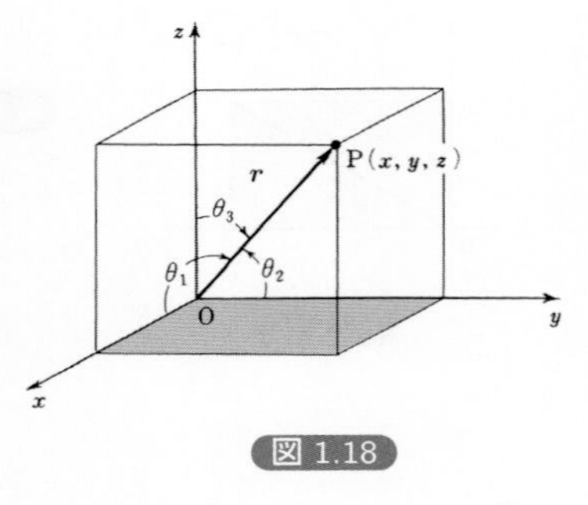

図 1.18

空間の位置ベクトルを記述するには，一般にベクトルの 3 次元的な表現が必要である．そのためには，平面で用いた方法を 3 次元（x, y, z 座標）に拡張する．図 1.18 のような点 $\mathrm{P}(x, y, z)$ の位置ベクトル $\boldsymbol{r}$ があるとすると，$\boldsymbol{r}$ の各座標軸への正射影はそれぞれ x, y, z である．x, y, z 軸の正の向きに単位ベクトル $\boldsymbol{i}$, $\boldsymbol{j}$, $\boldsymbol{k}$（基本単位ベクトル）を導入すれば，平面のときと同様に

$$\boldsymbol{r} = x\boldsymbol{i} + y\boldsymbol{j} + z\boldsymbol{k} \tag{1-34}$$

とベクトル $\boldsymbol{r}$ を書き表せる．あるいは $\boldsymbol{r} = (x, y, z)$ と成分表示で書くこともできる．ベクトル $\boldsymbol{r}$ の大きさは

$$r = |\boldsymbol{r}| = \sqrt{x^2 + y^2 + z^2} \tag{1-35}$$

であり，ベクトル $\boldsymbol{r}$ の方向・向きを表すため，各座標軸とベクトル $\boldsymbol{r}$ とのなす角をそれぞれ θ_1, θ_2, θ_3 とすれば，

$$\begin{cases} \cos\theta_1 = \dfrac{x}{\sqrt{x^2+y^2+z^2}} = \dfrac{x}{r} \\ \cos\theta_2 = \dfrac{y}{\sqrt{x^2+y^2+z^2}} = \dfrac{y}{r} \\ \cos\theta_3 = \dfrac{z}{\sqrt{x^2+y^2+z^2}} = \dfrac{z}{r} \end{cases} \tag{1-36}$$

の関係がある．この $\cos\theta_1$, $\cos\theta_2$, $\cos\theta_3$ をベクトル $\boldsymbol{r}$ の**方向余弦**といい，これらの値と符号により，ベクトル $\boldsymbol{r}$ の方向・向きがわかる．

2 つのベクトル $\boldsymbol{r}_1$ と $\boldsymbol{r}_2$ が

$$\begin{cases} \boldsymbol{r}_1 = x_1\boldsymbol{i} + y_1\boldsymbol{j} + z_1\boldsymbol{k} \\ \boldsymbol{r}_2 = x_2\boldsymbol{i} + y_2\boldsymbol{j} + z_2\boldsymbol{k} \end{cases} \tag{1-37}$$

のように与えられているとき，これらのベクトルの和 $\boldsymbol{r}$ は

$$\begin{aligned} \boldsymbol{r} &= \boldsymbol{r}_1 + \boldsymbol{r}_2 \\ &= (x_1\boldsymbol{i} + y_1\boldsymbol{j} + z_1\boldsymbol{k}) + (x_2\boldsymbol{i} + y_2\boldsymbol{j} + z_2\boldsymbol{k}) \\ &= (x_1 + x_2)\,\boldsymbol{i} + (y_1 + y_2)\,\boldsymbol{j} + (z_1 + z_2)\,\boldsymbol{k} \end{aligned} \tag{1-38}$$

のように計算できる．ベクトルの和 $\boldsymbol{r}$ の x, y, z 成分はそれぞれ (x_1+x_2), (y_1+y_2), (z_1+z_2) であるから，式 (1-35) によりベクトルの和 $\boldsymbol{r}$ の大きさは

$$\begin{aligned} r &= |\boldsymbol{r}_1 + \boldsymbol{r}_2| \\ &= \sqrt{(x_1+x_2)^2 + (y_1+y_2)^2 + (z_1+z_2)^2} \end{aligned} \tag{1-39}$$

となる．ベクトルの和 $\boldsymbol{r}$ の方向は，方向余弦を用いて式 (1-36) により

$$\begin{cases} \cos\theta_1 = \dfrac{x_1+x_2}{\sqrt{(x_1+x_2)^2+(y_1+y_2)^2+(z_1+z_2)^2}} \\ \cos\theta_2 = \dfrac{y_1+y_2}{\sqrt{(x_1+x_2)^2+(y_1+y_2)^2+(z_1+z_2)^2}} \\ \cos\theta_3 = \dfrac{z_1+z_2}{\sqrt{(x_1+x_2)^2+(y_1+y_2)^2+(z_1+z_2)^2}} \end{cases} \tag{1-40}$$

と書き表せる．

以上，平面上の点の位置，3 次元空間の点の位置を指定するために，平面の場合は (x, y) または (r, θ) の 2 個の変数が必要であり，3 次元の場合は (x, y, z) の 3 個の変数が必要である．このとき，必要とする変数の数を**自由度**という．平面上の点は自由度が 2，3 次元空間の点は自由度が 3 である．

平面上の点を指定するには，(x, y) とするか (r, θ) とするかの 2 通りの方法があった．この 2 つの座標がよく用いられる．3 次元空間の場合も，3 個の自由度に何を選ぶかは自由であるが，よく用いられるものに極座標がある．以下，極座標について簡単にふれる．

図 1.19 のように点 O から点 P に向かうベクトル $\boldsymbol{r}$ があるとする．(x, y, z) の 3 個の変数の代わりに，ベクトル $\boldsymbol{r}$ の大きさ $r = |\boldsymbol{r}|$ と，図のような 2 つの角 θ, φ を考え，この (r, θ, φ) の 3 個の変数を用いる座標を極座標という．図からわかるように，x, y, z 座標との関係は，

$$\begin{cases} x = r\sin\theta\cos\varphi \\ y = r\sin\theta\sin\varphi \\ z = r\cos\theta \end{cases} \tag{1-41}$$

である．3 個の変数 (r, θ, φ) がわかっているなら (x, y, z) が上式によっ

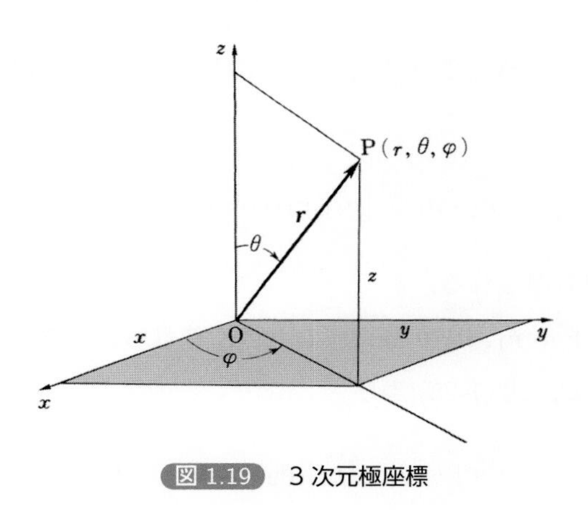

図 1.19　3 次元極座標

て決まるから，(r, θ, φ) の 3 変数でベクトル $\boldsymbol{r}$ が表されることは明らかである．

1.6.4 スカラー積とベクトル積の性質

ベクトルのスカラー積，ベクトル積もベクトルの成分を用いて表現できる．2 つのベクトル $\boldsymbol{r}_1 = x_1\boldsymbol{i} + y_1\boldsymbol{j} + z_1\boldsymbol{k}$, $\boldsymbol{r}_2 = x_2\boldsymbol{i} + y_2\boldsymbol{j} + z_2\boldsymbol{k}$ に対して，スカラー積は

$$\boldsymbol{r}_1 \cdot \boldsymbol{r}_2 = x_1x_2 + y_1y_2 + z_1z_2 \tag{1-42}$$

と書き表せる．2 次元のベクトルは z 成分が 0, すなわち, $z_1 = 0$, $z_2 = 0$ の場合と考えればよい．したがって，2 次元のベクトルでは $\boldsymbol{r}_1 = x_1\boldsymbol{i}+y_1\boldsymbol{j}$, $\boldsymbol{r}_2 = x_2\boldsymbol{i} + y_2\boldsymbol{j}$ に対して

$$\boldsymbol{r}_1 \cdot \boldsymbol{r}_2 = x_1x_2 + y_1y_2 \tag{1-43}$$

である．

2 つのベクトルが平行のとき，定数 a を用いて $\boldsymbol{r}_2 = a\boldsymbol{r}_1$ と書くことができる．スカラー積は

$$\begin{aligned}\boldsymbol{r}_1 \cdot \boldsymbol{r}_2 = \boldsymbol{r}_1 \cdot (a\boldsymbol{r}_1) &= x_1ax_1 + y_1ay_1 + z_1az_1 \\ &= a(x_1^2 + y_1^2 + z_1^2)\end{aligned} \tag{1-44}$$

となる．とくに $a = 1$ の場合には,

$$\boldsymbol{r}_1 \cdot \boldsymbol{r}_1 = x_1^2 + y_1^2 + z_1^2 \tag{1-45}$$

である．これより，ベクトルの大きさをスカラー積を用いて

$$|\boldsymbol{r}_1| = \sqrt{\boldsymbol{r}_1 \cdot \boldsymbol{r}_1} \tag{1-46}$$

と書くこともできる．これは式 (1-25) において，なす角が $0°$ であることを用いて

式 (1-25)

$$\begin{aligned}\boldsymbol{a} \cdot \boldsymbol{b} &= |\boldsymbol{a}||\boldsymbol{b}| \cos\theta \\ &= ab\cos\theta\end{aligned}$$

$$\boldsymbol{r}_1 \cdot \boldsymbol{r}_1 = |\boldsymbol{r}_1||\boldsymbol{r}_1| \cos 0° = |\boldsymbol{r}_1|^2 \tag{1-47}$$

とすることでも得られる．

2 つのベクトル $\boldsymbol{r}_1$, $\boldsymbol{r}_2$ が直交するとき，これらのベクトルのなす角は $90°$ であるので，式 (1-25) より

$$\boldsymbol{r}_1 \cdot \boldsymbol{r}_2 = |\boldsymbol{r}_1||\boldsymbol{r}_2| \cos 90° = 0 \tag{1-48}$$

となる．すなわち，直交する2つのベクトルのスカラー積は必ず0となる．また，その逆も成り立つ．$\mathbf{0}$ でない2つのベクトルが成分を用いてそれぞれ $\boldsymbol{r}_1 = x_1\boldsymbol{i} + y_1\boldsymbol{j} + z_1\boldsymbol{k}$, $\boldsymbol{r}_2 = x_2\boldsymbol{i} + y_2\boldsymbol{j} + z_2\boldsymbol{k}$ と与えられているとき，スカラー積が

$$\boldsymbol{r}_1 \cdot \boldsymbol{r}_2 = x_1x_2 + y_1y_2 + z_1z_2 = 0 \tag{1-49}$$

となれば，これらのベクトルのなす角は90°，すなわち直交する．

2つのベクトル $\boldsymbol{r}_1 = x_1\boldsymbol{i} + y_1\boldsymbol{j} + z_1\boldsymbol{k}$, $\boldsymbol{r}_2 = x_2\boldsymbol{i} + y_2\boldsymbol{j} + z_2\boldsymbol{k}$ に対して，ベクトル積は

$$\boldsymbol{r}_1 \times \boldsymbol{r}_2 = (y_1z_2 - z_1y_2)\,\boldsymbol{i} + (z_1x_2 - x_1z_2)\,\boldsymbol{j} + (x_1y_2 - y_1x_2)\,\boldsymbol{k} \tag{1-50}$$

と書き表せる．2つのベクトルがともに xy 平面上にあるとすると，どちらも z 成分が0，すなわち $z_1 = 0$, $z_2 = 0$ であるので，ベクトル積は

$$\boldsymbol{r}_1 \times \boldsymbol{r}_2 = (x_1y_2 - y_1x_2)\,\boldsymbol{k} \tag{1-51}$$

となる．これは xy 平面に垂直なベクトルである．

ベクトル積 $\boldsymbol{r}_1 \times \boldsymbol{r}_2$ に対して，$\boldsymbol{r}_1$ と $\boldsymbol{r}_2$ とを入れ替えると

$$\begin{aligned}\boldsymbol{r}_2 \times \boldsymbol{r}_1 &= (y_2z_1 - z_2y_1)\,\boldsymbol{i} + (z_2x_1 - x_2z_1)\,\boldsymbol{j} + (x_2y_1 - y_2x_1)\,\boldsymbol{k} \\ &= -(y_1z_2 - z_1y_2)\,\boldsymbol{i} - (z_1x_2 - x_1z_2)\,\boldsymbol{j} - (x_1y_2 - y_1x_2)\,\boldsymbol{k}\end{aligned} \tag{1-52}$$

である．したがって，

$$\boldsymbol{r}_2 \times \boldsymbol{r}_1 = -(\boldsymbol{r}_1 \times \boldsymbol{r}_2) \tag{1-53}$$

となり，積の順序を入れ替えるとベクトル積は符号が反転することがわかる．そのため，積の順序につねに注意しなければならない．

2つのベクトルが平行のとき，定数 a を用いて $\boldsymbol{r}_2 = a\boldsymbol{r}_1$ と書くことができる．このとき，$\boldsymbol{r}_1 \times \boldsymbol{r}_2 = a(\boldsymbol{r}_1 \times \boldsymbol{r}_1)$, $\boldsymbol{r}_2 \times \boldsymbol{r}_1 = a(\boldsymbol{r}_1 \times \boldsymbol{r}_1)$ であるから，

$$\boldsymbol{r}_1 \times \boldsymbol{r}_1 = -(\boldsymbol{r}_1 \times \boldsymbol{r}_2) = \mathbf{0} \tag{1-54}$$

を得る．符号を反転させても互いに等しいものはゼロベクトル $\mathbf{0}$ しかない．2つのベクトルが平行のときには，ベクトル積は必ず $\mathbf{0}$ になる．これは式 (1-26) において，なす角が0° であることを用いて

$$|\boldsymbol{r}_1 \times \boldsymbol{r}_1| = |\boldsymbol{r}_1||\boldsymbol{r}_1|\sin 0^\circ = 0 \tag{1-55}$$

式 (1-26)

$$\begin{aligned}|\boldsymbol{a} \times \boldsymbol{b}| &= |\boldsymbol{a}||\boldsymbol{b}|\sin\theta \\ &= ab\sin\theta\end{aligned}$$

となることからもわかる．大きさが 0 となるのはゼロベクトル **0** しかない．

基本問題

1.1. 次の量を [ ] 内の単位で表せ．

(1) 10 mm　[m]

(2) 50 μg　[kg]

(3) 720 km/h　[m/s]

(4) 8.0 g/cm^3 [kg/m^3]

1.2. 次の量を次元式で表せ．長さを「L」，質量を「M」，時間を「T」とする．

(1) 速度

(2) 力　(「力」=「質量」×「加速度」)

(3) 質量体積密度[*27]　(「質量体積密度」=「質量」÷「体積」)

(4) 運動量　(「運動量」=「質量」×「速度」)

(5) 仕事　(「仕事」=「距離」×「力」)

(6) 圧力　(「圧力」=「力」÷「面積」)

(7) 力積　(「力積」=「力」×「時間」)

*27　単に「密度」と書かれることが多い．

1.3. 距離 r だけ離れた質量 M, m の物体間に働く万有引力の大きさ F は，$F = G\dfrac{Mm}{r^2}$ で与えられる．万有引力定数 G の単位を SI 基本単位によって表せ．

1.4. 次の式は物理的に正しいか（次元があっているか）．その理由はなにか．ただし，時間を t，質量を m，距離を x, a, b，速さを v，質量体積密度を ρ とする．

(1) $x = \dfrac{a}{b}$

(2) $x = v + t$

(3) $\rho = \dfrac{m}{ab}$

(4) $\dfrac{1}{2}mv^2 = \dfrac{mvx}{t}$

1.5. ある物体が時刻 $t = 1.2\,\mathrm{s}$ に位置 $x = 2.5\,\mathrm{m}$ にあり，直線上を運動して時刻 $t = 2.0\,\mathrm{s}$ に位置 $x = 4.1\,\mathrm{m}$ に達した．この間の平均の速さを求めよ．

1.6. ある物体が時刻 $t = 0.20\,\mathrm{s}$ に速さ $v = 1.96\,\mathrm{m/s}$ であり，直線上を運動して時刻 $t = 0.25\,\mathrm{s}$ に速さ $v = 2.45\,\mathrm{m/s}$ になった．この間の平均の加速度を求めよ．

1.7. 初速度 10 m/s で小物体を真上に打ち上げた．1.0 s 後の速度と高さを求めよ．重力加速度の大きさを $9.8\,\mathrm{m/s^2}$ とする．

1.8. 地面からの高さ 634 m（東京スカイツリーの高さ）の位置から鉄球を静かに（初速度 0 で）落下させた．地面に着くまでの時間と，地面に着く直前の速さを求めよ．重力加速度の大きさを $9.8\,\mathrm{m/s^2}$ とする．また，空気抵抗は考慮しない．

1.9. 次の中で，適切でないものを選べ．その理由はなにか．

ア．微分の操作（計算）は，変化率を求めることだ．

イ．位置を時間で微分したものが速度である．

ウ．加速度は速度の時間変化率だ．

エ．位置 $x\,(t)$ を縦軸に，時間 t を横軸にとったグラフの接線の傾きは瞬間の加速度に対応する．

オ．微分のもとになる計算手続きは引いて割ること，積分のもとになる手続きは掛けて足すことだ．

カ．速度を積分して位置を求めることは，速度のグラフの下の面積を求めることにあたる．

キ．速度を時間で積分したときの積分定数は，時刻 0 での加速度に対応する．

1.10. 時間を t とし，位置が $x(t) = -\dfrac{1}{4}t^2 + 2t$ であるとき，x を t で微分して速度を求めよ．また，さらに微分して加速度を求めよ．

1.11. 次の式の $\dfrac{\mathrm{d}y}{\mathrm{d}t}$, $\dfrac{\mathrm{d}^2y}{\mathrm{d}t^2}$ を求めよ．y, t 以外の文字は定数とする．

① $y = y_0 + v_0 t - \dfrac{1}{2}gt^2$　　② $y = a\cos(mt) + b\sin(nt)$

1.12. 時間を t で表す．直線上を動くある物体の時刻 t での位置 x が $x(t) = t^2 + 2t - 5$ で表されるとき，次の問いに答えよ．ただし，t および x の単位は SI とする．

(1) $t = 1.0\,\mathrm{s}$ でのこの物体の位置を求めよ．

(2) $t = 2.0\,\mathrm{s}$ でのこの物体の速度を求めよ．

(3) $t = 1.0\,\mathrm{s}$ から $t = 4.0\,\mathrm{s}$ までの間，この物体の速度はどれだけ変化するか．

(4) $t = 3.0\,\mathrm{s}$ でのこの物体の加速度を求めよ．

(5) この物体の速度はどのように変化するか．

(6) このような物体の運動は何と呼ばれるか．

1.13. 下の方眼を使い，ベクトルの表現と計算を練習せよ．

$\boldsymbol{a} = 2\boldsymbol{i} + 3\boldsymbol{j} = (2, 3)$，$\boldsymbol{b} = -5\boldsymbol{i} + 4\boldsymbol{j} = (-5, 4)$ とする．方眼に描いてあるベクトルを $\boldsymbol{c}$ とする．

(1) $\boldsymbol{a} + \boldsymbol{b}$, $\boldsymbol{b} - 2\boldsymbol{a}$ を方眼の中に描け．ただし，始点をどこにして描いてもよい．

(2) $\boldsymbol{c}$ の大きさ c と，向き θ を求めよ．

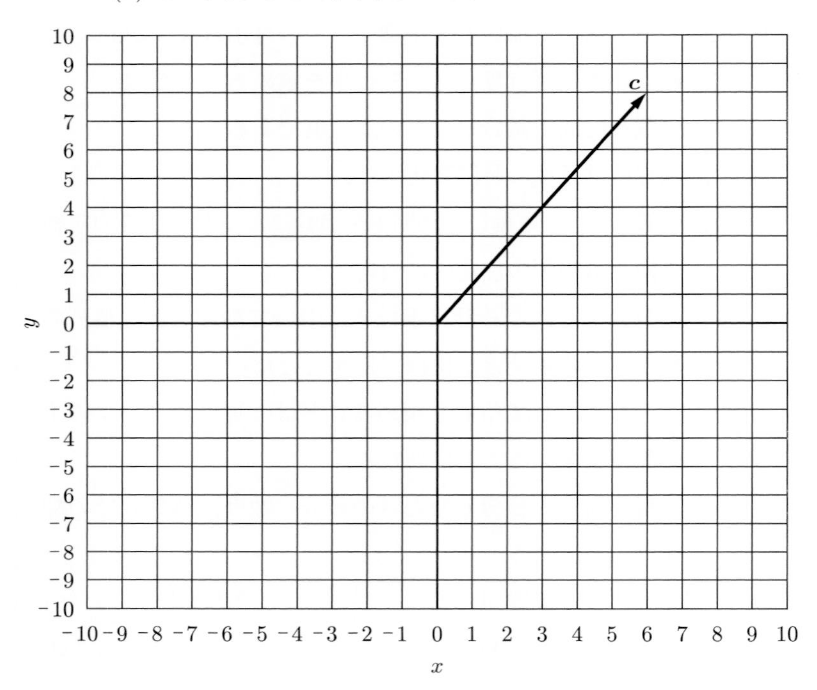

1.14. $\boldsymbol{a} = 2\boldsymbol{i} + \boldsymbol{j} = (2, 1)$，$\boldsymbol{b} = -\boldsymbol{i} + 3\boldsymbol{j} = (-1, 3)$ とするとき，ベクトルの成分を使って次のものを求めよ．

(1) $2\boldsymbol{a} + 3\boldsymbol{b}$

(2) $|-\boldsymbol{a} + 2\boldsymbol{b}|$

(3) スカラー積 $\boldsymbol{a} \cdot \boldsymbol{b}$ と $\cos\theta$（ただし θ は $\boldsymbol{a}$, $\boldsymbol{b}$ のなす角）

1.15. 次の問いに答えよ．

(1) 2 つのベクトル $\boldsymbol{a} = x\boldsymbol{i} + 2\boldsymbol{j} + 3\boldsymbol{k}$, $\boldsymbol{b} = -\boldsymbol{i} + 4\boldsymbol{j} + 2\boldsymbol{k}$ が直交するとき，x を求めよ．

(2) 2 つのベクトル $\boldsymbol{a} = -2\boldsymbol{i} + 3\boldsymbol{j} - \boldsymbol{k}$, $\boldsymbol{b} = 4\boldsymbol{i} + y\boldsymbol{j} - 5\boldsymbol{k}$ が直交するとき，y を求めよ．

発展問題

1.16. 直線上を運動する点の速さ v が a, b をある正の定数として $v = \dfrac{a}{(1+bt)}$ で与えられているとき，その加速度の大きさは速さの 2 乗に比例することを示せ．また，定数 a は物理的に何を意味するか答えよ．

1.17. $v = -\dfrac{1}{4}t^2 + 2t$（$v$, t は SI 基本単位で表した数）で速さ v が表されるとき，出発後 2.0 秒 ($t = 2.0\,\mathrm{s}$) での加速度の大きさおよび移動距離を求めよ．

1.18. 物体が直線上を動いている．その移動距離 s（単位 m）と速さ v（単位 m/s）との関係が $v = 1.5s$ で表されるとき，10 m 移動したときの加速度を求めよ．

1.19. ある物体が直線上を $-2\,\mathrm{m/s^2}$ の加速度で動いている．この物体が点 A を過ぎて 16 m 先で止まった．A における物体の速度はいくらか．

1.20. 15 km 離れている A，B 停車場の間を走る汽車が A を出発してある一定の割合で速度を増し，途中から同じ割合で速度を減じて B に到達するまでに 10 分かかった．そのときの最大速度を求めよ．

1.21. 加速度が $-\dfrac{1}{5}e^{-\frac{t}{20}}\,\mathrm{m/s^2}$ で直線運動をする物体の速度が十分長い時間の後には 2.0 m/s になった．この物体の速度の大きさが初めの半分になるまでにはどのくらいの時間が必要か．

1.22. 走行中の最大の加速度は $0.5\,\mathrm{m/s^2}$ で，最大速度 15 m/s まで出せる列車が 5 km 隔てた両駅の間を走るのに必要な最小時間はいくらか．

1.23. 列車がブレーキによって最大限 $0.80\,\mathrm{m/s^2}$ の割合で減速できる．この列車が一定の速さ 80 km/h で走っているとき，危険箇所からどれだけ前で危険物を認めれば安全か．

1.24. 出発後 t 秒の速度が $t^3 - 3t^2 - 6t$ のとき出発点にもどるのは何秒後か．

1.25. 大きさ a と $2\sqrt{2}a$ のベクトルが 45° の角をなしているとき，これらのベクトルの和の大きさと方向を求めよ．

第 2 章

簡単な運動

学習のポイント

(1) 運動のベクトル表示

位置ベクトル：$\boldsymbol{r} = x\boldsymbol{i} + y\boldsymbol{j} + z\boldsymbol{k} = (x, y, z)$

速度ベクトル：$\boldsymbol{v} = \dfrac{\mathrm{d}\boldsymbol{r}}{\mathrm{d}t} = \dfrac{\mathrm{d}x}{\mathrm{d}t}\boldsymbol{i} + \dfrac{\mathrm{d}y}{\mathrm{d}t}\boldsymbol{j} + \dfrac{\mathrm{d}z}{\mathrm{d}t}\boldsymbol{k} = \left(\dfrac{\mathrm{d}x}{\mathrm{d}t}, \dfrac{\mathrm{d}y}{\mathrm{d}t}, \dfrac{\mathrm{d}z}{\mathrm{d}t}\right) = (v_x, v_y, v_z)$

(位置ベクトルを微分したもの)

加速度ベクトル：$\boldsymbol{a} = \dfrac{\mathrm{d}\boldsymbol{v}}{\mathrm{d}t} = \dfrac{\mathrm{d}v_x}{\mathrm{d}t}\boldsymbol{i} + \dfrac{\mathrm{d}v_y}{\mathrm{d}t}\boldsymbol{j} + \dfrac{\mathrm{d}v_z}{\mathrm{d}t}\boldsymbol{k} = \left(\dfrac{\mathrm{d}v_x}{\mathrm{d}t}, \dfrac{\mathrm{d}v_y}{\mathrm{d}t}, \dfrac{\mathrm{d}v_z}{\mathrm{d}t}\right) = (a_x, a_y, a_z)$

(速度ベクトルを微分したもの)

(2) 平面運動における経路の式

各成分の関数 $x(t)$, $y(t)$ から t を消去し $y = f(x)$ あるいは $x = f(y)$ で表したもの

(3) 相対運動

質点 A から，質点 B の運動を見たとき（A を基準としたとき），

相対位置ベクトル：$\boldsymbol{r}_{\mathrm{BA}} = \boldsymbol{r}_{\mathrm{B}} - \boldsymbol{r}_{\mathrm{A}}$

相対速度ベクトル：$\boldsymbol{v}_{\mathrm{BA}} = \boldsymbol{v}_{\mathrm{B}} - \boldsymbol{v}_{\mathrm{A}}$

相対加速度ベクトル：$\boldsymbol{a}_{\mathrm{BA}} = \boldsymbol{a}_{\mathrm{B}} - \boldsymbol{a}_{\mathrm{A}}$

(4) 円運動における角速度，角加速度（直線運動との対応関係）

直線運動	変位	速度	加速度
	s	$v = \dfrac{\mathrm{d}s}{\mathrm{d}t}$	$a = \dfrac{\mathrm{d}v}{\mathrm{d}t}$

円運動	角変位	角速度	角加速度
	θ	$\omega = \dfrac{\mathrm{d}\theta}{\mathrm{d}t}$	$\alpha = \dfrac{\mathrm{d}\omega}{\mathrm{d}t}$

(5) 等速円運動・・・円周上を一定の速さで回る運動

極座標と直交座標との関係：$x = r\cos\theta$, $y = r\sin\theta$

時刻 t における角度：$\theta = \omega t + \theta_0$

速度ベクトル $\boldsymbol{v}$

大きさ：$v = r\omega$，向き：円の接線方向

加速度ベクトル $\boldsymbol{a}$

大きさ：$v = r\omega^2$，向き：円の中心方向

(6) 単振動・・・1 直線上（x 軸上）の周期的な往復運動

位置：$x = r\cos(\omega t + \theta_0)$

速度：$v = \dfrac{\mathrm{d}x}{\mathrm{d}t} = -r\omega\sin(\omega t + \theta_0)$

加速度：$a = \dfrac{\mathrm{d}v}{\mathrm{d}t} = -r\omega^2\cos(\omega t + \theta_0) = -\omega^2 x$

振幅 r：振動の中心から最大変位までの距離

角振動数 ω：1 秒あたりの位相の変化量

周期 T：1 回振動するのにかかる時間

振動数 f：1 秒あたりの振動回数

おもな関係式：$T = \dfrac{1}{f}$，$\omega = \dfrac{2\pi}{T} = 2\pi f$

2.1 質点の運動

2.1.1 質点とは

ここがポイント！

(1) 質点：大きさをもたず，質量のみをもつ仮想的な物体のこと
(2) 質点として運動する利点：回転や変形，形によって異なる抵抗などを考える必要がなく，扱いが簡単になること

実在する物体には大きさがある．しかし，物体に大きさがあると，外力による物体自身の回転や変形，またその形状や表面の状態に依存した摩擦や抵抗を考慮する必要があり，物体の運動の記述は複雑になる．そのため，物体の大きさを問題にせず，質量のみをもつ仮想的な物体，『**質点**』として運動を記述することがある．

例えば，物体の落下運動のみに着目する場合は，その大きさを気にせず物体の中心の点の運動を考える．このように，現実のある事象について，着目する特徴のみを抽出し，着目しない細部は考慮しないといったモデルを作成することを『モデル化』という．質点もモデルの1つである．

必ずしも大きさの小さな物体が大きな物体に比べて質点に近いわけではない．惑星の公転運動など物体の運動の範囲が広い場合は，大きな物体の運動も質点の運動とみなすことができる．

例題 2.1

直径 8 cm の野球ボールがホームランとして飛距離 100 m を飛ぶ運動と，直径 50 m のジャンボ旅客機が東京–ハワイ間（6000 km）を飛ぶ運動において，野球ボールとジャンボ旅客機を比較した場合どちらがより質点に近いといえるか．

ヒント：物体の大きさ r と移動距離 L が，$r \ll L$ の近似を満たす場合，質点の運動とみなしてよい，という1つの目安がある．

解 答

野球ボール：

大きさ $r = 8\,\mathrm{cm} = 0.08\,\mathrm{m}$，移動距離 $L = 100\,\mathrm{m}$ より，

$$\frac{r}{L} = \frac{0.08}{100} = 0.0008 = 8 \times 10^{-4}$$

ジャンボ旅客機：

大きさ $r = 50\,\mathrm{m}$，移動距離 $L = 6000\,\mathrm{km} = 6 \times 10^{16}\,\mathrm{m}$ より

$$\frac{r}{L} = \frac{50}{6 \times 10^6} = 0.0000083\cdots = 8.3 \times 10^{-4}$$

いずれも $r \ll L$ を満たすので質点とみなせるが，ジャンボ旅客機の方がより質点に近いといえる．（解答終）

例題 2.2

次の①，②のどちらの方が質点に近いといえるか．

① 一辺が $100\,\mathrm{m}$ のドームの中を飛び回っている，体長 $10\,\mathrm{cm}$ の鳥．

② 太陽の周りを公転する，半径約 $6400\,\mathrm{km}$ の地球．ただし，地球と太陽の間の距離を $1.5 \times 10^8\,\mathrm{km}$ とする．

解答

①の場合:

$$\frac{r}{L} = \frac{\text{鳥の体長}}{\text{ドーム 1 辺の長さ}} = \frac{10 \times 10^{-2}\,\mathrm{m}}{1.0 \times 10^2\,\mathrm{m}} = 1.0 \times 10^{-3}\ (= 0.001)$$

②の場合:

$$\frac{r}{L} = \frac{\text{地球の直径}}{\text{公転軌道の直径}} = \frac{2 \times 6.4 \times 10^3\,\mathrm{km}}{2 \times 1.5 \times 10^8\,\mathrm{km}} \approx 4.3 \times 10^{-5}\ (= 0.000043)$$

よって，

$\dfrac{r}{L}$ の比率が小さい②がより質点に近いといえる．（解答終）

車同士の衝突や木の葉の落下の現象，あるいは斜面を転がる円柱など，物体の大きさに関わらず，質点としてモデル化することが不適切な運動がある．車同士の衝突では車自体の変形や回転，木の葉の落下では姿勢によって変化する空気抵抗，転がる円柱では円柱の回転運動がそれぞれの運動の中で支配的である．よって，質点としてモデル化するとこれらをすべて考慮しないことになり，着目する現象とかけ離れてしまうため質点とみなすことはできない．

2.1.2 運動のベクトル表記

ここがポイント！

① 位置ベクトル：$\boldsymbol{r} = x\boldsymbol{i} + y\boldsymbol{j} + z\boldsymbol{k} = (x, y, z)$

② 速度ベクトル：$\boldsymbol{v} = \dfrac{\mathrm{d}\boldsymbol{r}}{\mathrm{d}t} = \dfrac{\mathrm{d}x}{\mathrm{d}t}\boldsymbol{i} + \dfrac{\mathrm{d}y}{\mathrm{d}t}\boldsymbol{j} + \dfrac{\mathrm{d}z}{\mathrm{d}t}\boldsymbol{k} = \left(\dfrac{\mathrm{d}x}{\mathrm{d}t}, \dfrac{\mathrm{d}y}{\mathrm{d}t}, \dfrac{\mathrm{d}z}{\mathrm{d}t}\right)$

$= (v_x, v_y, v_z)$

（位置ベクトルの各成分をそれぞれ時間で 1 階微分したもの．）

③ 加速度ベクトル：$\boldsymbol{a} = \dfrac{\mathrm{d}\boldsymbol{v}}{\mathrm{d}t} = \dfrac{\mathrm{d}^2\boldsymbol{r}}{\mathrm{d}t^2} = \dfrac{\mathrm{d}v_x}{\mathrm{d}t}\boldsymbol{i} + \dfrac{\mathrm{d}v_y}{\mathrm{d}t}\boldsymbol{j} + \dfrac{\mathrm{d}v_z}{\mathrm{d}t}\boldsymbol{k}$

$= \left(\dfrac{\mathrm{d}v_x}{\mathrm{d}t}, \dfrac{\mathrm{d}v_y}{\mathrm{d}t}, \dfrac{\mathrm{d}v_z}{\mathrm{d}t}\right)$

$= (a_x, a_y, a_z)$

（速度ベクトルの各成分をそれぞれ時間で 1 階微分したもの．）

一直線上の運動（1 次元の運動）は，運動をし始めた点を原点 O とし運動の方向へ x 軸をとり，x 軸上の一点の座標を指定することにより質点の位置を表すことができる．平面上の運動（2 次元の運動）では，運動をし始めた点を原点 O とし互いに直交する x 軸と y 軸をとり，x 軸上の座標と y 軸上の座標をそれぞれ指定することにより質点の平面上の位置を表すことができる．空間上の任意の曲線運動（3 次元の運動）においては，互いに直交する x 軸，y 軸，z 軸上の x 座標，y 座標，z 座標をそれぞれ指定することにより空間上の位置を一意に表すことができる．

このように，1 次元の運動では x，2 次元の運動では (x, y)，3 次元の運動では (x, y, z) で表される座標を用いて質点の位置，点 P を表すが，原点 O から点 P に向かって書いた矢印によって点 P の位置を表すこともできる．このように，原点 O を始点とし，質点の位置 P を終点としたベクトルを**位置ベクトル** *1 と呼ぶ．

直交座標において，質点の位置 P を位置ベクトル $\boldsymbol{r}$ で表すと，

$$\boldsymbol{r} = x\boldsymbol{i} + y\boldsymbol{j} + z\boldsymbol{k} \tag{2-1}$$

と書くことができる．ただし，$\boldsymbol{i}$, $\boldsymbol{j}$, $\boldsymbol{z}$ は単位ベクトル *2 で x, y, z それぞれに x 軸方向，y 軸方向，z 軸方向の向きを与える．座標 x, y, z は成分と呼ばれ，この位置ベクトル $\boldsymbol{r}$ は，

$$\boldsymbol{r} = (x, y, z) \tag{2-2}$$

と書くこともできる．

*1 位置ベクトルと似たものに変位ベクトルがある．変位ベクトルは位置の変化を表す．ある物体が点 P から点 P′ に移動したときの変位ベクトルは，点 P から点 P′ に向かう矢印で表現される．

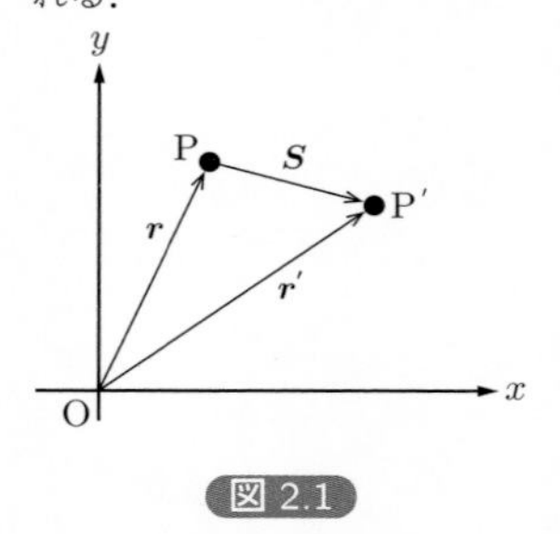

図 2.1

2 次元の運動で考えると図 2.1 のような関係があり，$\boldsymbol{S}$ が変位ベクトル，$\boldsymbol{r}$, $\boldsymbol{r}'$ が位置ベクトルである．

また，座標の原点 O を点 P に動かすと，$\boldsymbol{S}$ を位置ベクトルとして扱うことができる．

*2 大きさが 1 のベクトルのこと．

式 (1-22)

$$\boldsymbol{e} = \frac{\boldsymbol{a}}{|\boldsymbol{a}|}$$

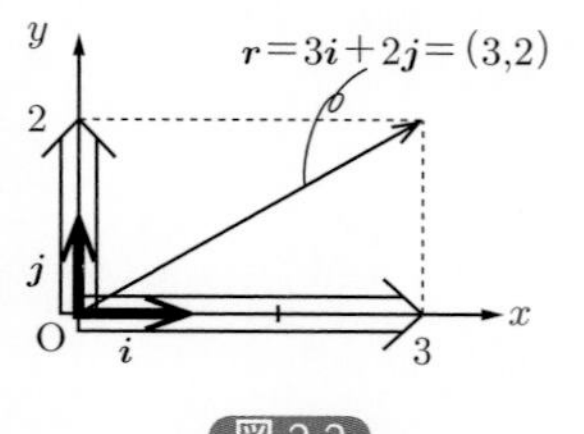

図 2.2

図 2.2 は 2 次元平面上の単位ベクトルと成分の関係を表したものである．$\boldsymbol{i}$ が x 方向を表すので，その前の「3」は $\boldsymbol{r}$ の x 成分である．同様に「2」は $\boldsymbol{r}$ の y 成分である．

さて，この質点の位置が，時刻 t から時刻 $t+\Delta t$ の間に座標 (x, y, z) から座標 $(x+\Delta x, y+\Delta y, z+\Delta z)$ に変化したとする．この時，質点の平均の速度は，時間 Δt の間に位置がそれぞれ Δx，Δy，Δz だけ変化したことより，

$$\overline{\boldsymbol{v}}=\frac{\Delta x}{\Delta t}\boldsymbol{i}+\frac{\Delta y}{\Delta t}\boldsymbol{j}+\frac{\Delta z}{\Delta t}\boldsymbol{k}=\left(\frac{\Delta x}{\Delta t}, \frac{\Delta y}{\Delta t}, \frac{\Delta z}{\Delta t}\right) \tag{2-3}$$

で表される．時刻 t における（瞬間）速度は式 (2-3) の Δt を限りなく 0 に近づけることで得られ，各成分において，

$$v_x=\lim_{\Delta t\to 0}\frac{\Delta x}{\Delta t}=\frac{\mathrm{d}x}{\mathrm{d}t},\quad v_y=\lim_{\Delta t\to 0}\frac{\Delta y}{\Delta t}=\frac{\mathrm{d}y}{\mathrm{d}t},\quad v_z=\lim_{\Delta t\to 0}\frac{\Delta z}{\Delta t}=\frac{\mathrm{d}z}{\mathrm{d}t} \tag{2-4}$$

が成り立つ．ここで，v_x, v_y, v_z は，それぞれ速度の x 成分，y 成分，z 成分である．式 (2-4) は位置ベクトルの各成分を時間で微分したものであるため，

$$\frac{\mathrm{d}\boldsymbol{r}}{\mathrm{d}t}=\frac{\mathrm{d}x}{\mathrm{d}t}\boldsymbol{i}+\frac{\mathrm{d}y}{\mathrm{d}t}\boldsymbol{j}+\frac{\mathrm{d}z}{\mathrm{d}t}\boldsymbol{k}=\left(\frac{\mathrm{d}x}{\mathrm{d}t}, \frac{\mathrm{d}y}{\mathrm{d}t}, \frac{\mathrm{d}z}{\mathrm{d}t}\right) \tag{2-5}$$

と書ける．したがって，

$$\boldsymbol{v}=\frac{\mathrm{d}\boldsymbol{r}}{\mathrm{d}t}=v_x\boldsymbol{i}+v_y\boldsymbol{j}+v_z\boldsymbol{k}=(v_x, v_y, v_z) \tag{2-6}$$

であるから，**位置ベクトル $\boldsymbol{r}$ を時間 t で微分したものが速度ベクトル $\boldsymbol{v}$ である．**一般にベクトルをスカラーで微分したものはベクトルとなる．

同様にして，加速度ベクトルを考える．この質点の速度が，時刻 t から時刻 $t+\Delta t$ の間に (v_x, v_y, v_z) から $(v_x+\Delta v_x, v_y+\Delta v_y, v_z+\Delta v_z)$ に変化したとき，質点の平均の加速度は，時間 Δt の間に速度がそれぞれ Δv_x，Δv_y，Δv_z だけ変化したことから，

$$\overline{\boldsymbol{a}}=\frac{\Delta v_x}{\Delta t}\boldsymbol{i}+\frac{\Delta v_y}{\Delta t}\boldsymbol{j}+\frac{\Delta v_z}{\Delta t}\boldsymbol{k}=\left(\frac{\Delta v_x}{\Delta t}, \frac{\Delta v_y}{\Delta t}, \frac{\Delta v_z}{\Delta t}\right) \tag{2-7}$$

で表される．時刻 t における（瞬間）加速度は式 (2-7) の Δt を限りなく 0 に近づけることで得られ，各成分において，

$$\begin{aligned}a_x&=\lim_{\Delta t\to 0}\frac{\Delta v_x}{\Delta t}=\frac{\mathrm{d}v_x}{\mathrm{d}t},\quad a_y=\lim_{\Delta t\to 0}\frac{\Delta v_y}{\Delta t}=\frac{\mathrm{d}v_y}{\mathrm{d}t},\\ a_z&=\lim_{\Delta t\to 0}\frac{\Delta v_z}{\Delta t}=\frac{\mathrm{d}v_z}{\mathrm{d}t}\end{aligned} \tag{2-8}$$

が成り立つ．ここで，a, a_y, a_z は，それぞれ加速度の x 成分，y 成分，z 成分である．式 (2-8) は速度ベクトルの各成分を時間で微分したもので

あるため,

$$\frac{\mathrm{d}\boldsymbol{v}}{\mathrm{d}t}=\frac{\mathrm{d}v_x}{\mathrm{d}t}\boldsymbol{i}+\frac{\mathrm{d}v_y}{\mathrm{d}t}\boldsymbol{j}+\frac{\mathrm{d}v_z}{\mathrm{d}t}\boldsymbol{k}=\left(\frac{\mathrm{d}v_x}{\mathrm{d}t},\frac{\mathrm{d}v_y}{\mathrm{d}t},\frac{\mathrm{d}v_z}{\mathrm{d}t}\right) \tag{2-9}$$

と書ける. したがって,

$$\boldsymbol{a}=\frac{\mathrm{d}\boldsymbol{v}}{\mathrm{d}t}=\frac{\mathrm{d}^2\boldsymbol{r}}{\mathrm{d}t^2}=a_x\boldsymbol{i}+a_y\boldsymbol{j}+a_z\boldsymbol{k}=(a_x,\ a_y,\ a_z) \tag{2-10}$$

であるから, **速度ベクトル $\boldsymbol{v}$ を時間 t で 1 階微分したもの, あるいは位置ベクトル $\boldsymbol{r}$ を時間 t で 2 階微分したものが加速度ベクトル $\boldsymbol{a}$ である.**

例題 2.3

時間を t で表す. ある時刻 t での質点の位置 x が次式で表されるとき, x を t で微分してこの質点の速度 v の式を求めよ. また, t で 2 階微分して（もう一度微分して）この物体の加速度 a の式を求めよ.

$$x=-\frac{1}{4}t^2+2t$$

解 答

$$v=\frac{\mathrm{d}x}{\mathrm{d}t}=-\frac{1}{4}\times 2t+2=-\frac{1}{2}t+2$$
$$a=\frac{\mathrm{d}^2x}{\mathrm{d}t^2}=\frac{\mathrm{d}v}{\mathrm{d}t}=-\frac{1}{2}$$

（解答終）

「速度」はベクトル量であるが, **「速さ」は速度の大きさ**のことを指すスカラー量である. ちなみに,「加速度の大きさ」に対する「速さ」のような用語はない. 一般にベクトルの大きさ（ベクトルを表す矢印の長さに相当する）は, $|\boldsymbol{A}|=A=\sqrt{{A_x}^2+{A_y}^2+{A_z}^2}$ で表すため [*3], 2 次元平面運動における速度の大きさ（速さ）および加速度の大きさはそれぞれ次のようにして求められる.

$$|\boldsymbol{v}|=v=\sqrt{{v_x}^2+{v_y}^2},\quad |\boldsymbol{a}|=a=\sqrt{{a_x}^2+{a_y}^2} \tag{2-11}$$

*3 式 (1-29)
$|\boldsymbol{r}|=r=\sqrt{x^2+y^2}$
式 (1-33)
$|\boldsymbol{r}|=r=\sqrt{x^2+y^2+z^2}$

例題 2.4

平面運動をする質点の位置ベクトルが次式で表されるとき, 以下の各問に答えよ．

$$\boldsymbol{r} = -\frac{t}{2}\boldsymbol{i} + (t - t^2)\boldsymbol{j}$$

① この質点の時刻 t での速度ベクトルと速さを求めよ．

② この質点の時刻 t での加速度ベクトルと加速度の大きさを求めよ．

解答

$\boldsymbol{r} = x\boldsymbol{i} + y\boldsymbol{j}$ であるので，この位置ベクトルの x 成分，y 成分はそれぞれ

$$x = -\frac{t}{2}$$
$$y = t - t^2$$

である．

① 速度ベクトルは，

$$\boldsymbol{v} = \frac{\mathrm{d}x}{\mathrm{d}t}\boldsymbol{i} + \frac{\mathrm{d}y}{\mathrm{d}t}\boldsymbol{j} = \frac{\mathrm{d}}{\mathrm{d}t}\left(-\frac{t}{2}\right)\boldsymbol{i} + \frac{\mathrm{d}}{\mathrm{d}t}(t - t^2)\boldsymbol{j} = -\frac{1}{2}\boldsymbol{i} + (1 - 2t)\boldsymbol{j}$$

となる．速さは速度の大きさであるため，

$$|\boldsymbol{v}| = v = \sqrt{{v_x}^2 + {v_y}^2} = \sqrt{\left(-\frac{1}{2}\right)^2 + (1 - 2t)^2}$$
$$= \sqrt{\frac{1}{4} + 1 - 4t + 4t^2} = \sqrt{4t^2 - 4t + \frac{5}{4}}$$

となる．

② 加速度ベクトルは速度ベクトルと同様に t で微分し，

$$\boldsymbol{a} = \frac{\mathrm{d}v_x}{\mathrm{d}t}\boldsymbol{i} + \frac{\mathrm{d}v_y}{\mathrm{d}t}\boldsymbol{j} = \frac{\mathrm{d}}{\mathrm{d}t}\left(-\frac{1}{2}\right)\boldsymbol{i} + \frac{\mathrm{d}}{\mathrm{d}t}(1 - 2t)\boldsymbol{j} = 0\boldsymbol{i} - 2\boldsymbol{j} = -2\boldsymbol{j}$$

となる．加速度の大きさは，

$$|\boldsymbol{a}| = a = \sqrt{{a_x}^2 + {a_y}^2} = \sqrt{0^2 + (-2)^2}$$
$$= \sqrt{4} = 2$$

となる．（解答終）

2.1.3 平面運動における経路の式

ここがポイント！

経路の式

各成分の関数 $x(t)$, $y(t)$ から t を消去し $y=f(x)$ あるいは $x=f(y)$ で表したもの．x と y のみの 1 つの関係式．

質点の位置が $\boldsymbol{r}=(x,y)$ で表される平面運動を考える．各成分，すなわち x の位置と y の位置は，それぞれ時間の経過とともに変化し，t の関数 $x(t)$, $y(t)$ で与えられているとする．

質点の位置の x 成分，y 成分が時間 t の経過とともにそれぞれどのように変化していくのかは $x(t)$, $y(t)$ を見ればわかる．例えば，t を横軸にとり x を縦軸にとったグラフを描き，同様に，t を横軸にとり y を縦軸にとったグラフを描いてみればよい [*4]．

しかし，x と y を別々に考えるのでは，この質点が xy 平面上のどの場所を通過していくのかを見るのには適していない．この目的のためには，$x(t)$, $y(t)$ から x と y の間の関係式 $y=f(x)$ あるいは $x=f(y)$ を求めるのがよい．これを**経路の式**といい，「軌跡」とも呼ばれる．

具体的には，$x(t)$, $y(t)$ の 2 式から t を消去して，x と y のみの関係式を求める．経路の式を求めて，x を横軸にとり y を縦軸にとったグラフを書けば [*5]，質点がどこを通過していくのかを簡単に確認することができる．

＊4

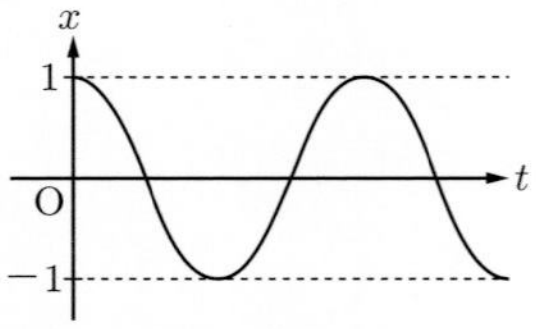

図 2.3　$x=\cos t$

質点の x 成分の時間的変化を表す．

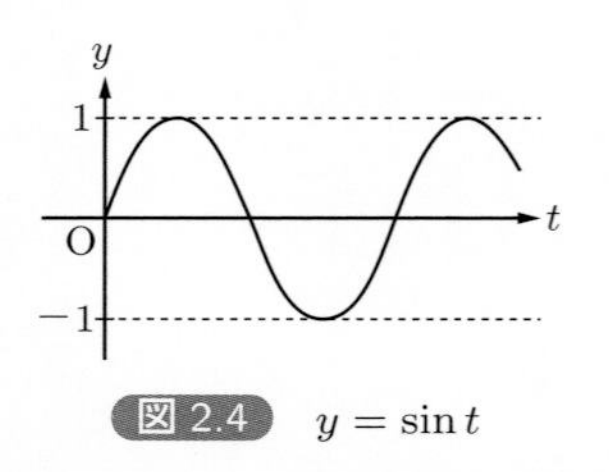

図 2.4　$y=\sin t$

質点の y 成分の時間的変化を表す．

＊5

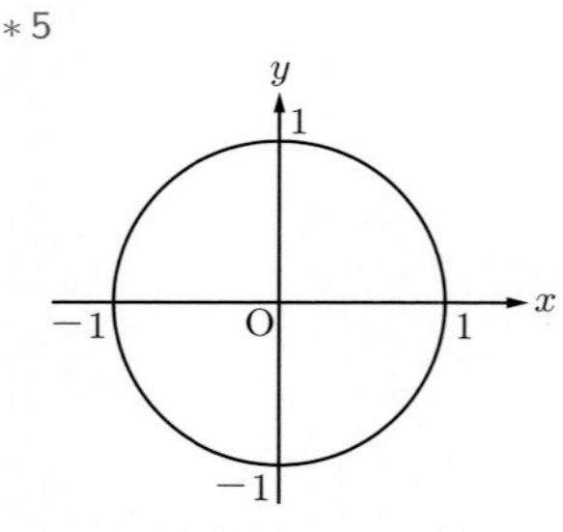

図 2.5　$x^2+y^2=1$

$x=\cos t$, $y=\sin t$ から t を消去する．$\cos^2\theta+\sin^2\theta=1$ の公式より，

$$\cos^2 t+\sin^2 t=1$$

であるから，$x^2+y^2=1$ という経路の式を得る．よって，質点は半径 1 の円周上を運動していることが分かる．円運動については次の 2.2 で詳しく学ぶ．

例題 2.5

平面運動をする質点の位置ベクトルが次式で表されるとき，この質点の経路の式を求めよ．

$$\boldsymbol{r}=\left(-\frac{t}{2}\right)\boldsymbol{i}+(t-t^2)\boldsymbol{j}$$

解答

$x=-\dfrac{t}{2}$ より $t=-2x$ である．これを $y=t-t^2$ に代入し，

$$y=-2x-(-2x)^2=-2x-4x^2$$

となる．　(解答終)

2.1.4　相対運動

ここがポイント！

質点 A から，質点 B の運動を見たとき（A を基準としたとき），

相対位置ベクトル：$\boldsymbol{r}_{\mathrm{BA}} = \boldsymbol{r}_{\mathrm{B}} - \boldsymbol{r}_{\mathrm{A}}$

相対速度ベクトル：$\boldsymbol{v}_{\mathrm{BA}} = \boldsymbol{v}_{\mathrm{B}} - \boldsymbol{v}_{\mathrm{A}}$

相対加速度ベクトル：$\boldsymbol{a}_{\mathrm{BA}} = \boldsymbol{a}_{\mathrm{B}} - \boldsymbol{a}_{\mathrm{A}}$

B を基準とする場合は A と B が逆になるので，$\boldsymbol{r}_{\mathrm{AB}} = \boldsymbol{r}_{\mathrm{A}} - \boldsymbol{r}_{\mathrm{B}}$ などとする．

2.1.2 と 2.1.3 では，1 つの物体の運動を座標の原点から見たものとして表してきた．ここでは，2 つの運動する物体 A，B を考え，物体 A から物体 B を見たとき，運動がどう表されるかを考えてみる．

質点 A の位置ベクトルを $\boldsymbol{r}_{\mathrm{A}}$，質点 B の位置ベクトルを $\boldsymbol{r}_{\mathrm{B}}$ とする．ここで，質点 A から見た質点 B の位置ベクトルを $\boldsymbol{r}_{\mathrm{BA}}$ とすると，

$$\boldsymbol{r}_{\mathrm{BA}} = \boldsymbol{r}_{\mathrm{B}} - \boldsymbol{r}_{\mathrm{A}} \tag{2-12}$$

と表され，これを A から見た B の**相対位置ベクトル**という．

この式の両辺を時間 t で微分することにより．A から見た B の**相対速度**を

$$\boldsymbol{v}_{\mathrm{BA}} = \frac{\mathrm{d}\boldsymbol{r}_{\mathrm{BA}}}{\mathrm{d}t} = \frac{\mathrm{d}\boldsymbol{r}_{\mathrm{B}}}{\mathrm{d}t} - \frac{\mathrm{d}\boldsymbol{r}_{\mathrm{A}}}{\mathrm{d}t} = \boldsymbol{v}_{\mathrm{B}} - \boldsymbol{v}_{\mathrm{A}} \tag{2-13}$$

と書くことができ，さらに時間 t で微分することにより，A から見た B の**相対加速度**を

$$\boldsymbol{a}_{\mathrm{BA}} = \frac{\mathrm{d}^2\boldsymbol{r}_{\mathrm{BA}}}{\mathrm{d}t^2} = \frac{\mathrm{d}^2\boldsymbol{r}_{\mathrm{B}}}{\mathrm{d}t^2} - \frac{\mathrm{d}^2\boldsymbol{r}_{\mathrm{A}}}{\mathrm{d}t^2} = \boldsymbol{a}_{\mathrm{B}} - \boldsymbol{a}_{\mathrm{A}} \tag{2-14}$$

と書くことができる．質点 B から質点 A を見る場合は，B が基準となるため，式 (2-12)，(2-13)，(2-14) の A，B が逆になることに注意しよう．

この相対位置ベクトルを感覚的に捉えるために，ビルの 3 階にいる A さんと，ビルの 7 階にいる B さんを想像してみてほしい．A さんから見たとき，B さんは何階分上にいるだろうか．正解の「4 階分」を導くための「$7 - 3 = 4$」という単純な計算が相対運動の考え方である．

つまり，**対象となる方（B）から基準となる方（A）を引くことで，相対運動のベクトルを求めることができる．**

例題 2.6

時間を t で表す．位置が $2\boldsymbol{i}-3t\boldsymbol{j}$ で表される質点Aから，位置が $t\boldsymbol{i}+(-2t+1)\boldsymbol{j}$ で表される質点Bを見た時の相対位置（ベクトル）を求めよ．

解 答

質点Aが基準であることが問題文から読み取れる．

$$\boldsymbol{r}_{\mathrm{A}} = x_A\boldsymbol{i} + y_A\boldsymbol{j} = 2\boldsymbol{i} - 3t\boldsymbol{j}$$

$$\boldsymbol{r}_{\mathrm{B}} = x_B\boldsymbol{i} + y_B\boldsymbol{j} = t\boldsymbol{i} + (-2t+1)\boldsymbol{j}$$

と考えて，$\boldsymbol{r}_{\mathrm{B}} - \boldsymbol{r}_{\mathrm{A}}$ を求める．

$$\begin{aligned}\boldsymbol{r}_{\mathrm{B}} - \boldsymbol{r}_{\mathrm{A}} &= (x_{\mathrm{B}} - x_{\mathrm{A}})\boldsymbol{i} + (y_{\mathrm{B}} - y_{\mathrm{A}})\boldsymbol{j} \\ &= (t-2)\boldsymbol{i} + \{(-2t+1) - (-3t)\}\boldsymbol{j} = (t-2)\boldsymbol{i} + (t+1)\boldsymbol{j}\end{aligned}$$

（解答終）

次に，式 (2-12)，(2-13)，(2-14) をもう少し詳しく考えるために，電車に向かい合って座っている人と，駅のホームのベンチに座っている人を例にとってみる．

多くの場合，「相対」をつけなくても意味がわかるので，以降，「相対」をつけずに位置ベクトル，速度，加速度と表現する．

AとBはともに電車に乗って移動している人としよう．AとBは向かい合わせで座席に座っているとする．そして，図 2.6 のようにこの電車が駅に近づきつつあるとし，駅のホームのベンチを座標原点として考える．このとき，A, B の位置ベクトルをそれぞれ $\boldsymbol{r}_{\mathrm{A}}, \boldsymbol{r}_{\mathrm{B}}$ とする．

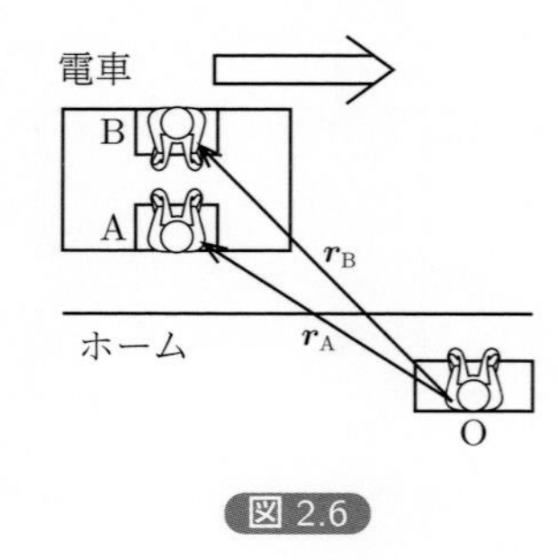

図 2.6

さて，ベンチ（座標原点）にいる人Oから見ればAとBは電車とともに動いている．しかし，電車の中のAから見ると，向かいに座っているBは（電車の中で）移動していないように見える．AにとってBが移動していないように見えるのは，AとBとの位置関係が変化していない（Bは相変わらずAの向かいに座っている）からである．

相対運動とは，いまの場合，Aを中心にまわりを見たときのBの運動の様子ということである．このとき，Aから見てA自身は，座標原点にいて，移動しておらず，加速もしていないと考えることができる．そこ

で，A の位置ベクトル，速度，加速度がすべて $\mathbf{0}$ になるように，

$$\begin{aligned} \boldsymbol{r}_{\mathrm{AA}} &= \boldsymbol{r}_{\mathrm{A}} - \boldsymbol{r}_{\mathrm{A}} = \mathbf{0}, \\ \boldsymbol{v}_{\mathrm{AA}} &= \frac{\mathrm{d}\boldsymbol{r}_{\mathrm{AA}}}{\mathrm{d}t} = \frac{\mathrm{d}\boldsymbol{r}_{\mathrm{A}}}{\mathrm{d}t} - \frac{\mathrm{d}\boldsymbol{r}_{\mathrm{A}}}{\mathrm{d}t} = \mathbf{0}, \\ \boldsymbol{a}_{\mathrm{AA}} &= \frac{\mathrm{d}^2\boldsymbol{r}_{\mathrm{AA}}}{\mathrm{d}t^2} = \frac{\mathrm{d}^2\boldsymbol{r}_{\mathrm{A}}}{\mathrm{d}t^2} - \frac{\mathrm{d}^2\boldsymbol{r}_{\mathrm{A}}}{\mathrm{d}t^2} = \mathbf{0} \end{aligned} \tag{2-15}$$

と自分自身を引き算すればよい．まわりも同じように引き算しなければならないので，A から見た B の位置ベクトル，速度，加速度はそれぞれ式 (2-12)，(2-13)，(2-14) となる．また，A から見た O の位置ベクトル，速度，加速度はそれぞれ

$$\begin{aligned} \boldsymbol{r}_{\mathrm{OA}} &= -\boldsymbol{r}_{\mathrm{A}}, \\ \boldsymbol{v}_{\mathrm{OA}} &= \frac{\mathrm{d}\boldsymbol{r}_{\mathrm{OA}}}{\mathrm{d}t} = -\frac{\mathrm{d}\boldsymbol{r}_{\mathrm{A}}}{\mathrm{d}t}, \\ \boldsymbol{a}_{\mathrm{OA}} &= \frac{\mathrm{d}^2\boldsymbol{r}_{\mathrm{OA}}}{\mathrm{d}t^2} = -\frac{\mathrm{d}^2\boldsymbol{r}_{\mathrm{A}}}{\mathrm{d}t^2} \end{aligned} \tag{2-16}$$

となる．A を中心に考えれば，ベンチにいる O が移動している（A に近づいてきている）ように表される．

B を中心に考える場合でも同様の方法を用いればよく，B 自身の位置ベクトル，速度，加速度がそれぞれ $\mathbf{0}$ になるように引き算すればよい．B から見た A の位置ベクトル，速度，加速度は

$$\begin{aligned} \boldsymbol{r}_{\mathrm{AB}} &= \boldsymbol{r}_{\mathrm{A}} - \boldsymbol{r}_{\mathrm{B}}, \\ \boldsymbol{v}_{\mathrm{AB}} &= \frac{\mathrm{d}\boldsymbol{r}_{\mathrm{AB}}}{\mathrm{d}t} = \frac{\mathrm{d}\boldsymbol{r}_{\mathrm{A}}}{\mathrm{d}t} - \frac{\mathrm{d}\boldsymbol{r}_{\mathrm{B}}}{\mathrm{d}t}, \\ \boldsymbol{a}_{\mathrm{AB}} &= \frac{\mathrm{d}^2\boldsymbol{r}_{\mathrm{AB}}}{\mathrm{d}t^2} = \frac{\mathrm{d}^2\boldsymbol{r}_{\mathrm{A}}}{\mathrm{d}t^2} - \frac{\mathrm{d}^2\boldsymbol{r}_{\mathrm{B}}}{\mathrm{d}t^2} \end{aligned} \tag{2-17}$$

となる．

2.1.5 発展：流れの中の運動

相対運動の考え方を，川の流れの中での船の運動や，強風の中での飛行機の運動に用いることができる．ここでは，推進器をもつ船が川を渡ろうとする場合を考えよう．このとき，どこを中心に考えて運動を表しているかをはっきりさせておく必要がある．そこで，図 2.7 のように川岸を c，川の水（川に流されていく小舟と考えてもよい．この小舟は推進器をもたない．）を a，船を p と表し，川岸から見た川の流れの速度を $\boldsymbol{v}_{\mathrm{ac}}$，川岸から見た船の速度を $\boldsymbol{v}_{\mathrm{pc}}$，川の水から見た船の速度を $\boldsymbol{v}_{\mathrm{pa}}$ とす

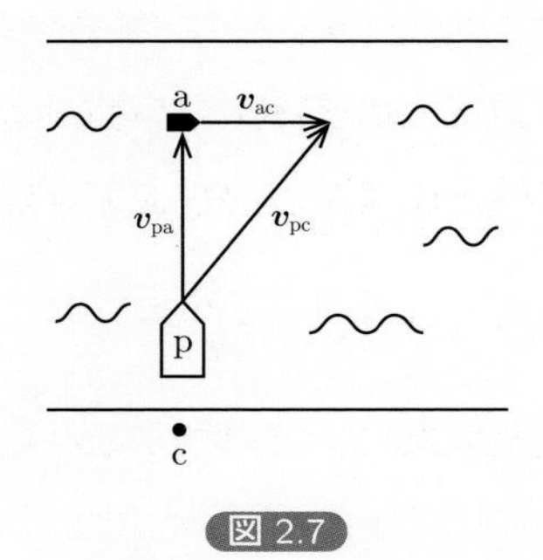

図 2.7

る．図 2.7 の速度ベクトルの関係からも明らかなように，

$$\boldsymbol{v}_{\mathrm{pa}} = \boldsymbol{v}_{\mathrm{pc}} - \boldsymbol{v}_{\mathrm{ac}} \tag{2-18}$$

が成り立つ．ここで，船の推進器の性能を表す速度は川の水から見た船の速度 $\boldsymbol{v}_{\mathrm{pa}}$，つまり，川が静止しているときの船の速度であることに注意する．式 (2-18) を書き換えて

$$\boldsymbol{v}_{\mathrm{pc}} = \boldsymbol{v}_{\mathrm{pa}} + \boldsymbol{v}_{\mathrm{ac}} \tag{2-19}$$

とすれば，この式を「船は性能通りに速度 $\boldsymbol{v}_{\mathrm{pa}}$ で移動しようとするが，そこに川の流れの速度 $\boldsymbol{v}_{\mathrm{ac}}$ が加わることにより，川岸からは船が速度 $\boldsymbol{v}_{\mathrm{pc}}$ で斜めに移動しているように見えている」と考えることができる．

例題 2.7

飛行機のスピードが 450 km/h，西風 180 km/h のとき，出発点 O から北東の Q にいくためには，飛行機の向きおよび地面に対する速度をどのようにすればよいか．

解 答

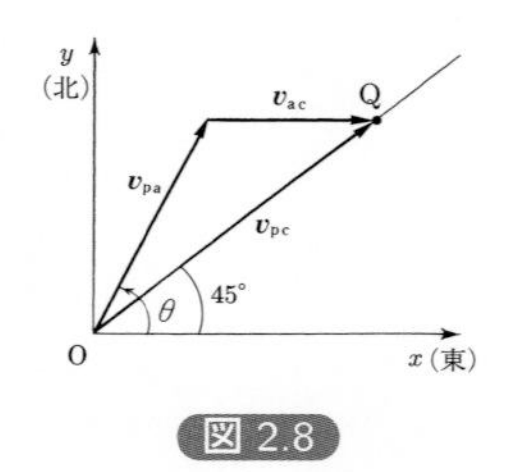

図 2.8

地面（c）に対する飛行機（p）の速度を $\boldsymbol{v}_{\mathrm{pc}}$，空気（a）に対する飛行機の速度を $\boldsymbol{v}_{\mathrm{pa}}$，地面に対する風の速度を $\boldsymbol{v}_{\mathrm{ac}}$ とし，図 2.8 のように座標軸をとる．そして，向きを x 軸（東）からの角度で表すと以下の関係が成り立つ．

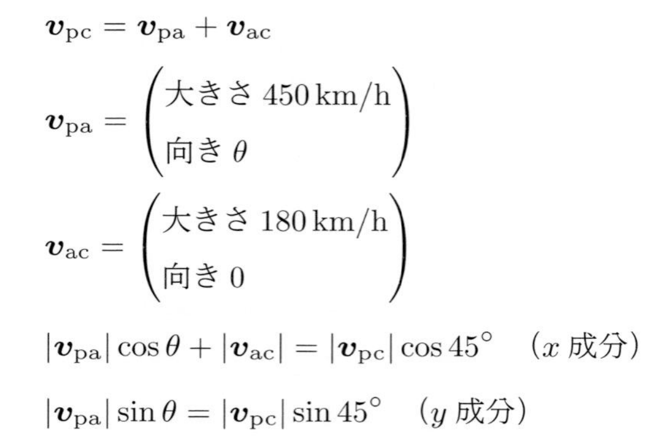

$$\boldsymbol{v}_{\mathrm{pc}} = \boldsymbol{v}_{\mathrm{pa}} + \boldsymbol{v}_{\mathrm{ac}}$$

$$\boldsymbol{v}_{\mathrm{pa}} = \begin{pmatrix} \text{大きさ } 450\,\mathrm{km/h} \\ \text{向き } \theta \end{pmatrix}$$

$$\boldsymbol{v}_{\mathrm{ac}} = \begin{pmatrix} \text{大きさ } 180\,\mathrm{km/h} \\ \text{向き } 0 \end{pmatrix}$$

$$|\boldsymbol{v}_{\mathrm{pa}}|\cos\theta + |\boldsymbol{v}_{\mathrm{ac}}| = |\boldsymbol{v}_{\mathrm{pc}}|\cos 45^\circ \quad (x \text{ 成分})$$

$$|\boldsymbol{v}_{\mathrm{pa}}|\sin\theta = |\boldsymbol{v}_{\mathrm{pc}}|\sin 45^\circ \quad (y \text{ 成分})$$

数値を代入して

$$450\cos\theta + 180 = \frac{1}{\sqrt{2}}|\boldsymbol{v}_{\mathrm{pc}}|$$

$$450\sin\theta = \frac{1}{\sqrt{2}}|\boldsymbol{v}_{\mathrm{pc}}|$$

これを解き，$\theta = 61.5^\circ \quad |\boldsymbol{v}_{\mathrm{pc}}| = 559\,\mathrm{km/h}$　　　　（解答終）

2.2 円運動

2.2.1 孤度法と極座標

ここがポイント！

弧度法

① 単位はラジアン（rad）

② 度数法と弧度法の変換

$360^\circ \Leftrightarrow 2\pi\,\mathrm{rad} \qquad 180^\circ \Leftrightarrow \pi\,\mathrm{rad} \qquad 60^\circ \Leftrightarrow \dfrac{\pi}{3}\,\mathrm{rad}$

$30^\circ \Leftrightarrow \dfrac{\pi}{6}\,\mathrm{rad}$

極座標

極座標 (r, θ) と直交座標 (x, y) の関係

$x = r\cos\theta \qquad y = r\sin\theta \qquad r = \sqrt{x^2 + y^2} \qquad \theta = \tan^{-1}\dfrac{y}{x}$

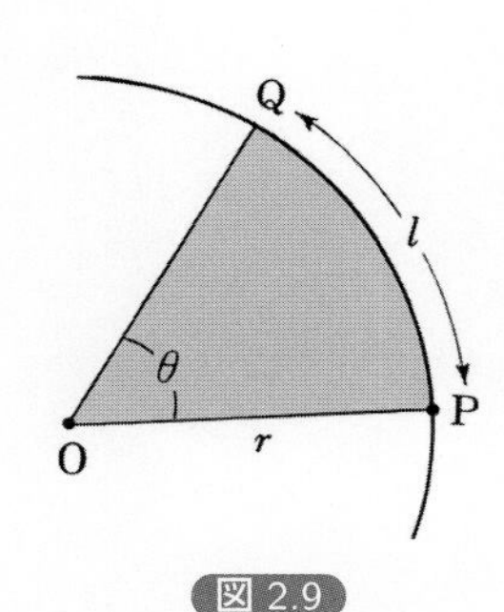

図 2.9

図 2.9 に示すように，半径が r で中心角が θ である円の弧の長さは $\overset{\frown}{\mathrm{PQ}}$ の部分であり，通常 l を使って表す．

円において，図 2.10(a) のように，半径と同じ長さの弧に対する中心角を 1 とする角度の表し方を**弧度法**といい，角度の単位には**ラジアン**（rad）を用いる．弧度法で角度を表すと，図 2.10(b) のような，半径 r の円における中心角 θ の弧の長さ l と面積 S はそれぞれ次の式で表され，度数法を用いたときよりも簡単な式で表現することができる．

$$l = r\theta \tag{2-20}$$

$$S = \frac{1}{2}r^2\theta = \frac{1}{2}rl \tag{2-21}$$

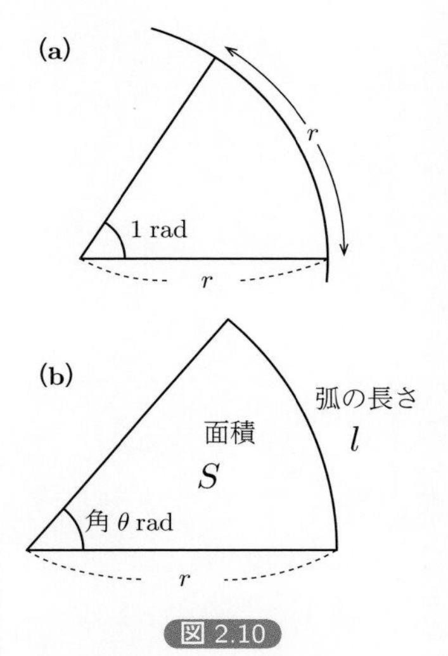

図 2.10

式 (2-20) と式 (2-21) を度数法を用いて表すと，中心角を d° としたとき，弧の長さは $l = 2\pi r \times \dfrac{d}{360}$，面積は $S = \pi r^2 \times \dfrac{d}{360}$ となる．弧度法での式と比べて煩雑であることが分かる．同様に三角関数やその微積分も弧度法を用いないと煩雑になってしまう．

度数法と弧度法の代表的な変換を**表** 2.1 にまとめた．表のすべてを暗記する必要はない．基本となる $180^\circ = \pi\,\mathrm{rad}$ あるいは $360^\circ = 2\pi\,\mathrm{rad}$ などを覚えていれば，その他の角度は簡単に求めることができる．（例：30 は

180 の $\dfrac{1}{6}$ であるので，$30^\circ = \dfrac{1}{6}\pi\,\mathrm{rad}$ と分かる．）

表 2.1

度数法	0°	30°	45°	60°	90°	120°	180°	270°	360°
弧度法	0 rad	$\frac{1}{6}\pi$ rad	$\frac{1}{4}\pi$ rad	$\frac{1}{3}\pi$ rad	$\frac{1}{2}\pi$ rad	$\frac{2}{3}\pi$ rad	π rad	$\frac{2}{3}\pi$ rad	2π rad

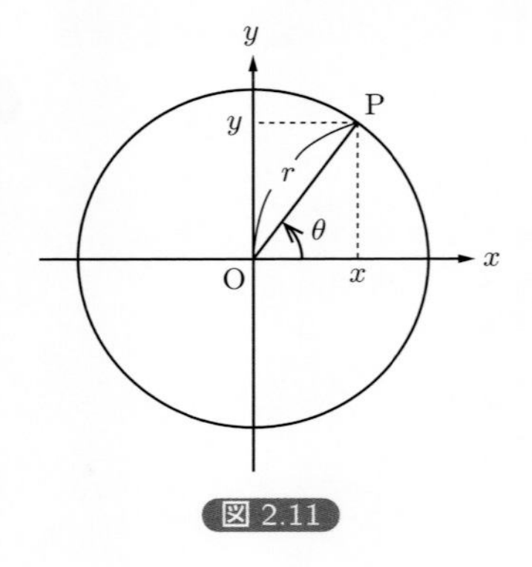

図 2.11

2 次元平面上の 1 点は，2 つの実数を使って指定することができる．x と y の 2 つの実数で平面上の点を表す直交座標の他に，r と θ のペアを使って表す極座標がある．図 2.11 のように，極座標の r は原点 O からの距離，θ は始線（通常プラス側の x 軸と一致させる）から反時計回りに測った角度を表す．このように，点 P の位置は，直交座標 (x, y) と極座標 r, θ の両方で表現することができる．

ここで，図 2.11 において，P，O，x を頂点とする三角形に注目すると，

$$\cos\theta = \frac{x}{r}, \qquad \sin\theta = \frac{y}{r} \tag{2-22}$$

という関係がある．よって，直交座標における点 P の座標 (x, y) を極座標の (r, θ) で表すと，次のようになる．

$$x = r\cos\theta, \qquad y = r\sin\theta \tag{2-23}$$

また，同じ三角形において，三平方の定理より，$r^2 = x^2 + y^2$ であり，$\tan\theta = \dfrac{y}{x}$ の関係があることから，逆に極座標の (r, θ) を直交座標の (x, y) で表すと，次のようになる．

$$r = \sqrt{x^2 + y^2}, \qquad \theta = \tan^{-1}\frac{y}{x} \tag{2-24}$$

節 2.1 では一般的な質点の運動の直交座標系での表し方について述べたが，ある点のまわりの運動を記述する場合，直交座標 (x, y) ではなく，極座標 (r, θ) を用いることが多い．特に円運動の場合は，半径 r が一定であるので，角度 θ のみで位置を表すことができる極座標が便利である．

2.2.2 角速度・角加速度

ここがポイント！

角速度

角度 θ の時間変化率 $= \dfrac{\mathrm{d}\theta}{\mathrm{d}t} \Rightarrow$ 記号 ω（読み方：オメガ）で表す

角加速度

角速度 ω の時間変化率 $= \dfrac{\mathrm{d}\omega}{\mathrm{d}t} \Rightarrow$ 記号 α（読み方：アルファ）で表す

円運動などをする質点の，極座標における角度 θ が時刻 t から時刻 $t+\Delta t$ の間に θ から $\theta+\Delta\theta$ に変化するとき，角度 θ の平均の時間変化率は $\dfrac{\Delta\theta}{\Delta t}$ で表される．時刻 t における（瞬間の）角度の時間変化率 ω は，$\dfrac{\Delta\theta}{\Delta t}$ の Δt を限りなく 0 に近づけることで次式のように得られる．

$$\omega = \lim_{\Delta t \to 0} \frac{\Delta\theta}{\Delta t} = \frac{\mathrm{d}\theta}{\mathrm{d}t} \tag{2-25}$$

この ω を**角速度**という．角速度 ω が時間的に変化する場合は，同様に $\dfrac{\Delta\omega}{\Delta t}$ の Δt を限りなく 0 に近づけることで角速度 ω の時間変化率 α が次式のように得られる．

$$\alpha = \lim_{\Delta t \to 0} \frac{\Delta\omega}{\Delta t} = \frac{\mathrm{d}\omega}{\mathrm{d}t} = \frac{\mathrm{d}^2\theta}{\mathrm{d}t^2} \tag{2-26}$$

この α を **角加速度**という．

円運動における角度 θ は直線運動での変位 s（あるいは位置 r）に相当する．直線運動で用いる「変位」，「速度」，「加速度」に相当する物理量として，円運動ではそれぞれの用語の前に「角」をつけた「角変位」，「角速度」，「角加速度」を用いる．**表 2.2** にこれらの対応関係を示す．

表 2.2

	変位（位置）	速度	加速度
直線運動	s	$v = \dfrac{ds}{dt}$	$a = \dfrac{dv}{dt}$
	角変位（角度）	角速度	各加速度
円運動	θ	$\omega = \dfrac{d\theta}{dt}$	$\alpha = \dfrac{d\omega}{dt}$

2.2.3 円周上の運動

ここがポイント！

位置ベクトル

$\boldsymbol{r} = (r\cos\theta,\ r\sin\theta)$

速度ベクトル

円の接線方向を向き，位置ベクトル $\boldsymbol{r}$ と直交

加速度ベクトル

$\boldsymbol{a} = \boldsymbol{a}_n + \boldsymbol{a}_t$

法線加速度 $\boldsymbol{a}_n$ と接線加速度 $\boldsymbol{a}_t$ からなる
$\boldsymbol{a}_n$ は円の中心を向き，$\boldsymbol{a}_t$ 速度ベクトルと同じ向き

ここでは，一般的な円周上の運動における「位置ベクトル」「速度」「加速度」について説明する．後述する**等速円運動**は，円周上の運動のなかでも**速さが一定**である特別な運動である．

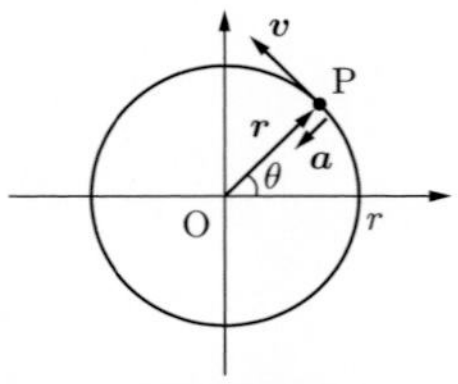

図 2.12

位置ベクトル

図 2.12 のように，点 P が中心 O，半径 r の円周上を運動している状況を考える．円の中心 O を座標原点として，点 P の座標を (x, y) とすると，

$$x = r\cos(\theta(t)), \quad y = r\sin(\theta(t)) \tag{2-27}$$

と表すことができる．ただし，角度 θ は OP が x 軸正の方向となす角であり，時間 t とともに変化する，すなわち，t の関数である．（以降は，t を省略して $\theta(t)$ を単に θ と書く．）点 P の位置ベクトルを $\boldsymbol{r}$ とすれば，式 (2-23) より

式 (2-23)

$$x = r\cos\theta$$
$$y = r\sin\theta$$

$$\boldsymbol{r} = (x, y) = (r\cos\theta, r\sin\theta) \tag{2-28}$$

となる．ベクトル $\boldsymbol{r}$ の大きさは

$$|\boldsymbol{r}| = \sqrt{x^2 + y^2} = \sqrt{r^2\cos^2\theta + r^2\sin^2\theta} = \sqrt{r^2(\cos^2\theta + \sin^2\theta)} = r, \tag{2-29}$$

すなわち，円運動の半径となる．ここで $\cos^2\theta + \sin^2\theta = 1$ を使った．

速度

点 P の速度（円運動の速度）$\boldsymbol{v}$ は

$$\boldsymbol{v} = \left(-r\frac{\mathrm{d}\theta}{\mathrm{d}t}\sin\theta, r\frac{\mathrm{d}\theta}{\mathrm{d}t}\cos\theta\right), \tag{2-30}$$

その大きさ（円運動の速さ）は

$$v = |\boldsymbol{v}| = r\left|\frac{\mathrm{d}\theta}{\mathrm{d}t}\right| \tag{2-31}$$

である．ここで，角速度 $\frac{\mathrm{d}\theta}{\mathrm{d}t}$ が現れていることに注意しよう．また，速度は円の接線方向を向き，位置ベクトル $\boldsymbol{r}$ と直交しているので

$$\boldsymbol{r} \cdot \boldsymbol{v} = 0 \tag{2-32}$$

が成り立つ．

式 (2-30)，(2-31)，(2-32) について詳しくみてみよう．まず，速度の x 成分を v_x とすると，これは $x = r\cos\theta$ の θ が t の関数であることに注意して，x を t で微分することによって得られ

$$v_x = \frac{\mathrm{d}x}{\mathrm{d}t} = \frac{\mathrm{d}x}{\mathrm{d}\theta}\frac{\mathrm{d}\theta}{\mathrm{d}t} = (-r\sin\theta)\frac{\mathrm{d}\theta}{\mathrm{d}t} \tag{2-33}$$

となる．ここで，合成関数の微分 [*6] を用いた．また，r は円の半径なので定数であることにも注意する．y 成分についても同様に微分することができ，速度の式 (2-30) を得る．式 (2-31) については，速さは速度の大きさを計算すれば得られ，$\sin^2\theta + \cos^2\theta = 1$ であるので，

$$\begin{aligned} v = |\boldsymbol{v}| &= \sqrt{r^2\left(\frac{\mathrm{d}\theta}{\mathrm{d}t}\right)^2\sin^2\theta + r^2\left(\frac{\mathrm{d}\theta}{\mathrm{d}t}\right)^2\cos^2\theta} \\ &= \sqrt{r^2\left(\frac{\mathrm{d}\theta}{\mathrm{d}t}\right)^2} = r\left|\frac{\mathrm{d}\theta}{\mathrm{d}t}\right| \end{aligned} \tag{2-34}$$

となる．ここで，r は半径なので正であるが，$\dfrac{\mathrm{d}\theta}{\mathrm{d}t}$ の正負はわからないので絶対値をとっている．式 (2-32) については，$\boldsymbol{r}$ と $\boldsymbol{v}$ とのスカラー積を実際に計算すると

$$\begin{aligned} \boldsymbol{r}\cdot\boldsymbol{v} &= r\cos\theta\left(-r\frac{\mathrm{d}\theta}{\mathrm{d}t}\sin\theta\right) + r\sin\theta\left(r\frac{\mathrm{d}\theta}{\mathrm{d}t}\cos\theta\right) \\ &= -r^2\frac{\mathrm{d}\theta}{\mathrm{d}t}\cos\theta\sin\theta + r^2\frac{\mathrm{d}\theta}{\mathrm{d}t}\sin\theta\cos\theta = 0 \end{aligned} \tag{2-35}$$

となることが確認できる．スカラー積が 0 となるのは，$\boldsymbol{r}$ と $\boldsymbol{v}$ とのなす角が $\dfrac{\pi}{2}$, $\dfrac{3\pi}{2}$ のとき，すなわち，これらのベクトルが直交しているときであることに注意する [*7]．

加速度

点 P の加速度（円運動の加速度）$\boldsymbol{a}$ は

$$\begin{aligned} &\boldsymbol{a} = \boldsymbol{a}_n + \boldsymbol{a}_t, \\ &\boldsymbol{a}_n = \left(-r\left(\frac{\mathrm{d}\theta}{\mathrm{d}t}\right)^2\cos\theta,\ -r\left(\frac{\mathrm{d}\theta}{\mathrm{d}t}\right)^2\sin\theta\right), \\ &\boldsymbol{a}_t = \left(-r\frac{\mathrm{d}^2\theta}{\mathrm{d}t^2}\sin\theta,\ r\frac{\mathrm{d}^2\theta}{\mathrm{d}t^2}\cos\theta\right) \end{aligned} \tag{2-36}$$

と書くことができる．

ここで，$\boldsymbol{a}_n$ は法線加速度と呼ばれ円の法線方向のベクトル，$\boldsymbol{a}_t$ は接線加速度と呼ばれ円の接線方向のベクトルである [*8]．

法線加速度，接線加速度の大きさはそれぞれ

$$|\boldsymbol{a}_n| = r\left(\frac{\mathrm{d}\theta}{\mathrm{d}t}\right)^2 = \frac{v^2}{r}, \quad |\boldsymbol{a}_t| = r\left|\frac{\mathrm{d}^2\theta}{\mathrm{d}t^2}\right| = \left|\frac{\mathrm{d}v}{\mathrm{d}t}\right| \tag{2-37}$$

＊6　$y = f(u)$, $u = g(x)$ であるとき $y = f(g(x))$ と表せ，合成関数と呼ぶ．このとき，$\dfrac{\mathrm{d}y}{\mathrm{d}x} = \dfrac{\mathrm{d}y}{\mathrm{d}u}\dfrac{\mathrm{d}u}{\mathrm{d}x}$ で合成関数の導関数を求めることができる．

＊7　$\boldsymbol{A}\cdot\boldsymbol{B} = AB\cos\theta$ より，$\theta = \dfrac{\pi}{2}$ または $\dfrac{3\pi}{2}$ のとき $\cos\theta = 0$．よって $\boldsymbol{A}\cdot\boldsymbol{B} = 0$ となる．
逆に 0 でない $\boldsymbol{A}$ と $\boldsymbol{B}$ のスカラー積が 0 ならば $\boldsymbol{A}$ と $\boldsymbol{B}$ は直交している．

＊8　n ··· normal line（法線）
t ··· tangential line（接線）

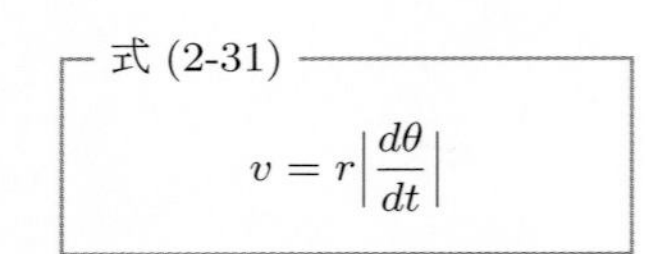

である．それぞれの最後の式変形には式 (2-31) を用いた．

加速度の各成分（法線加速度と接線加速度）の特徴を見てみよう（図 2.13）．法線加速度は

$$\boldsymbol{a}_n = -\left(\frac{\mathrm{d}\theta}{\mathrm{d}t}\right)^2 (r\cos\theta,\ r\sin\theta) = -\left(\frac{\mathrm{d}\theta}{\mathrm{d}t}\right)^2 \boldsymbol{r} \qquad (2\text{-}38)$$

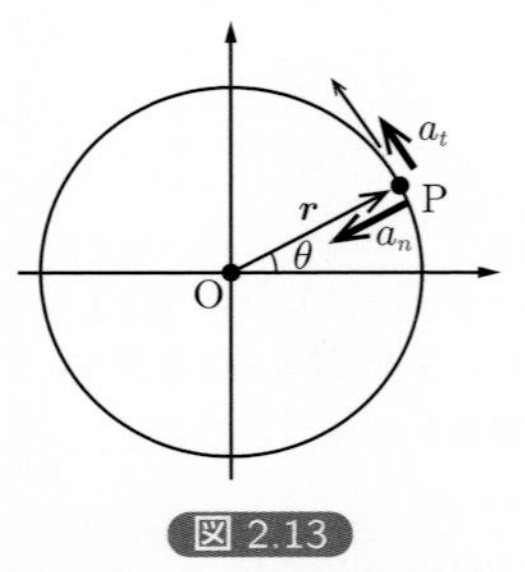

図 2.13
法線加速度 $\boldsymbol{a}_n$ と接線加速度 $\boldsymbol{a}_t$

のように，位置ベクトルとは $\boldsymbol{a}_n \,/\!/\, \boldsymbol{r}$ で向きが逆となる．円の中心に向かうベクトルであることから向心加速度とも呼ばれる．速度の方向を変える役割をもつため，絶えず速度の方向が変化する円運動では，常に生じている加速度の成分である．一方，接線加速度は，位置ベクトルとは $\boldsymbol{a}_t \perp \boldsymbol{r}$，速度とは $\boldsymbol{a}_t \,/\!/\, \boldsymbol{v}$ の関係にある．角加速度 $\dfrac{\mathrm{d}^2\theta}{\mathrm{d}t^2}$ が現れており，角速度を変化させる，すなわち，円運動の速さを変化させる役割をもつ．

式 (2-36) について見ておこう．加速度の x 成分を a_x とすると，これは速度の x 成分 $v_x = -r\dfrac{\mathrm{d}\theta}{\mathrm{d}t}\sin\theta$ を微分すれば得られる．$\dfrac{\mathrm{d}\theta}{\mathrm{d}t}$ と $\sin\theta$ がそれぞれ t の関数であるので，積の微分 [*9] と合成関数の微分を用いて

$$a_x = \frac{\mathrm{d}v_x}{\mathrm{d}t} = -r\frac{\mathrm{d}^2\theta}{\mathrm{d}t^2}\sin\theta - r\left(\frac{\mathrm{d}\theta}{\mathrm{d}t}\right)^2\cos\theta \qquad (2\text{-}39)$$

を得る．右辺の第 1 項が接線加速度，第 2 項が法線加速度の x 成分である．加速度の y 成分も同様に計算できる．

*9　積の微分

$$\frac{\mathrm{d}}{\mathrm{d}x}\{f(x)g(x)\} = \frac{\mathrm{d}f}{\mathrm{d}x}g(x) + f(x)\frac{\mathrm{d}g}{\mathrm{d}x}$$

2.2.4　等速円運動

ここがポイント！

等速円運動：円周上を一定の速さで回る運動

等速円運動をする質点の時刻 t における角度 θ の式：$\theta = \omega t + \theta_0$

等速円運動をする質点の速度と加速度

速度の大きさ：$v = r\omega$　　速度の方向：円の接線方向

加速度の大きさ：$a = r\omega^2\ (= \dfrac{v^2}{r})$　　加速度の方向：円の中心方向

等速円運動とは，円周上を一定の速さで回る運動のことをいう．

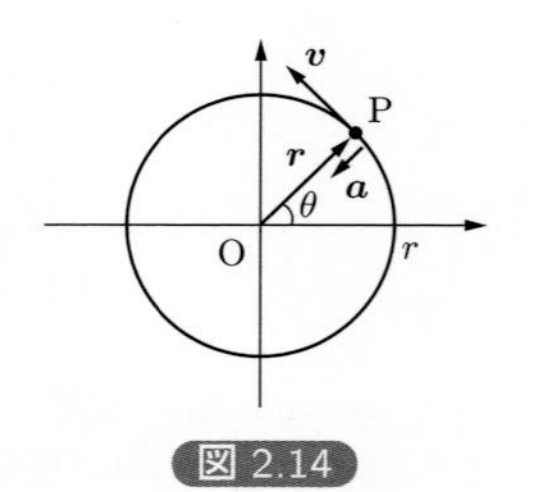

図 2.14

2.2.3 における一般的な円周上の運動と同じように，点 P が中心 O，半径 r の円周上を運動している状況を考えていくが，それとの違いは円周上を一定の速さで運動しているということである．

このとき，角度 θ の変化の割合が一定，すなわち，角速度が一定であるので，これを ω と置く．また，$\omega > 0$ であるとする．角度 θ は

$$\theta = \omega t + \theta_0 \qquad (2\text{-}40)$$

と表せる．θ_0 は初期角度と呼ばれ，時刻 $t=0$ のときの角度を表している．点Pの位置ベクトル $\boldsymbol{r}$ とその大きさは式 (2-40) を使い，

$$\boldsymbol{r}=(x,y)=\Big(r\cos(\omega t+\theta_0),\ r\sin(\omega t+\theta_0)\Big), \tag{2-41}$$

$$|\boldsymbol{r}|=\sqrt{r^2\cos^2(\omega t+\theta_0)+r^2\sin^2(\omega t+\theta_0)}=r \tag{2-42}$$

となる．$\cos(\omega t+\theta_0)$，$\sin(\omega t+\theta_0)$ が合成関数であることに注意して，点Pの速度 $\boldsymbol{v}$ とその大きさを求めると，

$$\boldsymbol{v}=\frac{\mathrm{d}\boldsymbol{r}}{\mathrm{d}t}=\Big(-r\omega\sin(\omega t+\theta_0),\ r\omega\cos(\omega t+\theta_0)\Big), \tag{2-43}$$

$$v=|\boldsymbol{v}|=\sqrt{r^2\omega^2\sin^2(\omega t+\theta_0)+r^2\omega^2\cos^2(\omega t+\theta_0)}=rw \tag{2-44}$$

となる [*10]．当然のことであるが，等速円運動の場合においても，$\boldsymbol{r}$ と $\boldsymbol{v}$ とは直交している．$\boldsymbol{v}$ は点Pにおける円の接線の方向となる．

角速度 ω が一定であるので，角度 θ を時間で2階微分すると $\dfrac{\mathrm{d}^2\theta}{\mathrm{d}t^2}=0$ である．したがって，加速度は向心加速度のみとなる [*11]．加速度 $\boldsymbol{a}$ とその大きさは，$\sin(\omega t+\theta_0)$, $\cos(\omega t+\theta_0)$ が合成関数であることに注意して，

$$\boldsymbol{a}=\frac{\mathrm{d}\boldsymbol{v}}{\mathrm{d}t}=\Big(-r\omega^2\cos(\omega t+\theta_0),-r\omega^2\sin(\omega t+\theta_0)\Big), \tag{2-45}$$

$$a=|\boldsymbol{a}|=\sqrt{r^2\omega^4\cos^2(\omega t+\theta_0),\ r^2\omega^4\sin(\omega t+\theta_0)}=r\omega^2 \tag{2-46}$$

となる．式 (2-44) と式 (2-46) とから ω を消去すれば，

$$a=\frac{v^2}{r} \tag{2-47}$$

と書くこともできる．

式 (2-45) に戻り，式 (2-41) を用いて，

$$\begin{aligned}\boldsymbol{a}&=-\omega^2\Big(r\cos(\omega t+\theta_0),r\sin(\omega t+\theta_0)\Big)\\&=-\omega^2\boldsymbol{r}\end{aligned} \tag{2-48}$$

と表すことができる．

加速度 $\boldsymbol{a}$ は点Pから円の中心Oに向いている．等速円運動では，速さは一定であるが，速度は点Pが円周上を動くにつれて絶えず方向を変えているため，加速度が常に生じていることに注意する．

*10　式 (2-30)

$$\boldsymbol{v}=\left(-r\frac{\mathrm{d}\theta}{\mathrm{d}t}\sin\theta,\ r\frac{\mathrm{d}\theta}{\mathrm{d}t}\cos\theta\right)$$

において，等速円運動では角速度が一定であるので $\dfrac{\mathrm{d}\theta}{\mathrm{d}t}=\omega$ とし式 (2-43) を導くこともできる．

*11　式 (2-36) より

$$\boldsymbol{a}_t=\left(-r\frac{\mathrm{d}^2\theta}{\mathrm{d}t^2}\sin\theta,\ r\frac{\mathrm{d}^2\theta}{\mathrm{d}t^2}\cos\theta\right)$$

であるが，$\dfrac{\mathrm{d}\theta}{\mathrm{d}t}=\omega$（一定）より，$\dfrac{\mathrm{d}^2\theta}{\mathrm{d}t^2}=\dfrac{\mathrm{d}\omega}{\mathrm{d}t}=0$ となる．すなわち $\boldsymbol{a}_t=\boldsymbol{0}$ である．

例題 2.8

xy 平面において，半径 $r = 1.0\,\mathrm{m}$ の円運動をしている質点がある．角速度が $\omega = \dfrac{\pi}{3}\,\mathrm{rad/s}$ で一定で，$t = 0$ での角度が $\theta_0 = \dfrac{\pi}{6}\,\mathrm{rad}$ のとき，$t = 4.0\,\mathrm{s}$ での角度 θ と，直交座標での位置 x, y を求めよ．

解 答

$t = 4.0\,\mathrm{s}$ での角度 θ は，$\theta = \omega t + \theta_0$ より

$$\theta(4.0) = \frac{\pi}{3} \times 4.0 + \frac{\pi}{6} = \frac{9\pi}{6} = \frac{3\pi}{2}\,\mathrm{rad}\ (= 270^\circ)$$

である．位置 x, y はそれぞれ，

$$x = r\cos\theta = 1.0 \times \cos\left(\frac{3\pi}{2}\right) = 0\,\mathrm{m}$$

$$y = r\sin\theta = 1.0 \times \sin\left(\frac{3\pi}{2}\right) = -1.0\,\mathrm{m}$$

となる．　　(解答終)

例題 2.9

半径 $30\,\mathrm{cm}$ の円周上を角速度 $0.10\,\mathrm{rad/s}$ で等速円運動する質点の速度の大きさと向きを求めよ．また，この質点の加速度の大きさと向きを求めよ．

解 答

① 速度

大きさ：$v = r\omega$ より，

$$v = 0.30 \times 0.10 = 0.030\,\mathrm{m/s}$$

向き：円の接線方向

② 加速度

大きさ：$a = r\omega^2$ より，

$$a = 0.30 \times 0.10^2 = 0.0030\,\mathrm{m/s^2}$$

向き：円の中心方向

となる．　　(解答終)

2.2.5　発展：円運動を用いた 2 次元の曲線運動の表し方

曲線運動を考えるときには次のような方法もある．どんな曲線 C も円弧の集まりと考えることができる．曲線 C の P 点付近の曲率半径（P 点付近の曲線を最もよく近似する円の半径）を r とすると，速度 $\boldsymbol{v}$ は常に P 点の接線方向を向き，大きさ v は $\dfrac{\mathrm{d}r}{\mathrm{d}t}$ で表される．一方，加速度は $|\boldsymbol{a}_t| = \left|\dfrac{\mathrm{d}v}{\mathrm{d}t}\right|$, $|\boldsymbol{a}_n| = \dfrac{v^2}{r}$ で決まる方向と大きさをもつ（図 2.15）．

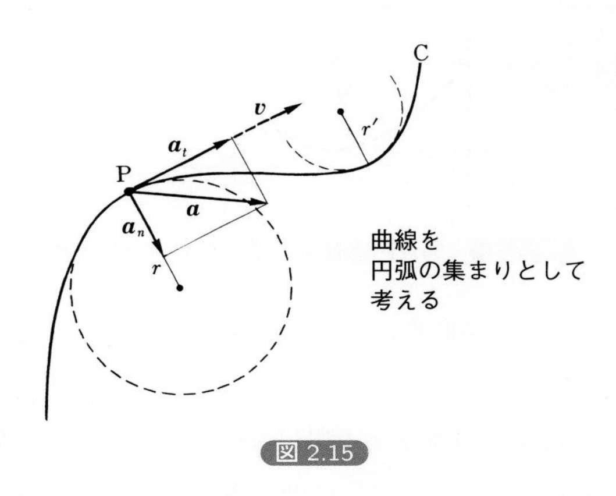

図 2.15

2.3　単振動

2.3.1　単振動とは

ここがポイント！

単振動・・・1 直線上（x 軸上）の周期的な往復運動

位置：$x = r\cos(\omega t + \theta_0)$

速度：$v = \dfrac{\mathrm{d}x}{\mathrm{d}t} = -r\omega\sin(\omega t + \theta_0)$

加速度：$a = \dfrac{\mathrm{d}v}{\mathrm{d}t} = -r\omega^2\cos(\omega t + \theta_0) = -\omega^2 x$

振幅 r：振動の中心から最大変位までの距離

角振動数 ω：1 秒あたりの位相の変化量

周期 T：1 回振動するのにかかる時間

振動数 f：1 秒あたりの振動回数

T と f との関係式：$T = \dfrac{1}{f}$

ω と T, f との関係式：$\omega = \dfrac{2\pi}{T} = 2\pi f$

半径 r の等速円運動をしている質点 P から x 軸上に下ろした垂線の足 X の動きに注目してみよう．

図 2.16 から明らかなように質点 P が $\mathrm{P}_0, \mathrm{P}_1, \mathrm{P}_2, \cdots, \mathrm{P}_0$ と円周上を 1 周すると，垂線の足は $\mathrm{X}_0, \mathrm{X}_1, \mathrm{X}_2, \cdots, \mathrm{X}_0$ と x 軸上を 1 往復する．

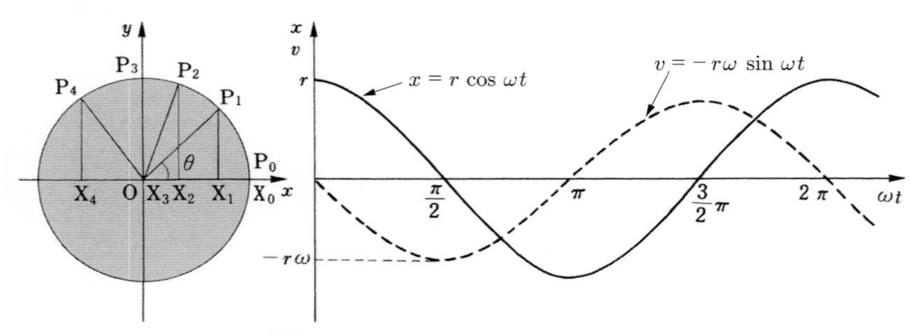

図 2.16　等速円運動する質点の x 方向の運動

この x 軸上の運動を**単振動**といい，O を中心として x 軸上を $\pm r$ の範囲で振動する．

r を**振幅**，1 往復する時間 T を**周期**という．周期 T は P が円周を 1 周する（角度でいうと 2π rad 動く）時間に等しい．また，単位時間あたりの振動の回数 f を**振動数**という．1 秒間に 1 回の振動数は 1 Hz（ヘルツ）と定義されている．（$1\,\mathrm{Hz} = 1\,\mathrm{s}^{-1}$ である．）

振動数と周期との間には $f = \dfrac{1}{T}$ の関係がある．角速度 ω は，等速円運動では単位時間あたりの回転角（したがって $\omega = \dfrac{2\pi}{T}$）[*12] であるが，振動現象ではこれを**角振動数**という．角振動数と振動数との間には $\omega = 2\pi f$ の関係がある．

単振動を表す $x(t)$ は，等速円運動での位置ベクトルの x 成分を用いて

$$x = r\cos(\omega t + \theta_0) \tag{2-49}$$

である．したがって，単振動の速度 v は

$$v = \frac{\mathrm{d}x}{\mathrm{d}t} = -r\omega\sin(\omega t + \theta_0) \tag{2-50}$$

となる．振動現象では，角度 θ のことを**位相**というので，θ_0 は初期位相と呼ばれる円運動における初期角度に相当するものである．さて，円周上の運動は等速であってもその射影の x 軸上の振動は等速ではない．振動の両端，つまり位相が $\theta = 0$，π のとき速さ 0，また，振動の中心，つまり位相が $\theta = \dfrac{\pi}{2}$，$\dfrac{3\pi}{2}$ のとき速さは最大となる．単振動の加速度 a は

$$a = \frac{\mathrm{d}^2 x}{\mathrm{d}t^2} = -r\omega^2\cos(\omega t + \theta_0) = -\omega^2 x \tag{2-51}$$

＊12

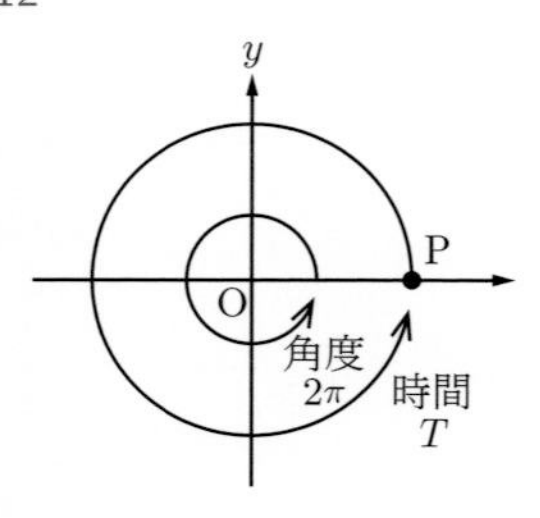

等速円運動において，円周を 1 周する間の角変位は $\theta = 2\pi$ rad である．また，1 周するのにかかる時間は周期 T である．よって角速度 ω は 変位角 ÷ 時間 より

$$\omega = \frac{2\pi}{T}$$

となる．単振動の場合は $\omega = \dfrac{2\pi}{T}$ を角振動数と呼ぶ．

となる．

例題 2.10

左端が壁に固定され，右端におもりのついたばねが，水平面上を往復運動している．この運動は単振動で，おもりは

$$-0.4 \leqq x \leqq 0.4$$

の範囲を運動している．上記の不等式の数値の単位は m である．また，この運動の周期は 0.5 s である．この単振動の振幅 r，振動数 f，角振動数 ω を求めよ．

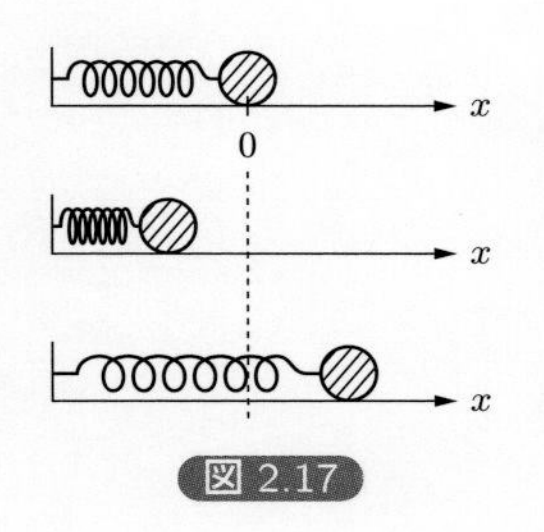

図 2.17

解 答

単振動は $-0.4 \leqq x \leqq 0.4\,[\mathrm{m}]$ の範囲で行われているから振幅は

$$r = 0.4\,\mathrm{m}$$

である．

振幅数は周期 T の逆数だから

$$f = \frac{1}{T} = \frac{1}{0.5\,\mathrm{s}} = 2\,\mathrm{Hz}$$

となる．角振動数は，1 周期分の時間がたつと位相が 2π だけ変化するから，$\omega = \dfrac{2\pi}{T}$ より

$$\omega = \frac{2\pi}{0.5}\ \mathrm{rad/s} = 4\pi\ \mathrm{rad/s}$$

と求まる．（解答終）

例題 2.11

単振動をする質点の時刻 t での位置 x が次の式で表されるとき，質点の速度および加速度の式と，それぞれの最大値を求めよ．

$$x = r\cos(\omega t + \theta_0)$$

解 答

速度：$v = \dfrac{\mathrm{d}x}{\mathrm{d}t} = \dfrac{\mathrm{d}}{\mathrm{d}t}\{r\cos(\omega t + \theta_0)\} = -r\omega\sin(\omega t + \theta_0)$

最大値は $r\omega$

加速度：$a = \dfrac{\mathrm{d}v}{\mathrm{d}t} = \dfrac{\mathrm{d}}{\mathrm{d}t}\{-r\omega\sin(\omega t + \theta_0)\} = -r\omega^2\cos(\omega t + \theta_0)$

最大値は $r\omega^2$ （解答終）

基本問題

2.1. 質点が次のような運動をするとき，その運動の経路の式（時間によらない x 座標と y 座標の関係）および速度，加速度を求めよ．

(a) $x = 4t$，$y = 4t - 8t^2$

(b) $x = \sin t$，$y = \cos 2t$

(c) $x = a\cos nt$，$y = b\sin nt$

2.2. 位置ベクトルが $\boldsymbol{r} = 2t\boldsymbol{i} + (t^2 + 2t)\boldsymbol{j}$ で表される一平面内の質点の運動（ただし t は時間，$\boldsymbol{i}$, $\boldsymbol{j}$ はそれぞれ x, y 方向の単位ベクトル）について，

(a) 速度はどのように表されるか．

(b) 加速度ベクトルは y 軸に平行であることを示せ．

(c) 運動の経路の式を求めよ．

2.3. 質点の時刻 t での位置ベクトルが $\boldsymbol{r} = \sin(t)\boldsymbol{i} + \cos^2(t)\boldsymbol{j}$ で表されるとき，以下の問いに答えよ．

(a) この質点の時刻 t での速度ベクトルを求めよ．

(b) この質点の時刻 t での加速度ベクトルを求めよ．

(c) この質点の経路の式を求めよ．

2.4. 質点がある平面上を t 秒間に運動するとき，その運動を x 軸上，y 軸上に射影したところ，位置 $x\,[\mathrm{m}]$，$y\,[\mathrm{m}]$ はそれぞれ

$$x = t^2, \quad y = t^3$$

となった．

(a) この運動の経路の式を求めよ．

(b) 座標原点を出発してから 2.0 秒後の速度，加速度，位置および 2.0 秒間の移動距離を求めよ．

2.5. 一直線上を，60 km/h で走っている車 A が，40 km/h で走っている車 B にぶつかるとき，車 A の運転手から見た車 B の速度の向きと大きさは，次の (a) と (b) の場合それぞれどうなるか．

(a) 正面衝突の場合

(b) 追突の場合

2.6. 日常的に使用している次の物体の速度は何に対する速度か．電車，飛行機，船，ロケット，ロケットの噴出ガス，風，川の流れ，落体．

2.7. 半径 15 cm の円周上を速さ 0.30 m/s で等速円運動する質点の角速度を求めよ．

2.8. 半径 20 cm の円周上を速さ 10 m/s で等速円運動する質点の加速度の大きさと方向を求めよ．

2.9. 平面上にある，半径 1.00 m の円周上を質点とみなされる小球が一定の速さで反時計回りに 1 周 12.0 秒で回っている．円周の中心から見た向きを東西南北で表すとし，次の問いに答えよ．

(a) この小球の速さはいくらか．

(b) 東にいる時刻から 3.0 秒後および 6.0 秒後の小球のそれぞれの速度を求めよ．

(c) 東にいる時刻から 3.0 秒間および 6.0 秒間の平均加速度をそれぞれ求めよ．

2.10. 次の物理量の値を求めよ．

(a) 角振動数 $\omega = 2.0\,\mathrm{rad/s}$ のときの，周期 T と振動数 f

(b) 周期 $T = 0.020\,\mathrm{s}$ のときの，角振動数 ω と振動数 f

2.11. ばね定数 k のばねに，質量 m のおもりを取り付けて振動させると単振動し，その周期 T は，

$$T = 2\pi\sqrt{\frac{m}{k}}$$

であることが知られている．この単振動の角振動数と振動数を k, m を用いて表せ．

発展問題 

2.12. 質点が t 秒間に動く経路の長さ $s\,[\mathrm{m}]$ が $s = 15t - 2t^2$ で与えられるとき，質点が動き始めてから 2.00 秒後からの 1.00 秒間および 0.50 秒間の平均の速さはそれぞれいくらか．さらにこの時間を限りなく小さくしていったときの速さ，すなわち質点が動き始めて 2.00 秒後の瞬間の速さはいくらか．

2.13. 2 台の自動車 A，B がある．A は南に向かって 40 km/h，B は北西に向かって 60 km/h で走っているとき，B から見た A の速度を求めよ．

2.14. 電車が 90 km/h で平地を走っているとき，雨滴が窓ガラスに当たって鉛直（重力の働く方向）と 75° の角をなして点線の跡を作った．雨滴の鉛直落下速度はいくらか．電車の速度が減ると雨滴の点線の跡はどのように違ってくるか．

2.15. 幅 1.0 km の川の岸にいる人が，対岸の真正面の点に渡るため，以下の 2 通りの行き方を検討している．

(a) やや上流の方に向かって泳ぎ，合成速度がちょうどまっすぐに川をよぎるようにする．

(b) 対岸に向けて泳ぎ，少し下流のところに着いたら，そこから目的点へ歩いていく．

泳ぐ速さが 2.5 km/h，歩く速さが 4.0 km/h，川の流れの速さが 2.0 km/h であるとすれば，①，② のどちらがどれだけ速いか．

2.16. 時間とともに変化する速度ベクトルを矢印で表し，それらの矢印の始点を原点に固定した場合，矢印の終点が時間の経過に従って描く曲線をその運動のホドグラフ（速度図）という．以下のことを示せ．

(a) 加速度ベクトルの向きはホドグラフの接線方向と一致する．

(b) 速さ v の等速円運動のホドグラフは半径 v の円である．

(c) 等加速度運動のホドグラフはその加速度の向きと一致する直線である．

2.17. 半径 200 m の円形軌道上を走っている電車が 5.0 秒間で速さを 28 km/h から 34 km/h に一様な割合で増したとする．30 km/h の速さとなったときの接線加速度，法線加速度および全加速度を求めよ．

2.18. 位置ベクトルが $\boldsymbol{r} = a\cos(\omega t)\boldsymbol{i} + a\sin(\omega t)\boldsymbol{j}$（ただし ω は一定）のとき，$\boldsymbol{r}$ は速度ベクトル $\boldsymbol{v}$ と直交することを示せ．

2.19. 長さ L の糸に小球を取り付けた振り子を小さい角度で振らせたとき，この小球の運動は水平方向の単振動とみなすことができ，この単振動の角振動数 ω は

$$\omega = \sqrt{\frac{g}{L}}$$

であることが知られている．このとき，以下の (a), (b) の問いに答えよ．ただし，g は重力加速度の大きさであり，$g = 9.81\,\mathrm{m/s^2}$ とする．

(a) この単振動の周期を g, L を用いて表せ，また，$L = 1.00\,\mathrm{m}$ のときの周期の値を計算せよ．

(b) 水平方向に x 軸をとり，小球の最下点の位置を原点とし，振り子を振り始めたときの時刻を $t = 0$，位置を $x = x_0$，としたとき，時刻 t でのおもりの位置 x と速度 v を表す式を書け．

第3章

力と運動

学習のポイント

(1) ニュートンの運動の 3 法則

第 1 法則（慣性の法則）力が作用していない $\longleftrightarrow$ 速度が変わらない

第 2 法則（運動の法則）物体の質量 × 物体に生じる加速度 = 物体に作用する力

第 3 法則（作用・反作用の法則）A から B への力 = (−1) × B から A への力

(2) いろいろな力

① 重力 = 質量 × 重力加速度（鉛直下向き）

② 弾性力（ばねの力）= (−1) × ばね定数 × ばねの伸び（伸びと逆向き）

③ 張力 ⋯ 糸を引く外力にあわせて決まる（糸の方向）

④ 垂直抗力 ⋯ 面を垂直に押す外力と等しい大きさ（面に垂直な方向，外力と逆向き）

⑤ 摩擦力（接触面に平行に生じる）

- 静止摩擦力 ⋯ 接触面と平行に物体に働く外力と等しい大きさ（外力と逆向き）
- 最大静止摩擦力の大きさ = 静止摩擦係数 × 垂直抗力の大きさ
- 動摩擦力の大きさ = 動摩擦係数 × 垂直抗力の大きさ（速度の差を減らす向き）

(3) 運動方程式

$m\dfrac{\mathrm{d}^2\boldsymbol{r}}{\mathrm{d}t^2} = \boldsymbol{f}$（質量 m，時刻 t，位置 $\boldsymbol{r}$，力 $\boldsymbol{f}$）

解き方 ① 作用する力などの状況を整理して座標軸を設定する．

② 初期条件（$t = 0$ のときの位置と速度）を確認する．

③ 運動方程式を立てる．

④ 一般解を求める．

⑤ 一般解に初期条件を適用し，特殊解を求める．

(4) 振動運動の運動方程式

① 単振動 $\dfrac{\mathrm{d}^2x}{\mathrm{d}t^2} = -\omega^2 x$（時刻 t，位置 x，角速度 ω）

$\longrightarrow$ 一般解 $x(t) = a\cos(\omega t + \delta)$（振幅 a，初期位相 δ）

② 減衰振動 $m\dfrac{\mathrm{d}^2x}{\mathrm{d}t^2} = -kx - b\dfrac{\mathrm{d}x}{\mathrm{d}t}$（復元力 $-kx$，速度に比例する抵抗力 $-b\dfrac{\mathrm{d}x}{\mathrm{d}t}$）

b の大きさによって，減衰振動，臨界減衰，過減衰と異なる運動になる．

③ 強制振動 $m\dfrac{\mathrm{d}^2x}{\mathrm{d}t^2} = -kx + K\sin(\omega' t)$（振動する強制力 $K\sin(\omega' t)$）

ω' が $\sqrt{\dfrac{k}{m}}$ に近いとき $\longrightarrow$ 共振

3.1 運動の法則

ここがポイント！

ニュートンの運動の3法則

第1法則（**慣性の法則**）外界から何の作用もなければ，物体は静止し続けるか，等速直線運動を続ける．

第2法則（**運動の法則**）物体に生じる加速度は，作用する力と同じ方向・向きをもち，その大きさは力の大きさに比例し，物体の質量に反比例する．

第3法則（**作用・反作用の法則**）2つの物体A，Bがあり，AがBに対し力を作用するとき，BはAに対し，大きさが同じで，同一直線上にあり，向きが反対の力を作用する．

私たちはこれまで，位置，速度，加速度など，物体の運動を表すさまざまな物理量を知り，これらの物理量の間に成り立つ関係について学んできた．

これから学ぶことは，物体がそのまわりからの作用（外界からの作用）のもとにあるとき，どのような運動が起こるかということである．物体の運動と外界からの作用との関係は多くの研究者による運動の観察と実験を通して法則化され，次の**ニュートンの運動の3法則**と呼ばれるものに集約されている．

3.1.1 運動の第1法則・・・慣性の法則

「外界から何の作用もなければ，物体は静止し続けるか，等速直線運動を続ける.」

第1法則（**慣性の法則**）は，物体は外界からの作用がなければ，同じ運動状態を続けようとする性質をもっていると述べている．物体のこのような性質を**慣性**という．また，物体が静止し続けているか，等速直線運動を続けているとき，つまり同じ運動状態を続けているとき，物体には外界からの作用がない．ここで，外界から複数の作用があっても，それらがお互いに完全に打ち消し合っている場合には，外界からの作用はないと考えてよい．

ところで，2.1.4の相対運動のところで見たように，物体が静止しているとか，運動しているとかいうことは観測する座標系による．宇宙空間において，あらゆる物体から遠く離れている物体は，外界から何の作用も受けていないと考える．この遠く離れている物体を静止または等速直線運動していると観測する座標系を，あらゆる運動の基準とする．この基準系を**慣性系**[*1]という．ニュートンの運動の法則はこの慣性系において成り立つ法則である．地球は自転しており慣性系に対して加速度をもっているので厳密には慣性系ではないが，地上の多くの運動にとっては自転の影響は小さい．地球に対し静止または等速直線運動している座標系は，多くの場合，慣性系とみなされる．

*1　静止している A を，加速中の B が見ると，A は加速度運動しているように見える．しかし，A には何も作用していないので，B から A を見たときは，A には慣性の法則が成立していないように見える．これは B を基準とした座標系が慣性系になっていないからである．座標系を第 1 法則が成り立つ，つまり，慣性系となるようにとった場合に，運動の第 2 法則が成り立つことに注意する．

3.1.2　運動の第 2 法則 ･･･ 運動の法則

「物体に生じる加速度は，作用する力と同じ方向・向きをもち，その大きさは力の大きさに比例し，物体の質量に反比例する．」

第 1 法則によれば，物体が加速度をもてば外界から何らかの作用を受けたことになる．この作用を物理量として表したものが**力**である．第 2 法則（**運動の法則**）は，力と加速度との間の関係を表している．第 1 法則が成立する座標系（慣性系）においては，力と加速度とは比例関係にある．

物体に一定の大きさの加速度を生じさせるとき，必要な力の大きさは物体ごとに異なる．これは慣性（同じ運動状態を続けようとする性質）が物体ごとに異なるためである．この慣性の程度を表す量を**質量**という．同じ大きさの力が作用したとき物体に生じる加速度の大きさは，質量が大きい（慣性が大きい）と小さく，質量が小さい（慣性が小さい）と大きい．つまり，作用した力が同じとき，加速度は質量に反比例する．

質量 m と加速度の大きさ a とを掛けあわせた量 ma を考えると，この量は作用した力の大きさ f に比例し，比例係数は質量をもつあらゆる物体に共通のものとなる．そこでこの比例係数が 1 になるように力の単位を定めると

$$ma = f \tag{3-1}$$

となる．

また経験則から，力はベクトルでその方向・向きは生じる加速度に一致すると考えられる．そこで加速度を $\boldsymbol{a}$，力を $\boldsymbol{f}$ とベクトルで表して

$$m\boldsymbol{a} = \boldsymbol{f} \tag{3-2}$$

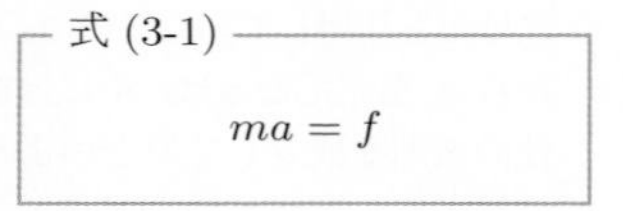

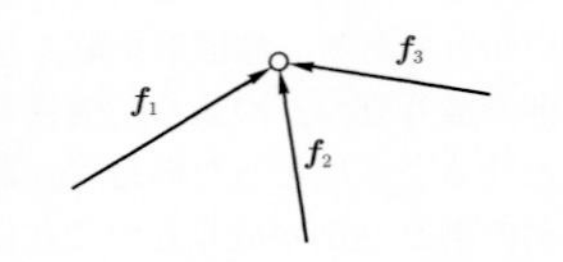

(a) 1つの質点に $\boldsymbol{f}_1$, $\boldsymbol{f}_2$, $\boldsymbol{f}_3$ が働く

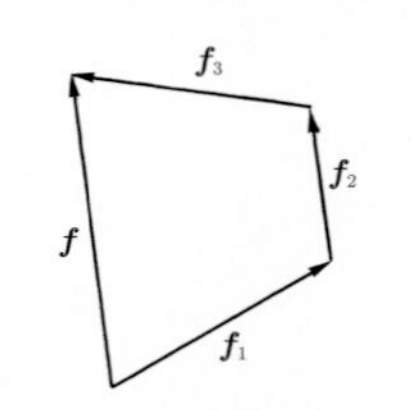

(b) 合力 $\boldsymbol{f}=\boldsymbol{f}_1+\boldsymbol{f}_2+\boldsymbol{f}_3$

図 3.1

となる.

ここで，運動の第2法則において，はじめて力という量が導入された．節 3.2 にて，いくつかの種類の力を学習するが，以下で，これらの力に共通する考え方，扱い方を確認しておこう．

まず，力の単位について確認しよう．質量の単位は，国際単位系（SI）では基本単位の1つとなっており，kg が使われる．また，加速度の単位は第2章で何度も用いているとおり，$\mathrm{m/s^2}$ である．力の単位には，力と加速度の関係が式 (3-1) となるように，質量と加速度の単位から構成した，**ニュートン** $\mathrm{N} = \mathrm{kg \cdot m/s^2}$ が用いられる．質量 1 kg の物体に作用して大きさ $1\,\mathrm{m/s^2}$ の加速度を生じさせる力の大きさが 1 N である．

力はベクトルであるから，ベクトルの演算規則に従う（節 1.6 参照）．例えば，1つの質点にいくつかの力 $\boldsymbol{f}_1, \boldsymbol{f}_2, \boldsymbol{f}_3, \cdots, \boldsymbol{f}_n$ が作用するとき，この質点は

$$\boldsymbol{f} = \boldsymbol{f}_1 + \boldsymbol{f}_2 + \boldsymbol{f}_3 + \cdots + \boldsymbol{f}_n \tag{3-3}$$

で決まる1つの力 $\boldsymbol{f}$ が作用することと同じである（図 3.1）．$\boldsymbol{f}$ を $\boldsymbol{f}_1, \boldsymbol{f}_2, \boldsymbol{f}_3, \cdots, \boldsymbol{f}_n$ の**合力**といい，$\boldsymbol{f}_1, \boldsymbol{f}_2, \cdots$ 等を $\boldsymbol{f}$ の**分力**という．いくつかの力から合力を求めることを**力の合成**といい，1つの力の分力を求めることを**力の分解**という．

ある力のもとでの質点の運動を調べるのに，力をある方向と，それに垂直な方向とに分解する方法が重要である．互いに垂直な座標軸を設定して，座標成分を使う方法がよく用いられる．

3.1.3 運動の第3法則・・・作用・反作用の法則

「2つの物体 A，B があり，A が B に対し力を作用するとき，B は A に対し，大きさが同じで，同一直線上にあり，向きが反対の力を作用する．」

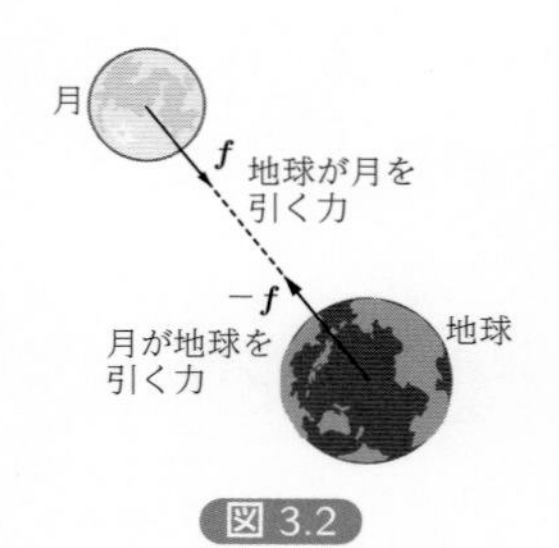

図 3.2

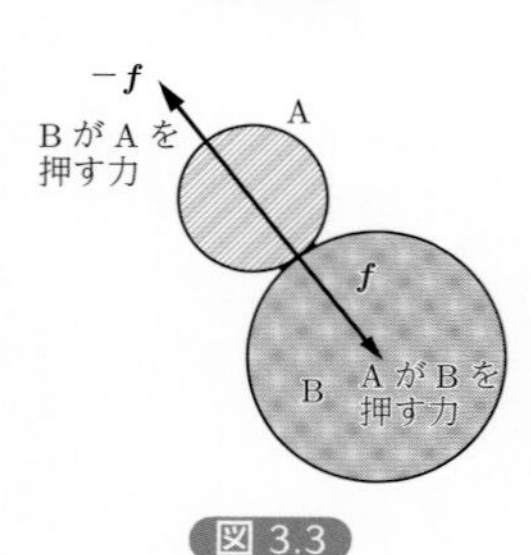

図 3.3

第3法則（**作用・反作用の法則**）は力を受けているということは力を与えていることであり，その逆も成り立つということを示している．またこの法則は，2つの物体 A, B が接触していても離れていても，静止していても運動していても成り立つものであることに注意したい．例えば地球と月との間には万有引力が働いているが，地球に働く力と月に働く力は等しい大きさで，互いに引き合う向きに働く（図 3.2）．また触れ合っている2つの物体は互いに同じ大きさの力で押し合っている（図 3.3）．

3.1.4　運動の3法則の理解に向けて

ニュートンの運動の3法則は，ニュートンの時代の経験知識をもとにして得られた法則であって，近代になって発見された原子や原子核の世界で起こる現象には適用できない．しかし，ミクロな世界以外の，身のまわりに起こるあらゆる運動に適用できる基本法則である．

以下のいくつかの例題を通して，運動の3法則の理解を深めよう．また，第2法則で与えられる力と加速度との関係，ベクトルとしての力の扱い方を確認しよう．なお，この章で扱う物体はすべて質点と考える．

例題 3.1

次の記述のまちがいを正せ．

① 動いている物体には必ず力が働いている．

② 水平な台の上に物体を滑らせたら，物体はだんだん速度が減って，やがて止まった．それは動いている間，物体に力が働いていないからである．

③ 等速円運動している物体には力は働いていない．

④ 地上に落ちてくる物体には空気による摩擦力や浮力が働く．この摩擦力や浮力の大きさが重力と等しくなると物体は止まってしまう．

⑤ 2人の人A，Bが押し合っていると，Aは進み，Bは後退した．したがってAがBを押す力は，BがAを押す力より大きい．

⑥ 電車が動き始めて，やがて止まるまで，私の前に座っている人は，私に対し静止し続けた．この人には全く力は働いていない．

解 答

それぞれ次の通りである．

① 運動の第1法則により，等速直線運動をしている物体には，力が働いていない．

② 物体が速度を減らして止まるということは，加速度をもつということであるから，力が働いている．この力は摩擦力である．

③ 等速であっても方向を変えるから，速度は変化する．したがって力は働いている．この力は向心力と呼ばれる．

④ 重力が摩擦力と浮力につりあったら，この物体に働く合力はゼロである．この時点ではそのときもっている速度で落下を続ける．

⑤ 運動の第3法則によりAがBを押す力とBがAを押す力は常に等しい，AとBが静止の状態から動き始めたとすればそれは外力による.

⑥ 電車は地球という慣性系に対し加速度運動している．電車は慣性系ではないので，そこで観測された物体が静止していても力が働いていないとはいえない.

(解答終)

例題 3.2

次の物理量を求めよ.

① 質量 $10\,\mathrm{kg}$ の物体に $2.0\,\mathrm{m/s^2}$ の加速度を生じさせる力の大きさ.

② 質量 $8.0 \times 10^2\,\mathrm{kg}$ の物体に $1.2 \times 10^3\,\mathrm{N}$ の力を加えたときに生じる加速度の大きさ.

③ 大きさ $0.020\,\mathrm{N}$ の力を加えるとき，大きさ $10\,\mathrm{m/s^2}$ の加速度を生じる物体の質量.

解答

それぞれ次の通りである.

① $F = ma = 10\,\mathrm{kg} \times 2.0\,\mathrm{m/s^2} = 20\,\mathrm{N}$

② $a = \dfrac{F}{m} = \dfrac{1.2 \times 10^3\,\mathrm{N}}{8.0 \times 10^2\,\mathrm{kg}} = 1.5\,\mathrm{m/s^2}$

③ $m = \dfrac{F}{a} = \dfrac{0.020\,\mathrm{N}}{10\,\mathrm{m/s^2}} = 0.0020\,\mathrm{kg}\,(= 2.0\,\mathrm{g})$

(解答終)

例題 3.3

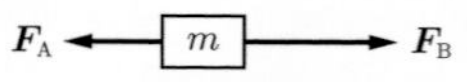

なめらかな水平面上で，図 3.4 のように，質量 $m = 5.0\,\mathrm{kg}$ の小物体を，大きさ $10\,\mathrm{N}$ の力 $\boldsymbol{F}_\mathrm{A}$，大きさ $20\,\mathrm{N}$ の力 $\boldsymbol{F}_\mathrm{B}$ で引っ張る．このとき小物体に生じる加速度の大きさを求めよ．ただし，2つの力の向きは水平で互いに逆向きであるとする.

$\boldsymbol{F}_\mathrm{A}$ ← m → $\boldsymbol{F}_\mathrm{B}$

図 3.4

解答

力の向きが逆なので，合力の大きさ F は値が大きい方から小さい方を引いて，$F = |\boldsymbol{F}_\mathrm{B}| - |\boldsymbol{F}_\mathrm{A}| = 20\,\mathrm{N} - 10\,\mathrm{N} = 10\,\mathrm{N}$ である．よっ

て，生じる加速度の大きさは，

$$a = \frac{F}{m} = \frac{10\,\mathrm{N}}{5.0\,\mathrm{kg}} = 2.0\,\mathrm{m/s^2}$$

となる．（解答終）

例題 3.4

直交座標の原点におかれた質量 $m = 2.0\,\mathrm{kg}$ の質点に，2 つの力 $\boldsymbol{F}_1$ と $\boldsymbol{F}_2$ が作用しており，

$$\boldsymbol{F}_1 = -\sqrt{3}\boldsymbol{i}, \quad \boldsymbol{F}_2 = \sqrt{3}\boldsymbol{i} - \boldsymbol{j}$$

と表されるとする（力の単位は N とする）．このとき，質点に生じる加速度の大きさと向きを求めよ．

解 答

この質点に作用する合力 $\boldsymbol{F}$ は

$$\boldsymbol{F} = \boldsymbol{F}_1 + \boldsymbol{F}_2 = \left(-\sqrt{3} + \sqrt{3}\right)\boldsymbol{i} + (0-1)\,\boldsymbol{j} = -\boldsymbol{j}\,[\mathrm{N}] \qquad (1)$$

である．つまり，合力は大きさが $F = 1.0\,\mathrm{N}$ で，向きは y 軸負の向きである．よって，生じる加速度 $\boldsymbol{a}$ は

$$\boldsymbol{a} = \frac{\boldsymbol{F}}{m} = \frac{-\boldsymbol{j}\,\mathrm{N}}{2.0\,\mathrm{kg}} = -0.50\,\boldsymbol{j}\,\mathrm{m/s^2} \qquad (2)$$

となる．したがって，加速度は大きさが $a = 0.50\,\mathrm{m/s^2}$ で，向きは y 軸負の向きである．（解答終）

3.2 いろいろな力と運動の第 2 法則

ここがポイント！

(1) よく扱われる力

① 重力 = 質量 × 重力加速度（鉛直下向き）

② 弾性力（ばねの力）= (−1) × ばね定数 × ばねの伸び（伸びと逆向き）

③ 張力 ... 糸を引く外力にあわせて決まる（糸の方向）

④ 垂直抗力 $\cdots$ 面を垂直に押す外力と等しい大きさ
(面に垂直な方向で外力とは逆向き)

⑤ 摩擦力

- 静止摩擦力 $\cdots$ 接触面と平行に物体に働く外力と等しい大きさ
(接触面に平行で外力とは逆向き)
- 最大静止摩擦力の大きさ = 静止摩擦係数 × 垂直抗力の大きさ
- 動摩擦力の大きさ = 動摩擦係数 × 垂直抗力の大きさ
(接触面に平行で速度の差を減らす向き)

(2) 運動の第 2 法則を適用する手順

① 問題の状況を図示し，力をすべて書き込む.

② 座標軸を適切に設定する.

③ ① で挙げた力を ② で設定した各軸へと分解する.

④ $m\boldsymbol{a} = \boldsymbol{f}$ を成分ごとに書く.

この節では，はじめに日常生活の中で直感的に経験できるいくつかの力の特徴を確認し，次に，例題を通して，それらの力に対してどのように運動の第 2 法則を適用するのかをみる.

3.2.1 いろいろな力

力には，重力や，ばねの力，糸の張力，摩擦力など，日常生活の中で直感的に経験できるものがさまざまある．これらの身近な力のうち，重力は地球と物体との間の万有引力（第 1 章 1.2.3 参照）によってもたらされる．また，ばねの力，糸の張力，摩擦力などは，物体の構成要素間に働く電磁気力（クーロン力など）の合力であることが知られている．力学で基本となる力は万有引力と電磁気力であり，上述の身近な力はこれらの基本となる力を原因としており，現象論的な力と呼ばれる．身近な現象を記述する上では，万有引力や電磁気力から考えるのではなく，物体間に働く上述の現象論的な力を扱う方が便利なことが多い.

また，力はその作用の仕方に着目すると，接触する物体間に作用する接触力と，接触していない物体間に作用する遠隔力（非接触力）とに分類することができる．重力は遠隔力であるが，力学で扱うその他の力は接触力である.

電磁気力の詳細については「電磁気学」の良書に譲り，ここでは，身近にみられる現象論的な力について簡単にみてみよう.

① 重力

あらゆる物体間には互いに万有引力が作用するが，地上にある物体を考える場合には，物体に比べて地球の質量が圧倒的に大きいので，通常は物体間の万有引力は無視して地球と引き合う力だけを考える．この地球から受けている鉛直下向きの力を**重力**という．物体に作用する重力 $\boldsymbol{W}$ は，物体の質量を m，鉛直下向きの重力加速度 $\boldsymbol{g}$ とすると，

$$\boldsymbol{W} = m\boldsymbol{g} \tag{3-4}$$

と表される（$\boldsymbol{W}$，$\boldsymbol{g}$ はベクトルであることに注意する）．厳密には，重力は万有引力と地球の自転による遠心力との合力であるため，重力加速度の大きさは場所によって異なる．しかし，その違いは僅かであるため（例えば，赤道上の重力は北極・南極に比べて約 0.5%小さい），厳密性が要求されない場合には，重力加速度は場所によらず一定とし，近似値

$$g = |\boldsymbol{g}| \fallingdotseq 9.8\,\mathrm{m/s^2} \tag{3-5}$$

を用いて計算すればよい．なお，大きさをもった物体に対しては，実際は各部分に重力が作用しているが，重心と呼ばれる 1 点にその合力が作用するとみなすことができる（第 6 章参照）．

重力の式 $m\boldsymbol{g}$ や，重力加速度の大きさ g の近似値を，万有引力の式から導いてみよう．いま，地球を完全な球体とし，地球の質量を M，地球の半径を R とする．地表面から高さ h の場所にある物体が受ける重力 $\boldsymbol{W}$ が，物体と地球との間の万有引力のみ（地球が自転している効果などは考えない）とすると

$$\boldsymbol{W} = G\frac{Mm}{(R+h)^2}\boldsymbol{i} \tag{3-6}$$

と書くことができる．ここで，G は万有引力定数と呼ばれる定数である．また，物体から地球の中心に向かう向きを x 軸正の向きとした．地球上の物体を考えている場合，高さ h は地球の半径 R よりずっと小さいため，h の影響は無視できる．したがって，

$$\boldsymbol{W} = G\frac{Mm}{R^2}\boldsymbol{i} \tag{3-7}$$

としてよく，右辺の m 以外をまとめたものを重力加速度

$$\boldsymbol{g} = \frac{GM}{R^2}\boldsymbol{i} \tag{3-8}$$

として，式 (3-4) を得る．重力加速度の大きさは，$G = 6.67 \times 10^{-11}$ $\mathrm{m^3/(kg \cdot s^2)}$, $M = 5.97 \times 10^{24}\,\mathrm{kg}$, $R = 6.38 \times 10^{6}\,\mathrm{m}$ を用いて

$$g = \frac{(6.67 \times 10^{-11}\,\mathrm{m^3/(kg \cdot s^2)}) \times (5.97 \times 10^{24}\,\mathrm{kg})}{(6.38 \times 10^{6}\,\mathrm{m})^2} = 9.8\,\mathrm{m/s^2} \tag{3-9}$$

となる．

② 弾性力（ばねの力）

物体に外力を加えて変形させると元の形に戻ろうとする復元力が生じる．外力を取り去ったあとで物体が元の形に戻る場合，この物体は**弾性**をもつといい，この元の形に戻そうとする復元力のことを**弾性力**という．ばねは，この弾性を利用した便利な機械要素である．図 3.5 のように，変形量は外力が加わっていない自然な状態を基準として測り，一般的には，変形量が小さいときには弾性力の大きさは変形量に比例する．これを**フックの法則**といい，弾性力を $\boldsymbol{F}$，変形量を $\boldsymbol{x}$ とすると，

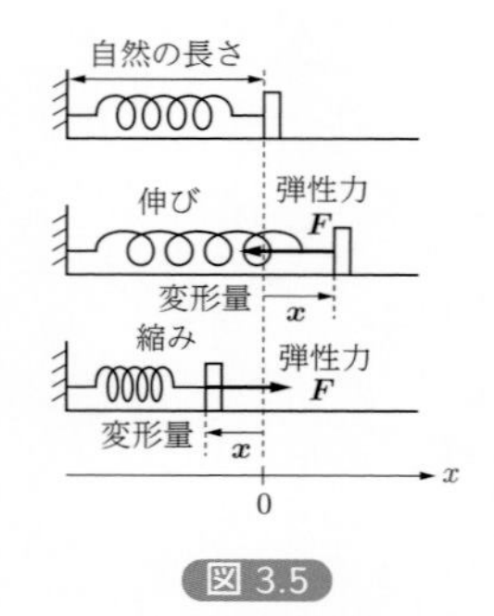

図 3.5

$$\boldsymbol{F} = -k\boldsymbol{x} \tag{3-10}$$

という比例関係が成り立つ．正の比例係数 k は**弾性定数**と呼ばれる．ばねの場合は**ばね定数**と呼ばれる．外力が加わっていない自然な状態のばねの長さを自然の長さと呼び，自然の長さからの変形量をばねの伸びと呼ぶ．ばねの伸びる向きを正にとると，伸びが正のときばねは伸びており，伸びが負のときばねは縮んでいる．式 (3-10) の右辺にある負の符号「−」は，伸びた向きとは逆向きに復元力が生じることを表している．

③ 張力

力学の問題などでは，糸などのひも状の物体に力を加えて引っ張ったときに，その反作用としてひも状の物体がその力を及ぼしている物体を引っ張る力のことを**張力** *2 という．図 3.6 に表されるように，糸が直線をなす場合や，なめらかな物体（滑車など）に触れて曲げられている場合でも，糸が張られていれば，静止していても動いていても，どこでも張力の大きさは等しい．したがって，糸の両端に取り付けられた物体は，同じ大きさの張力で糸から引っ張られていると考えればよい．

*2　物体内の任意の断面に，垂直に，面を互いに引っ張るように働く応力（力を面積で割った物理量）も張力と呼んでいる．本文の張力は力で単位には N を用いるのに対し，応力としての張力の単位は $\mathrm{Pa} = \mathrm{N/m^2}$ であることに注意する．

④ 垂直抗力

図 3.7 のように，水平な台の上に置かれている物体を考える．この物体には下向きに重力 $\boldsymbol{W}$ が働いているにも関わらず，落下せずに静止を

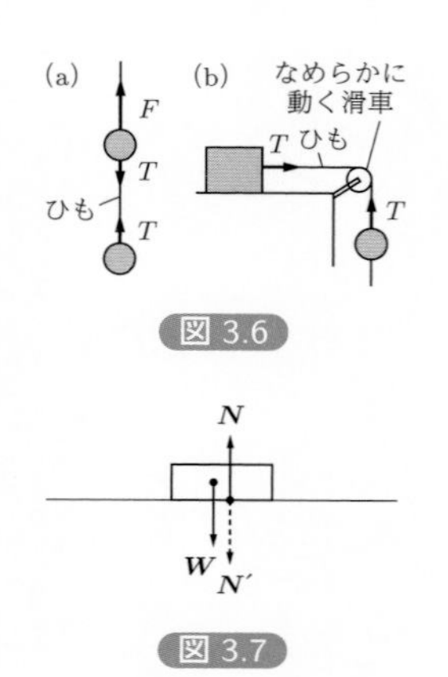

図 3.6

図 3.7

続ける．これは，$\boldsymbol{W}$ とつりあうような上向きの力 $\boldsymbol{N}$ が台から物体に対して作用しているためである．つまり，

$$\boldsymbol{W}+\boldsymbol{N}=\boldsymbol{0} \tag{3-11}$$

を満たす力 $\boldsymbol{N}$ が物体に作用している．（$\boldsymbol{0}$ はゼロベクトルである．）このように接触面に対して垂直に物体に及ぼす力を**垂直抗力**と呼ぶ．また，物体は台を下向きに力 $\boldsymbol{N}'$ で押し付けている．これは物体が重力を受けて台のある方向に動こうとする（実際には台があるのでその方向には動けない）ために生じる力である．垂直抗力 $\boldsymbol{N}$ は $\boldsymbol{N}'$ の反作用であり，

$$\boldsymbol{N}=-\boldsymbol{N}' \tag{3-12}$$

が成り立つ．このように接触している 2 つの物体の間では，接触面に対して垂直に相手の物体に力を作用しあっている．

⑤ 摩擦力

接触する 2 つの物体において，相手の物体の運動を妨げる向きに，接触面を通して互いに，接触面に平行におぼしあう力を**摩擦力**という．摩擦力には，2 つの物体の速度差がない場合に生じる**静止摩擦力**と，速度差がある場合に生じる**動摩擦力**がある．

まず，静止摩擦力の例として，図 3.8 のように，水平な床の上に静止している物体に外力 $\boldsymbol{f}$ を水平方向に加えて，この物体を動かそうとする場合を考えてみよう．外力 $\boldsymbol{f}$ の大きさが小さければ，物体は動かない．これは，外力 $\boldsymbol{f}$ とつりあうように，$\boldsymbol{f}$ と大きさが等しく逆向きの静止摩擦力 $\boldsymbol{F}_s$ が床から物体に対して作用しているためである．つまり，物体が静止している間は，

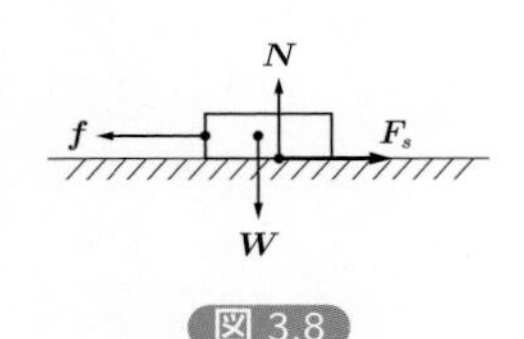

図 3.8

$$\boldsymbol{f}+\boldsymbol{F}_s=\boldsymbol{0} \tag{3-13}$$

が成り立つ．その後，外力 $\boldsymbol{f}$ を徐々に大きくしていくと，物体はあるとき動き始める．動き始める直前に静止摩擦力は最大となり，このときの値 $F_{\max}$ を**最大静止摩擦力**（もしくは単に**最大摩擦力**）という．$F_{\max}$ は垂直抗力の大きさ $N=|\boldsymbol{N}|$ にほぼ比例し，

$$F_{\max}=\mu N \tag{3-14}$$

の関係を満たすことが知られている．この比例係数 μ は**静止摩擦係数**といい，接触する 2 つの物体の材質や粗さなどの接触面の状態のみで決まる定数である．このように，静止摩擦力は，最大静止摩擦力に達するま

で，加える力に応じてその大きさが変化することに注意する．

次に，床に対して動き始めた物体を考えよう．このとき，床と物体との速度差をなくすように接触面にそって動摩擦力が作用する．動摩擦力の大きさ F_k も，垂直抗力の大きさ $N = |\boldsymbol{N}|$ にほぼ比例し，

$$F_k = \mu' N \tag{3-15}$$

が成り立つ．比例係数 μ' を**動摩擦係数**といい，接触面の面積や 2 物体の相対速度にほとんど依存しないため，通常はそれらの影響は無視し，接触面の状態のみで決まる定数として扱う．また，動摩擦力の大きさ F_k は最大静止摩擦力 $F_{\max}$ より小さく，一般に，$\mu' < \mu$ が成り立つ．

3.2.2　運動の第 2 法則の適用

ここでは，いろいろな力が働いている物体に対して，運動の第 2 法則を適用する例をみていく．その際には，以下の手順が基本となる．

運動の第 2 法則を適用する手順　①～④

① 問題の状況を図で表し，注目している物体に対して働く力をすべて図中に書き込む．遠隔力（重力など）の他は，接触している物体からは必ず力を受けるので見落としがないように注意する．

② 物体の運動の様子を想像し，座標軸を設定する．（例えば，運動の方向や力の方向に軸を 1 つ決め，その軸と直交する方向にもう 1 つの軸を設定する．）

③ ① で挙げた物体に働く力すべてについて，各軸の方向へ分解する．

④ 各軸の方向に対して運動の第 2 法則を適用する．つまり，物体の質量が m，注目している軸の方向の加速度が a の場合，左辺に ma を右辺にその軸の方向に働く力の合力を記入し等号で結ぶ．

例題 3.5

なめらかな水平面上にある 2 つの物体 A（質量 m_1）と B（質量 m_2）を伸び縮みしない糸で結び，物体 A を大きさ F の力で引っ張った．生じる加速度および糸の張力の大きさを求めよ．

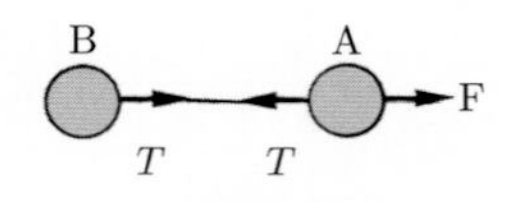

図 3.9

解答

A は B に向かって張力を受け，B は A に向かって張力を受ける．これらの力の大きさは等しい．この張力の大きさを T とすると，図 3.9

のようになる．加速度の大きさを a とし，力 F の向きを正の向きと決める [3]．A と B にわけて運動の第 2 法則を適用すると，

$$\text{A に対する運動の法則} \qquad m_1 a = F - T \tag{1}$$

$$\text{B に対する運動の法則} \qquad m_2 a = T \tag{2}$$

が成り立つ．式 (1) と式 (2) とを連立方程式として a と T を求めると，

$$a = \frac{F}{m_1 + m_2}, \quad T = \frac{m_2}{m_1 + m_2} F \tag{3}$$

となる． (解答終)

*3 この問題は 1 方向のみ考えればよいので，手順 ③ は必要ない．

この例題において，糸が張られた状態が保たれるために，2 つの物体に生じる加速度が等しいことに注意する．また，糸の張力を通して，2 つの物体が力を及ぼし合うことにも注意する．糸の張力は糸の張られている方向に生じるが，張力の大きさはその他の外力によって決まり，あらかじめわかっていることはほとんどない．そのため，未知数として T などの文字でおき，加速度 a とともに求めたのである．

例題 3.6

水平面となす角 θ のなめらかな斜面にそって，大きさ F の力で質量 m の物体を引き上げた．この物体の斜面方向の加速度の大きさと斜面から受ける力の大きさを求めよ．ただし，重力加速度の大きさを g とする．

解 答

斜面はなめらかであるので，物体が斜面から受ける力は，垂直抗力のみである．よって，物体に働く力は，図 3.10 に実線矢印で表されている 3 つ，つまり，加えた力 (大きさ F)，斜面から受ける垂直抗力 (大きさ N)，重力 (大きさ mg) である．今回は，運動方向である斜面上向きとこれに垂直な方向に 2 つの座標軸を設定する．鉛直下向きに働いている重力はこの 2 方向に分解する (斜面方向の $mg\sin\theta$ と斜面に垂直な方向の $mg\cos\theta$，図 3.10 の点線矢印を参照)．物体は斜面にそって運動し，斜面に垂直な方向には運動は起こらないことから，斜面に垂直な方向の加速度の成分は 0 であるので，この方

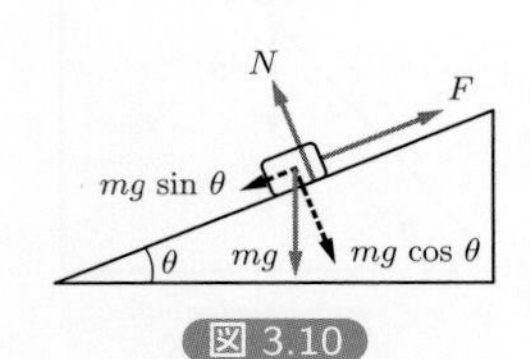

図 3.10

向に運動の第 2 法則を適用し，

$$m \cdot 0 = N - mg\cos\theta \tag{1}$$

が得られる．また，斜面にそって上向きに大きさ a の加速度が生じるとすると，斜面方向に運動の第 2 法則を適用し，

$$ma = F - mg\sin\theta \tag{2}$$

が得られる．よって，求める垂直抗力 N は

$$N = mg\cos\theta \tag{3}$$

であり，求める加速度の大きさ a は，

$$a = \frac{F}{m} - g\sin\theta \tag{4}$$

である．（解答終）

この例題において，図示された 3 つの力がどれも異なる方向であったことに注意する．このような場合には，それぞれの力を座標軸の方向に分解し，座標軸の方向ごとに運動の第 2 法則を適用すればよい．この例題の場合，座標軸を適切に選んだことにより，分解する必要があったのは重力のみであった．問題ごとにどのような座標軸の設定が適切か考えなければならないが，斜面の問題においては，斜面にそった方向と斜面に垂直な方向とに座標軸を設定することが多い．

例題 3.7

図 3.11 のように水平面となす角 θ のなめらかな斜面上に質量 M の物体を置き，水平方向に大きさ P の力を作用させた．物体は斜面にめりこむことはないとして，生じる加速度および物体が斜面から受ける力の大きさを求めよ．ただし，重力加速度の大きさを g とする．

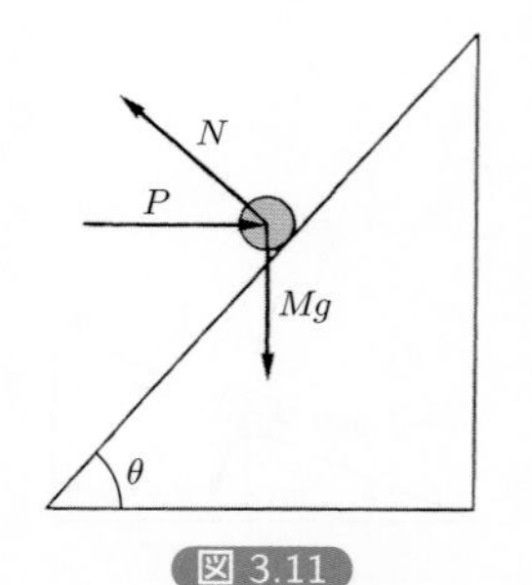

図 3.11

解答

例題 3.6 と同様に，斜面はなめらかであるので，物体が斜面から受ける力は垂直抗力のみである．物体に働く力は，図 3.11 に矢印で示された 3 つ，つまり，加えた力（大きさ P），斜面から受ける垂直

抗力（大きさ N），重力（大きさ Mg）である．斜面方向と斜面に垂直な方向の 2 方向に分けて考え，重力（大きさ Mg）と加えた力（大きさ P）をこの 2 方向に分解する．

物体は斜面にめりこまないのだから，運動は斜面方向にのみ起こる．斜面にそって上向きに生じる加速度の大きさを a として，斜面方向に運動の第 2 法則を適用すると，

$$Ma = P\cos\theta - Mg\sin\theta \tag{1}$$

である．また，斜面に垂直方向には運動は起こらない，つまり，加速度の成分が 0 であるので，この方向に運動の第 2 法則を適用し，

$$M \cdot 0 = N - P\sin\theta - Mg\cos\theta \tag{2}$$

となる．式 (1) より，求める加速度の大きさ a は

$$a = \frac{P}{M}\cos\theta - g\sin\theta \tag{3}$$

である．式 (2) より，求める斜面から受ける力の大きさ N は

$$N = P\sin\theta + Mg\cos\theta \tag{4}$$

である．（解答終）

この例題では，$P\sin\theta$, $Mg\cos\theta$ の 2 つが面を垂直に押す力の成分であり，これらの和に等しい大きさの垂直抗力が生じている．

例題 3.6，3.7 における物体の運動は，ある決まった面上に制限されている．これらの他にも運動がある決まった曲線上に制限されることもある．これらのような運動を**束縛運動**という．運動がある決まった軌道上に束縛されるのは束縛するための力が生じるからである．この力を**束縛力**といい，例題 3.6，3.7 では斜面からの垂直抗力がこれにあたる．束縛力の大きさは独立に決まるものではなく，他の力との関連によって決められるものである．なお，束縛力の方向が常に経路曲線に垂直な場合をなめらかな束縛といい，垂直でない場合をあらい束縛という．あらい束縛が起こるのは，質点が面上に束縛されていて，面との間に摩擦力がある場合である．

3.3 運動方程式とその解き方

ここがポイント!

運動方程式（質量 m，時刻 t，位置 $\boldsymbol{r}$，力 $\boldsymbol{f}$）

$$m\frac{\mathrm{d}^2\boldsymbol{r}}{\mathrm{d}t^2} = \boldsymbol{f}$$

運動方程式の解き方

① 作用する力などの状況を整理して座標軸を設定する．

② 初期条件（$t = 0$ のときの位置と速度）を確認する．

③ 運動方程式を立てる．

④ 一般解を求める．

⑤ 一般解に初期条件を適用し，特殊解を求める．

この節では，物体に力が作用するとき，位置や速度が時間とともにどのように変わっていくかという問題に，ニュートンの運動の 3 法則を適用することを考えよう．はじめに，位置や速度を求めるために立てる方程式を紹介し，解き方の方針を確認する．続いて，いくつかの場合に分けて，実際に例題を解きながら，位置や速度の求め方を確認する．

3.3.1 運動方程式

位置 $\boldsymbol{r}$ や速度 $\boldsymbol{v}$ が時間とともにどのように変わっていくかを知るためには，少なくとも加速度がわかっている必要がある．加速度は

$$\boldsymbol{a} = \frac{\mathrm{d}\boldsymbol{v}}{\mathrm{d}t} = \frac{\mathrm{d}^2\boldsymbol{r}}{\mathrm{d}t^2} \tag{3-16}$$

であるから，物体の質量を m，物体に作用する力を $\boldsymbol{f}$ とすると，運動の第 2 法則を表す式 (3-2) は，

式 (3-2)

$$m\boldsymbol{a} = \boldsymbol{f}$$

$$m\frac{\mathrm{d}^2\boldsymbol{r}}{\mathrm{d}t^2} = \boldsymbol{f} \tag{3-17}$$

という形になる．$\boldsymbol{f}$ が $\boldsymbol{r}, t$ または $\boldsymbol{v}$ の関数として与えられると，式 (3-17) は一般に微分方程式となる．この式 (3-17) を（微分方程式としての）**運動方程式**という．方程式を満たす関数を求めることを，その方程式を解くという．つまり，運動方程式を解くことによって，位置 $\boldsymbol{r}$ と速度 $\boldsymbol{v}$ を時間 t の関数として求めることができる．

次に，実際に運動方程式を解いて物体の運動を論じるための手順を以下にまとめる．

運動方程式の解き方　①～⑤

① 作用する力などの状況を整理して座標軸を設定する．

節 3.2 で記した「運動の第 2 法則を適用する手順」と同じ手順を踏む．つまり，図で問題の状況を整理しながら，力を図中にすべて書き込んだあと，座標軸を設定する．そして，すべての力を設定した各軸の方向へと分解する．

② 初期条件（$t=0$ のときの位置と速度）を確認する．

運動方程式は位置や速度が時間とともにどのように変化するかを与えるが，はじめにどの位置にいてどのような速度をもっているかは，運動方程式には含まれていない．そこで，時刻 $t=0$ での位置と速度の条件を与える必要がある．これを**初期条件**という．運動方程式を立てて解く前に，初期条件を確認する．

③ 運動方程式を立てる．

① の内容をもとに，設定した座標軸に対して各軸方向の運動方程式を立てる．ただし，加速度 $\boldsymbol{a}$ は，位置の 2 次導関数 $\dfrac{\mathrm{d}^2\boldsymbol{r}}{\mathrm{d}t^2}$ に置き換えることに注意する．

④ 一般解を求める．

③ で立てた運動方程式の具体的な解き方は，力 $\boldsymbol{f}$ の関数形によって異なるので，詳細は以降の例題で見ていくが，基本的には，微分方程式を解くには積分をする．運動方程式は，$\boldsymbol{r}$ の t についての 2 階の微分方程式なので，t で積分して得られる $\boldsymbol{r}$ の解は 2 つの任意定数（積分定数という）を含む．このような，n 階の微分方程式に対して n 個の独立な任意定数を含む解は**一般解**と呼ばれる．任意定数を含むのは，運動方程式にははじめの位置と速度がどうなっているかの情報が含まれていないためである．

⑤ 一般解に初期条件を適用し，特殊解を求める．

④ で得られた一般解は，任意定数の不定性があるため，無数の解を含んでいる．このため，解を 1 つの形で求める，つまり，任意定数の値を固定するためには，② で確認した初期条件が必要となる．初期条件を与えることによって得られる解は，**特殊解**と呼ばれ，これが求める位置と速度を表すものとなる．

運動方程式を解くための手順は以上であるが，実際の問題を解く上では，空間の座標軸だけでなく，時間の座標軸も解きやすいように自分で設定する必要がある（具体的には，特徴的な変化がある時点を 0 とするのが基本である）．また，同じ問題でも座標軸の設定の仕方によって初期条件は変わるが，どのように座標軸を設定したとしても，得られる答え（実際の運動）は変わることはない．ただし，運動を表す式は異なったものとなる．座標軸の設定が式に反映されるためである．

与えられた運動方程式を満たす解，つまり一般解は，無数に存在するが，このことは，運動方程式が同じであっても，運動のはじまりにおいて，物体がどの位置にあり，どんな速度をもっていたかによって，その物体の運動が全く異なったものとなることを意味している．

以降で，力 $\boldsymbol{f}$ のパターンを 3 つに分け，それぞれの場合の例題を解きながら，運動方程式の解き方を確認しよう．

3.3.2　力が一定で 1 方向の運動の場合

はじめに，考えている範囲内で力 $\boldsymbol{f}$ が一定の場合を考える．ここで力が一定とは，力の大きさ，方向，向きがいつの時刻，どの場所でも変わらないことである．地上における重力のもとでの運動が含まれ，運動方程式の解法の上で最も基本となるものである．ここでは，力の方向と運動の方向が一致する場合を考える．この場合は，1 方向の運動となるので，力 $\boldsymbol{f}$ の方向に座標軸を 1 つ決めて運動方程式を立て，時間 t で積分することによって，速度と位置を求める．運動の方向に座標軸をとることにより，位置，速度，加速度，力をベクトルで表す必要がなくなる．したがって，問題の状況に応じて，x 成分のみ，あるいは y 成分のみなどベクトルの 1 成分のみを考えればよい．

例題 3.8

速さ v_0 で走っている質量 m の自動車が，ある地点から，大きさ F の一定の力で加速を始めた．この自動車が速さ v_1 に達するまでに走行する距離 s を求めよ．ただし，この自動車は一直線上を走っている．

解 答

問題の状況を，図 3.12 のようにまとめて図示してみる．

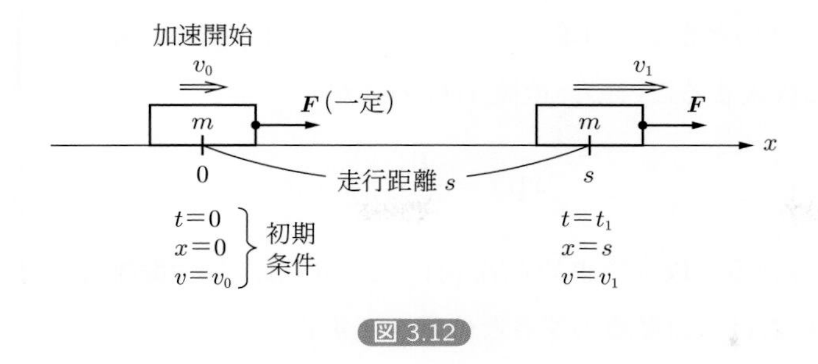

図 3.12

ここでは，時間と位置の座標軸を

$$\begin{cases} \text{時間 } t \text{ の原点：加速開始時点} \\ \text{位置 } x \text{ の原点：加速開始位置} \\ x \text{ 軸の正の向き：自動車の進行方向} \end{cases}$$

のように設定し，自動車の速さが v_1 に達したときの時刻を $t = t_1$ とする．自動車の運動方向である x 軸方向には，加速開始後は正の向きに力 F のみが作用している．初期条件は時刻 $t = 0$ のとき，位置が $x = 0$，速度が $v = v_0$ である．自動車の運動方程式は

$$m\frac{\mathrm{d}^2x}{\mathrm{d}t^2} = F \tag{1}$$

と表される．これを

$$\frac{\mathrm{d}^2x}{\mathrm{d}t^2} = \frac{F}{m} \tag{2}$$

と変形し，これを t で積分することで，速度 v が時間 t の関数として

$$v(t) = \frac{\mathrm{d}x}{\mathrm{d}t} = \int \frac{F}{m}\mathrm{d}t = \frac{F}{m}t + C_1 \tag{3}$$

と求められる．ここで，積分定数 C_1 を決定して解を 1 つの形で得るために，速度についての初期条件を適用する．つまり，式 (3) に $t = 0$ のとき $v = v_0$ を代入すると，$C_1 = v_0$ が得られる．これを式 (3) に代入することで，速度 $v(t)$ の式が

$$v(t) = \frac{F}{m}t + v_0 \tag{4}$$

と得られる．次に，式 (4) をさらに t で積分することで，位置 x が時間 t の関数として

$$x(t) = \int v\mathrm{d}t = \int \left(\frac{F}{m}t + v_0\right)\mathrm{d}t = \frac{F}{2m}t^2 + v_0t + C_2 \tag{5}$$

と求められる．ここで再び，積分定数 C_2 を決定して解を 1 つの形で得るために，位置についての初期条件を適用する．つまり，式 (5)

に $t=0$ のとき $x=0$ を代入すると，$C_2=0$ が得られる．これを式 (5) に代入することで，位置 $x(t)$ の式が

$$x(t)=\frac{F}{2m}t^2+v_0t \tag{6}$$

と得られる．以上で求めた式 (4) と式 (6) は，加速開始後の任意の時刻における自動車の速さと位置を表す式である．

次に，問われている内容である s を求める．時刻が $t=t_1$ のときに速さが $v=v_1$ であることから，式 (4) に代入し

$$v_1=\frac{F}{m}t_1+v_0 \tag{7}$$

であるので，これを変形して t_1 を求めると，

$$t_1=\frac{m\left(v_1-v_0\right)}{F} \tag{8}$$

となる．求める走行距離 s は，式 (6) に $t=t_1$ を代入すればよく，

$$\begin{aligned} s=x(t_1)&=\frac{F}{2m}t_1^2+v_0t_1\\ &=\frac{F}{2m}\frac{m^2\left(v_1-v_0\right)^2}{F^2}+v_0\frac{m\left(v_1-v_0\right)}{F}\\ &=\frac{m}{2F}\Big\{\left(v_1-v_0\right)^2+2v_0\left(v_1-v_0\right)\Big\}\\ &=\frac{m}{2F}\left(v_1^2-v_0^2\right) \end{aligned} \tag{9}$$

を得る．（解答終）

この例題における式 (4) と式 (6) は等加速度直線運動を表している．等加速度直線運動をはじめて学習するときに

$$v(t)=at+v_0,\quad x(t)=\frac{1}{2}at^2+v_0t+x_0 \tag{3-18}$$

の形で「公式」として覚えることが多いが，ここで $a=\dfrac{F}{m}$, $x_0=0$ とすれば式 (4) と式 (6) が得られる．また，$v_1^2-v_0^2=2as$ という式もあわせて「公式」として覚えることが多いが，これは解答の最後に得られた結果を $a=\dfrac{F}{m}$ として変形することによって得られる．この例題で見たように，運動方程式を立てたあとで基本的な計算ができれば，これらの「公式」はもはや覚える必要がないことがわかる．計算によっていつでも導出ができるのである．以降で扱っている例題 3.9，3.10，3.11 の結果を見ても同じことがわかるであろう．

例題 3.9

$5.4 \times 10\,\mathrm{km/h}$ で走っている質量 $8.0 \times 10^2\,\mathrm{kg}$ の自動車が，ある地点から，大きさ $2.0 \times 10^3\,\mathrm{N}$ の一定の制動力を受けた．自動車は，その地点からどれだけ走って止まるか．ただし，自動車は，一直線上を走っている．

解答

問題文で与えられている数値は文字式に置き換えるとよい．つまり，自動車の質量を m，初速度を v_0，制動力の大きさを F とする．

次に，例題 3.8 と同様に，問題の状況を図 3.13 のようにまとめる．

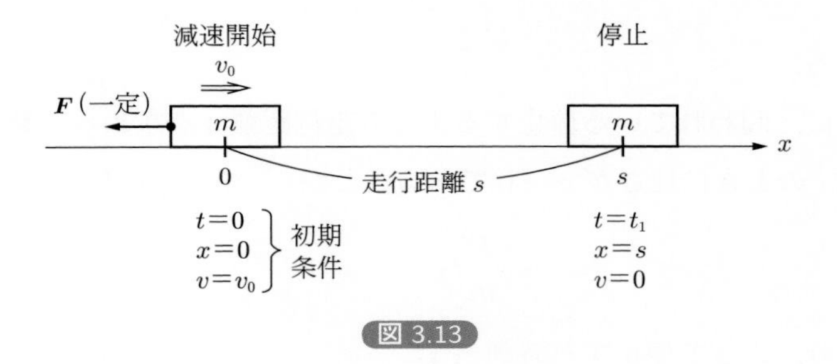

図 3.13

ここでは，時間と位置の座標軸を

- 時間 t の原点：制動力を受け始めた（減速開始）時点
- 位置 x の原点：減速開始位置
- x 軸の正の向き：自動車の進行方向

のように設定し，自動車が停止した時刻を $t = t_1$，そのときの位置を $x = s$ とした．減速開始後には，自動車には x 軸の負の向きに大きさ F の力のみが作用している．初期条件は時刻 $t = 0$ のとき，位置が $x = 0$，速度が $v = v_0$ である．自動車の運動方程式は

$$m\frac{\mathrm{d}^2x}{\mathrm{d}t^2} = -F \qquad (1)$$

となり，

$$\frac{\mathrm{d}^2x}{\mathrm{d}t^2} = -\frac{F}{m} \qquad (2)$$

が得られる．例題 3.8 と同様に，この式を t で積分して，速度 v は

$$v(t) = \frac{\mathrm{d}x}{\mathrm{d}t} = \int \left(-\frac{F}{m}\right) \mathrm{d}t = -\frac{F}{m}t + C_1 \qquad (3)$$

となる．この式に，速度についての初期条件 $t = 0$ のとき $v = v_0$ を代入すると，$C_1 = v_0$ が得られるので，速度 v は

$$v(t) = -\frac{F}{m}t + v_0 \tag{4}$$

となる．次に，式 (4) をさらに t で積分し，位置 x は

$$x(t) = \int v(t)\,\mathrm{d}t = \int \left(-\frac{F}{m}t + v_0\right)\mathrm{d}t = -\frac{F}{2m}t^2 + v_0 t + C_2 \tag{5}$$

となる．この式に，位置についての初期条件 $t = 0$ のとき $x = 0$ を代入すると，$C_2 = 0$ が得られるので，位置 x は

$$x(t) = -\frac{F}{2m}t^2 + v_0 t \tag{6}$$

となる．

次に，問われている停止するまでの走行距離 s を求める．時刻が $t = t_1$ のときに速さが $v = 0$ であることから，式 (4) に代入すると，

$$-\frac{F}{m}t_1 + v_0 = 0 \tag{7}$$

となり，よって停止する時刻 t_1 は

$$t_1 = \frac{mv_0}{F} \tag{8}$$

である．求める走行距離 s は，式 (6) に $t = t_1$ を代入すればよく，

$$s = x(t_1) = -\frac{F}{2m}t_1^2 + v_0 t_1 = \frac{m}{2F}v_0^2 \tag{9}$$

を得る．最後に具体的な数値を代入すると

$$\begin{aligned}\text{求める距離} &= \frac{8.0 \times 10^2\,\mathrm{kg}}{2 \times 2.0 \times 10^3\,\mathrm{N}} \\ &\quad \times \left(5.4 \times 10\,\mathrm{km/h} \times \frac{10^3\,\mathrm{m}}{1\,\mathrm{km}} \times \frac{1\,\mathrm{h}}{3600\,\mathrm{s}}\right)^2 \\ &= 4.5 \times 10\,\mathrm{m}\end{aligned} \tag{10}$$

である．（解答終）

この例題のように具体的に数値が与えられた問題の場合には，はじめに文字式に置き換え，文字式を用いて解き，その後，具体的な数値を代入すればよい．また解答の最後に km を m に，h を s に単位換算していることに注意する．

例題 3.10

質量 m の物体が重力の作用だけを受けて自由落下するとき，物体の速度と位置はどのようになるか．ただし，重力加速度の大きさを g とする．

解 答

物体の運動は鉛直方向のみに限られることから，図 3.14 のように，鉛直下向きに y 軸をとり，落下開始地点を $y = 0$，落下開始時刻を $t = 0$ と設定する．作用する力は重力のみで，大きさは mg で y 軸の正の向きに作用する．初期条件は時刻 $t = 0$ のとき，位置が $y = 0$，速度が $v = 0$ である．物体の運動方程式は

$$m\frac{\mathrm{d}^2 y}{\mathrm{d}t^2} = mg \tag{1}$$

であり，

$$\frac{\mathrm{d}^2 y}{\mathrm{d}t^2} = g \tag{2}$$

と変形できるので，この式を t で積分すると，速度 v が求められ，

$$v(t) = \frac{\mathrm{d}y}{\mathrm{d}t} = \int g\,\mathrm{d}t = gt + C_1 \tag{3}$$

となる．ここで初期条件 $t = 0$ のとき $v = 0$ を代入すると，$C_1 = 0$ が得られるので，速度 v は

$$v(t) = gt \tag{4}$$

となる．さらに，この式を t で積分すると，位置 y が求められ，

$$y(t) = \int v(t)\,\mathrm{d}t = \int gt\,\mathrm{d}t = \frac{1}{2}gt^2 + C_2 \tag{5}$$

となる．この式に，位置についての初期条件 $t = 0$ のとき $y = 0$ を代入すると，$C_2 = 0$ が得られるので，位置 y は

$$y(t) = \frac{1}{2}gt^2 \tag{6}$$

となる． (解答終)

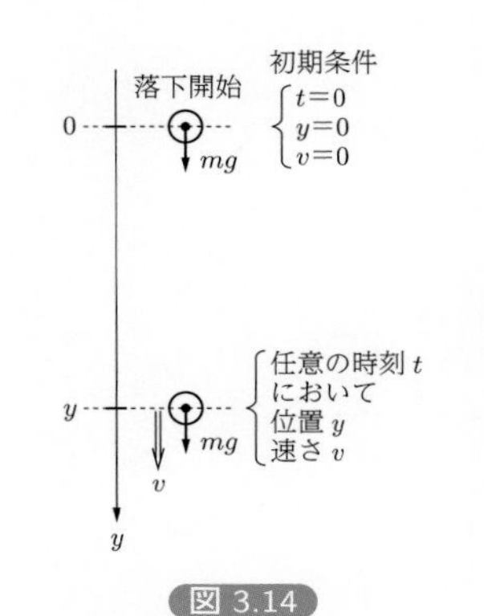

図 3.14

この例題では一定の力として重力が働いている場合を考えている．運動が鉛直方向となり，座標軸の設定が変わるが，いままでの例題と解き方はほとんど変わっていない．

また，自由落下とは重力のみを受けて初速度 0 で落下することをいう．したがって，問題文に自由落下と書いてあることから，初速度 0，つまり，初期条件 $t=0$ のとき $v=0$ が与えられていることがわかる．さらに，初速度が 0 でそこから鉛直方向にしか加速されないので，運動が鉛直方向に限られることもわかる．このような情報を，はじめに座標軸を設定するときに，問題文から読み取る必要がある．

例題 3.11

質量 m の物体を速度 v_0 で鉛直上向きに投げ上げたとき，物体の速度と位置はどのようになるか．ただし，投げ上げ後の物体は，重力の作用だけを受けて運動するものとし，重力加速度の大きさを g とする．

解 答

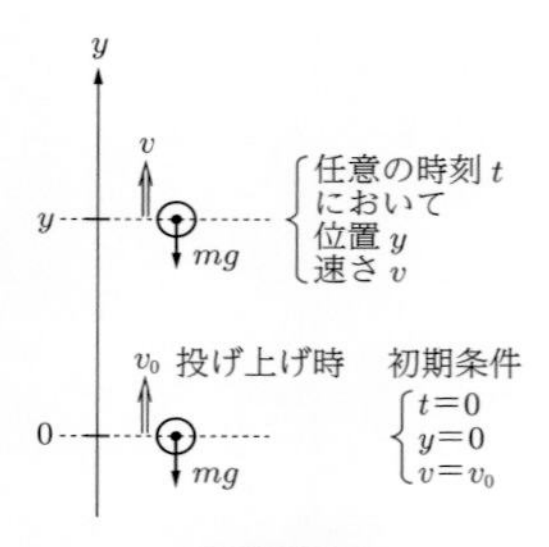

図 3.15

図 3.15 のように，鉛直上向きに y 軸をとり，投げ上げ地点を $y=0$，投げ上げ時刻を $t=0$ とする．作用する力は重力のみで，大きさは mg で y 軸の負の向きに作用する．初期条件は時刻 $t=0$ のとき，位置が $y=0$，速度が $v=v_0$ である．物体の運動方程式は

$$m\frac{\mathrm{d}^2y}{\mathrm{d}t^2}=-mg \tag{1}$$

となる．以降は，初期条件 $t=0$ のとき $v=v_0$，$y=0$ を考慮し，例題 3.10 と同様の手順で解けばよい．つまり，式 (1) は

$$\frac{\mathrm{d}^2y}{\mathrm{d}t^2}=-g \tag{2}$$

と変形できるので，この式を t で積分して速度 v を

$$v(t)=\frac{\mathrm{d}y}{\mathrm{d}t}=\int(-g)\mathrm{d}t=-gt+C_1 \tag{3}$$

と求める．この式に初期条件 $t=0$ のとき $v=v_0$ を代入すると，$C_1=v_0$ が得られるので，速度 v は

$$v(t)=-gt+v_0 \tag{4}$$

となる．さらに，この式を t で積分して位置 y を

$$y(t)=\int v(t)\,\mathrm{d}t=\int(-gt+v_0)\,\mathrm{d}t=-\frac{1}{2}gt^2+v_0t+C_2 \tag{5}$$

と求める．この式に初期条件 $t = 0$ のとき $y = 0$ を代入すると，$C_2 = 0$ が得られるので，位置 y は

$$y(t) = -\frac{1}{2}gt^2 + v_0 t \tag{6}$$

となる．（解答終）

この例題のような鉛直投げ上げの問題では，鉛直上向きを正として軸（ここでは y 軸）をとり，投げ上げ地点を $y = 0$，投げ上げ時刻を $t = 0$ とすることが多い．鉛直上向きを正としたので，座標軸と重力とが互いに逆向きで，運動方程式中に $-mg$ と書いたことに注意する．また，前の例題 3.10 では座標軸の向きを重力と同じ向きに設定したので，運動方程式中で mg と書いていた．これらのように，重力を運動方程式に書くときには，設定した座標軸の向きを確認し，負の符号「$-$」をつけるかどうかを判断しなければならない．

3.3.3　力が一定で 2 方向の運動の場合

ここでは，力は 3.3.2 と同様に一定であるが，力の方向と運動の方向が一致しない場合を考える．この場合，2 つ以上の座標軸を設定する必要があるので，位置，速度，加速度，力がベクトルであることを意識しながら，例題を通して，運動方程式の解き方を確認する．

例題 3.12

以下の 2 つの場合について，運動方程式を立て，質量 m の物体が地面に達したときの速度，および位置を求めよ．

① 地上のある点から仰角 δ，初速 v_0 で物体が空中に投げ出された．

② 高さ h の点から水平方向に速さ v_0 で物体が空中に投げ出された．

ただし，物体には重力のみが作用するものとし，重力加速度の大きさを g とする．

解 答

①，②いずれの場合についても，物体は投げた方向を含む鉛直面内で運動するので，図 3.16 のように座標軸を設定し，それぞれの方向に対して運動方程式を立てればよい．力は重力のみなので $\boldsymbol{f} = 0 \cdot \boldsymbol{i} + (-mg)\boldsymbol{j}$ である．初期条件は①，②で異なるので，あと

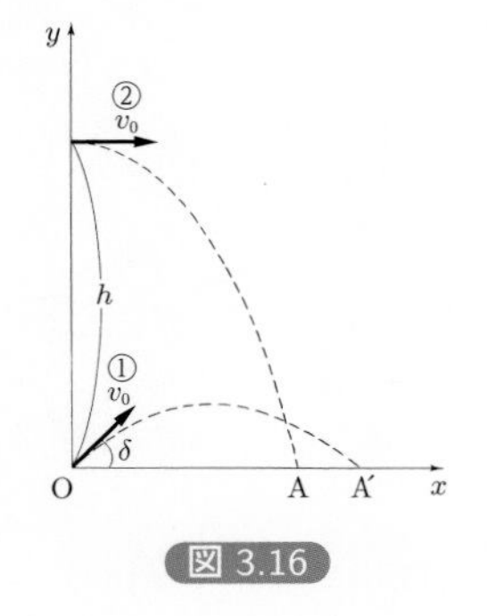

図 3.16

で場合分けをしたときに確認する．①，②で作用する力が共通なので，運動方程式も共通となり，位置を $\boldsymbol{r}(t)=x(t)\boldsymbol{i}+y(t)\boldsymbol{j}$ とすると

$$x \text{ 方向} \quad m\frac{\mathrm{d}^2x}{\mathrm{d}t^2}=0 \tag{1}$$

$$y \text{ 方向} \quad m\frac{\mathrm{d}^2y}{\mathrm{d}t^2}=-mg \tag{2}$$

となる．これらを解いて得られる運動は①，②で異なるが，それは初期条件の違いによる．

①の場合

この場合の初期条件は $t=0$ のとき $\boldsymbol{v}=(v_0\cos\delta)\boldsymbol{i}+(v_0\sin\delta)\boldsymbol{j}$，$\boldsymbol{r}=0\cdot\boldsymbol{i}+0\cdot\boldsymbol{j}$ である．式 (1)，(2) の両辺を m で割り，t で積分し，速度の初期条件を考慮すると，速度成分 v_x，v_y は

$$v_x(t)=\frac{\mathrm{d}x}{\mathrm{d}t}=v_0\cos\delta \tag{3}$$

$$v_y(t)=\frac{\mathrm{d}y}{\mathrm{d}t}=-gt+v_0\sin\delta \tag{4}$$

となる．式 (3)，(4) をさらに t で積分して，位置の初期条件を考慮すると，位置の成分 x, y は

$$x(t)=(v_0\cos\delta)t \tag{5}$$

$$y(t)=-\frac{1}{2}gt^2+(v_0\sin\delta)t \tag{6}$$

となる．したがって，打ち出されてから t だけ時間が経過したときの速度と位置は

$$\boldsymbol{v}(t)=\Big(v_0\cos\delta\Big)\,\boldsymbol{i}+\Big(-gt+v_0\sin\delta\Big)\,\boldsymbol{j} \tag{7}$$

$$\boldsymbol{r}(t)=\Big((v_0\cos\delta)t\Big)\,\boldsymbol{i}+\Big(-\frac{1}{2}gt^2+(v_0\sin\delta)t\Big)\,\boldsymbol{j} \tag{8}$$

である．

地面に落ちる時刻を求めるために，式 (6) で $y=0$ とおくと，

$$t\left(-\frac{1}{2}gt+v_0\sin\delta\right)=0 \tag{9}$$

であるので，これを t の方程式として解くことで，2 つの時刻

$$t=0 \qquad \text{（はじめの時刻）} \tag{10}$$

$$t=\frac{2v_0\sin\delta}{g} \qquad \text{（地面に落ちる時刻）} \tag{11}$$

を得る．式 (11) を式 (7)，(8) に代入すると，物体が地面に落ちたときの速度と位置は

$$\boldsymbol{v}=\Big(v_0\cos\delta\Big)\,\boldsymbol{i}+\Big(-v_0\sin\delta\Big)\,\boldsymbol{j} \tag{12}$$

$$\boldsymbol{r} = \left(\frac{2v_0^2 \cos\delta \sin\delta}{g}\right)\boldsymbol{i} + 0 \cdot \boldsymbol{j} \tag{13}$$

となる．

②の場合

この場合の初期条件は $t=0$ のとき $\boldsymbol{v} = v_0\,\boldsymbol{i} + 0 \cdot \boldsymbol{j}$，$\boldsymbol{r} = 0 \cdot \boldsymbol{i} + h\,\boldsymbol{j}$ である．式 (1)，(2) の両辺を m で割り，t で積分し，速度の初期条件を考慮すると，速度成分は

$$v_x(t) = \frac{\mathrm{d}x}{\mathrm{d}t} = v_0 \tag{14}$$

$$v_y(t) = \frac{\mathrm{d}y}{\mathrm{d}t} = -gt \tag{15}$$

となる．（式 (3)，(4) と比較せよ．）式 (14)，(15) をさらに t で積分して，位置の初期条件を考慮すると，位置の成分 x, y は

$$x(t) = v_0 t \tag{16}$$

$$y(t) = -\frac{1}{2}gt^2 + h \tag{17}$$

となる．（式 (5)，(6) と比較せよ．）したがって，打ち出されてから t だけ時間が経過したときの速度と位置は

$$\boldsymbol{v}(t) = v_0\,\boldsymbol{i} + (-gt)\,\boldsymbol{j} \tag{18}$$

$$\boldsymbol{r}(t) = (v_0 t)\,\boldsymbol{i} + \left(-\frac{1}{2}gt^2 + h\right)\boldsymbol{j} \tag{19}$$

である．

地面に落ちる時刻は，式 (17) で $y=0$ とおき，$t>0$ の解を求めればよく，

$$t = \sqrt{\frac{2h}{g}} \tag{20}$$

を得る．式 (20) を式 (18)，(19) に代入すると，物体が地面に落ちたときの速度と位置は

$$\boldsymbol{v} = v_0\,\boldsymbol{i} + (-\sqrt{2gh})\,\boldsymbol{j} \tag{21}$$

$$\boldsymbol{r} = v_0\sqrt{\frac{2h}{g}}\,\boldsymbol{i} + 0 \cdot \boldsymbol{j} \tag{22}$$

となる．（解答終）

2 方向の運動のため位置，速度，力をベクトルで表したが，1 成分ごとに運動方程式を解いていることに注意する．この例題では，x 成分（水

平方向成分）だけを見ると，水平方向に働く力がないので，等速直線運動の場合と同じ式が得られる．また，y 成分（鉛直方向成分）だけを見ると，重力のみが働くので，等加速度直線運動の場合と同じ式が得られ，方程式の解き方は例題 3.11 と同じものになる．

この例題を解くときに，① の場合の打ち出し地点を座標原点とし，そこから鉛直上向きに y 軸を設定したが座標軸の設定の仕方はこれだけではない．他には，例えば，② の場合の打ち出し地点を座標原点とし，そこから鉛直下向きに y 軸を設定することも考えられる．座標軸の設定を変えても起こる運動は変わらないが，運動を表す速度の式，位置の式は異なるものが得られるので，実際に計算をしてどのように変わるか確認するとよい．

3.3.4　方向が一定で大きさが変化する力の場合

方向が一定だが，大きさと向きが変化する力による運動には，抵抗をともなう落下運動や，振動（単振動，減衰振動，強制振動）が含まれる．位置や速度に依存する力を扱うため，いままでの例題のように簡単な積分で運動方程式を解くことができず，微分方程式を解くための数学の知識が多少必要となる．振動運動は節 3.4 で取り上げることとし，ここでは，抵抗をともなう落下運動のみを扱う．

大きさが変化する力として，粘性抵抗による力を考える．この力は速度に比例し，速度と逆向きに働く．力を $\boldsymbol{F}$，速度を $\boldsymbol{v}$，比例定数を $b > 0$ とすると，$\boldsymbol{F} = -b\boldsymbol{v}$ である．負の符号「$-$」は力が速度と逆向きに働くことを表す．速度の向きが変化すると，この力の向きも変化する．

以下の例題では，運動の方向が力の方向と一致する場合のみ取り上げる[*4]．このとき，力 $\boldsymbol{F}$ の方向に座標軸をとれば，1 方向の問題として扱うことができる．鉛直方向のみを考え，粘性抵抗による力を F，速度を v，比例定数を b とすれば，$F = -bv$ である．

*4　一般には，運動の方向が力の方向と異なっている場合も考えられるが，ここでは扱わない．

例題 3.13

空気による粘性抵抗を受けながら鉛直下向きに落下する質量 m の質点の運動を速度の時間変化に着目して調べよ．粘性抵抗による力は速度に比例し，比例定数を $b > 0$ とする．また，重力加速度の大きさを g とする．

解答

図 3.17 のように鉛直下向きに y 軸を設定する．速度を $v(t)$ とすると，鉛直下向きに落下しているときを考えるので $v(t) > 0$ である．この質点に作用する力は，重力 mg と粘性抵抗による力 $-bv$ である．初期条件は $t = 0$ のとき $v = 0$ とする．運動方程式は

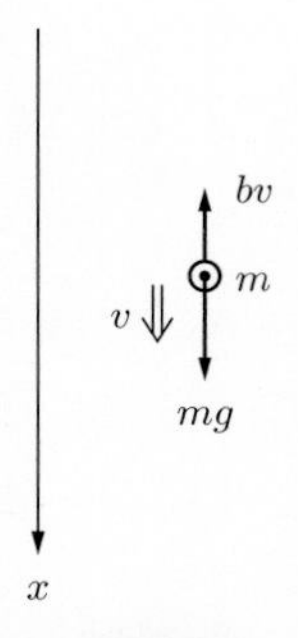

図 3.17

$$m\frac{\mathrm{d}v}{\mathrm{d}t} = mg - bv \tag{1}$$

となる．両辺を b で割って，さらに $V = \dfrac{mg}{b}$ とおくと

$$\frac{m}{b}\frac{\mathrm{d}v}{\mathrm{d}t} = V - v \tag{2}$$

となり，これを変形して

$$\frac{1}{V - v}\,\mathrm{d}v = \frac{b}{m}\,\mathrm{d}t \tag{3}$$

のように左辺と右辺の変数がそれぞれ v と t のみとなるようにする [*5]．この両辺を積分すると

$$\int \frac{1}{V - v}\,\mathrm{d}v = \int \frac{b}{m}\,\mathrm{d}t \tag{4}$$

となるので，C を任意定数として

$$-\ln|V - v| = \frac{b}{m}t + C \tag{5}$$

が得られる [*6]．さらに変形し，v が t の関数であることに注意して

$$|V - v(t)| = e^{-\frac{b}{m}t}e^{-C} \tag{6}$$

となる．初期条件 $t = 0$ のとき $v = 0$ を代入すると $e^{-C} = V = \dfrac{mg}{b}$ であるので，質点の速度は

$$v(t) = \frac{mg}{b}\left(1 - e^{-\frac{b}{m}t}\right) \tag{7}$$

となる．

この式より，質点の v–t 図は図 3.18 のようになる．落下開始直後 $\dfrac{b}{m}t$ が非常に小さいときには，速度が小さく粘性抵抗が無視できるため，質点はほぼ自由落下とみなせ，$v \fallingdotseq gt$ である．一方，十分な時間が経過すると，$t \to \infty$ で $e^{-\frac{b}{m}t} \to 0$ であるので，質点の速度は

$$v_\infty = \lim_{t\to\infty} v(t) = \frac{mg}{b} \tag{8}$$

*5　この例題の運動方程式のような

$$\frac{\mathrm{d}y}{\mathrm{d}x} = \frac{g(x)}{f(y)}$$

という形をした微分方程式を変数分離形の微分方程式といい，この微分方程式の一般解は，この式を

$$f(y)\mathrm{d}y = g(x)\mathrm{d}x$$

という形に変形し，この両辺を積分した

$$\int f(y)\mathrm{d}y = \int g(x)\mathrm{d}x$$

である．

*6　$\ln x$ は自然対数 e を底とした対数 $\log_e x$ のことである．

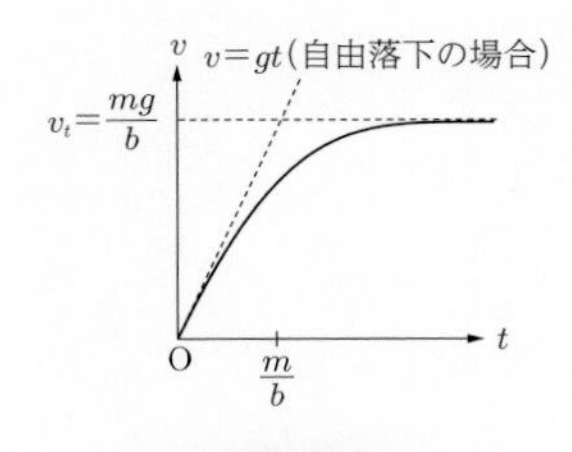

図 3.18

で表される一定値に近づく．（解答終）

十分な時間が経過して近づく速度の一定値 v_∞ を終端速度と呼ぶ．これは，時間の経過とともに質点の速度が増すにつれて粘性抵抗が増し，質点に作用する合力が 0 となるため，速度 v_∞ での等速直線運動となるという定性的な議論からも理解できる．雨滴が地面に落ちてくるときに速度が無限大とならないのはこのためである．速度が終端速度 v_∞ に達したときに合力が 0 になる，つまり，$mg - bv_\infty = 0$ となることから，これを解いて終端速度を

$$v_\infty = \frac{mg}{b} \tag{3-19}$$

と求めることもできる．

3.4 振動運動と運動方程式

ここがポイント！

(1) 単振動

運動方程式 $\dfrac{\mathrm{d}^2x}{\mathrm{d}t^2} = -\omega^2 x$（時刻 t，位置 x，角速度 ω）

一般解 $x(t) = a\cos(\omega t + \delta)$（振幅 a，初期位相 δ）

(2) 減衰振動

運動方程式 $m\dfrac{\mathrm{d}^2x}{\mathrm{d}t^2} = -kx - b\dfrac{\mathrm{d}x}{\mathrm{d}t}$

（質量 m，復元力 $-kx$，速度に比例する抵抗力 $-b\dfrac{\mathrm{d}x}{\mathrm{d}t}$）

$$\begin{cases} b^2 - 4mk < 0 \quad (b\text{ が小さい}) \longrightarrow \text{減衰振動} \\ b^2 - 4mk = 0 \quad \longrightarrow \text{臨界減衰} \\ b^2 - 4mk > 0 \quad (b\text{ が大きい}) \longrightarrow \text{過減衰} \end{cases}$$

(3) 強制振動

運動方程式 $m\dfrac{\mathrm{d}^2x}{\mathrm{d}t^2} = -kx + K\sin(\omega' t)$

（振動する強制力 $K\sin(\omega' t)$）

ω' が $\sqrt{\dfrac{k}{m}}$ に近いとき $\longrightarrow$ 共振

この節では，方向が一定だが大きさと向きが変化する力が作用する場合に起こる現象として，振動運動を取り上げる．振動運動には，単振動，減衰振動，強制振動などがあるが，単振動については基本となる運動方

程式とその一般解を確認し，例題を通して，どのようなときに単振動が起こるのかを見る．減衰振動，強制振動については，例題を通して，運動方程式とその解，運動の様子について確認する．

3.4.1 単振動の運動方程式

1 方向の運動を考え，時刻 t における質点の位置を x とする．ω を正の定数として，運動方程式が

$$\frac{\mathrm{d}^2x}{\mathrm{d}t^2} = -\omega^2 x \tag{3-20}$$

の形であるとき，以下で確認するように一般解は

$$x(t) = a\cos(\omega t + \delta) \tag{3-21}$$

となる．つまり，式 (3-20) のような形の運動方程式の解は，角振動数 ω の単振動となる．一般に，単振動を解にもつ式 (3-20) のような運動方程式を**単振動の運動方程式**という．

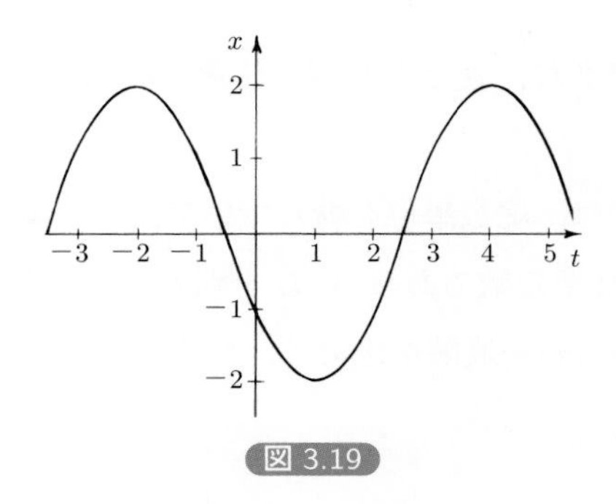

図 3.19

x–t 図は図 3.19 のようになる．なお，図には $a = 2$，$\omega = \dfrac{\pi}{3}$，$\delta = \dfrac{2\pi}{3}$ の場合を示した．また，式 (3-21) を微分して速度を求めてみると，

$$v(t) = \frac{\mathrm{d}x}{\mathrm{d}t} = -a\omega\sin(\omega t + \delta) \tag{3-22}$$

となり，これもやはり単振動であるが，v の振幅は x の振幅の ω 倍であることがわかる．また，式 (3-21)，(3-22) より x と v は位相が $\dfrac{\pi}{2}$ だけずれていることもわかる．周期 T は，時間 t が T だけ変化すれば位相が 2π 変化するということから求められる．すなわち

$$\{\omega(t+T)+\delta\} - \{\omega t + \delta\} = \omega T = 2\pi \tag{3-23}$$

より

$$T = \frac{2\pi}{\omega} \tag{3-24}$$

第 3 章 力と運動

である．このように周期または角振動数は，運動方程式からすぐにわかる．また，振幅 a と初期位相 δ は初期条件を与えれば決めることができる．

式 (3-20)

$$\frac{\mathrm{d}^2x}{\mathrm{d}t^2} = -\omega^2 x$$

式 (3-21)

$$x(t) = a\cos(\omega t + \delta)$$

運動方程式 (3-20) を解いて式 (3-21) を求めてみよう．一般的な微分方程式の解き方に従って解く．式 (3-20) に $x = e^{\alpha t}$（α は 0 でない定数）を代入すると，$\dfrac{\mathrm{d}^2}{\mathrm{d}t^2}e^{\alpha t} = \alpha^2 e^{\alpha t}$ なので，

$$\alpha^2 e^{\alpha t} = -\omega^2 e^{\alpha t} \tag{3-25}$$

となり，この式がどんな t のときでも成り立つことから，

$$\alpha = \pm i\,\omega \tag{3-26}$$

を得る．ここで i は虚数単位で $i^2 = -1$ である．よって $x_1(t) = e^{i\omega t}$ および $x_2(t) = e^{-i\omega t}$ はいずれも式 (3-20) の解である．さらに，これらに任意定数 A, B をかけて足し合わせた

$$x(t) = Ae^{i\omega t} + Be^{-i\omega t} \tag{3-27}$$

も式 (3-20) の解であり，独立な 2 個の任意定数 A, B を含むので，これが一般解である．

式 (3-27) の形では，虚数単位を含んでいて，どのような運動なのか想像しにくいため，任意定数である A, B を別のものに選び直して式 (3-27) を変形し，実数の形の一般解を求める．つまり，a, δ を新しい任意の実定数として，

$$A = \frac{a}{2}e^{i\delta}, \quad B = \frac{a}{2}e^{-i\delta} \tag{3-28}$$

とおき，式 (3-27) に代入して整理すると，

$$x(t) = \frac{a}{2}\left[e^{i(\omega t+\delta)} + e^{-i(\omega t+\delta)}\right] \tag{3-29}$$

となる．ここで

$$\frac{1}{2}\left(e^{i\theta} + e^{-i\theta}\right) = \cos\theta \tag{3-30}$$

であること（オイラーの公式）を使うと式 (3-21) が得られ，これも式 (3-20) の一般解である．

与えられた力を整理して，運動方程式を立てたとき，その運動方程式を式変形して，式 (3-20) の形になったならば，そのときに起こる運動は単振動であり，一般解が式 (3-21) で与えられる．以下の例題を通して，どのようなときに単振動が起こるかを見ていこう．

例題 3.14

フックの法則に従う質量が無視できるばねを，水平でなめらかな台にのせて一端を固定し，他端に質量 m の質点をつけて，自然の長さから l だけ伸ばして静かにはなした．このとき，質点の運動は単振動になることを証明し，周期，振幅，初期位相を求めよ．ただし，このばねのばね定数を $k>0$ とする．

解 答

図 3.20 のように，ばねが伸びる向きに x 軸をとり，質点の位置を x で表す．ばねが自然の長さにあるときの質点の位置を $x=0$ とする．水平でなめらかな台上の質点に作用する水平方向の力は，ばねの弾性力だけである．ばねの弾性力を f とするとフックの法則より $f=-kx$ である．初期条件は，時刻 $t=0$ のとき，位置 $x=l$，速度 $v=0$ である [*7]．質点の運動方程式は

$$m\frac{\mathrm{d}^2x}{\mathrm{d}t^2}=-kx \tag{1}$$

となる．ここで $\dfrac{k}{m}=\omega^2$ とおくと，式 (1) は式 (3-20) の形になっているので単振動の運動方程式であり，この質点の運動は角振動数 $\omega=\sqrt{\dfrac{k}{m}}$ の単振動となることがいえる．

*7 はなした瞬間を時間の基準にとった．また，「静かにはなす」は初速度が 0 であることを表している．

式 (3-20)
$$\frac{\mathrm{d}^2x}{\mathrm{d}t^2}=-\omega^2x$$

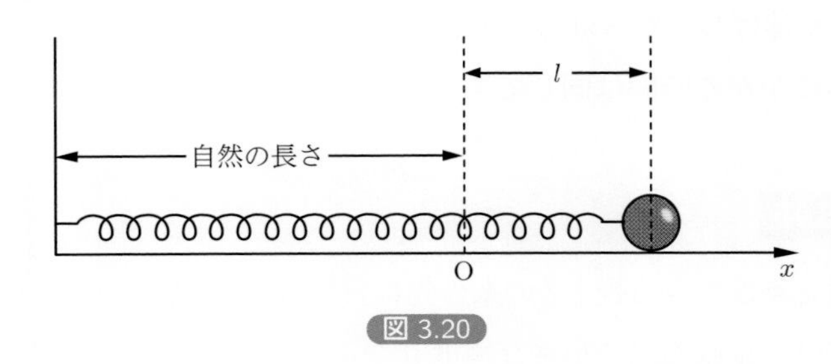

図 3.20

式 (1) の一般解は

$$x(t)=a\cos\left(\sqrt{\frac{k}{m}}t+\delta\right) \tag{2}$$

で周期は $T=2\pi\sqrt{\dfrac{m}{k}}$ である．このとき速度 v は，

$$v(t)=\frac{\mathrm{d}x}{\mathrm{d}t}=-a\sqrt{\frac{k}{m}}a\sin\left(\sqrt{\frac{k}{m}}t+\delta\right) \tag{3}$$

である．

次に，初期条件から任意定数である振幅 a，初期位相 δ を決める．初期条件は $t=0$ のとき $x=l$，$v=0$ であるので，これらを式 (2), (3) に代入すると，

$$a\cos\delta = l \tag{4}$$

$$-a\sqrt{\frac{k}{m}}\sin\delta = 0 \tag{5}$$

となり，式 (5) より $\sin\delta = 0$，よって $\delta = 0, \pm\pi, \pm 2\pi, \cdots$ となるので，初期位相は

$$\delta = 0 \tag{6}$$

としてよい．これを式 (4) に代入して，振幅は

$$a = l \tag{7}$$

と求められる．（解答終）

フックの法則に従うばねにつながれた質点の運動が，単振動の典型的な例である．振幅は初期条件によって決まる．この例題では静かにはなしているので，はなす前にどれだけ伸ばしていたかによって振幅が決まる．初速度を与えてはなした場合は，はなしたときの伸びと初速度によって振幅が決まる．また，角振動数やそこから求める周期は，ばね定数と質点の質量によって決まり，初期条件によらないことに注意する．つまり，小さく伸ばしてからはなしても，大きく伸ばしてからはなしても，1 回の振動にかかる時間は同じである．

例題 3.15

質量を無視できる長さ l の糸の先に質量 m の質点をつけ，鉛直に吊り下げ，鉛直面内で小さな角度 θ でふらせると，質点の運動は単振動となることを証明し，振動の周期を求めよ．ただし，重力加速度の大きさを g とする．

解 答

この問題では運動方程式が単振動の運動方程式になることを示せばよい．また，運動方程式から周期が決まる．つまり，運動方程式を解く必要がないので初期条件は確認しなくてもよい．図 3.21 のように座標軸をとり，質点の位置を，糸の支点を通る鉛直線から水平

方向へのずれ x，および，最下点からの上昇距離 y で表す．質点に働く力は糸の張力（大きさ S，糸の方向）と重力（大きさ mg，鉛直下向き）の 2 力である．各方向の運動方程式は

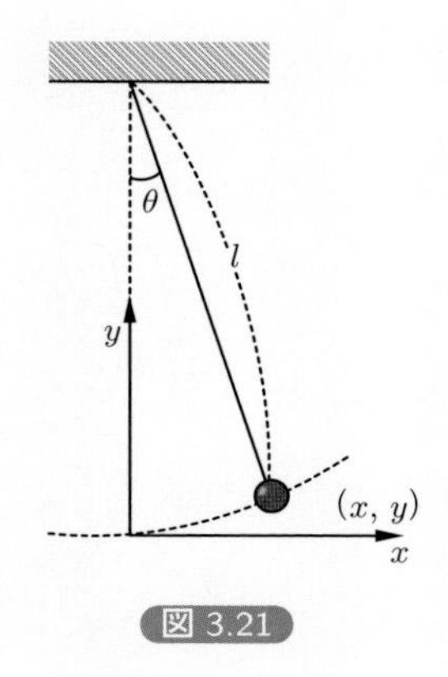

図 3.21

$$x\text{ 方向}\quad m\frac{\mathrm{d}^2x}{\mathrm{d}t^2} = -S\sin\theta \tag{1}$$

$$y\text{ 方向}\quad m\frac{\mathrm{d}^2y}{\mathrm{d}t^2} = S\cos\theta - mg \tag{2}$$

である．図 3.21 より $\sin\theta = \dfrac{x}{l}$ であるので，これを式 (1) に代入して

$$m\frac{\mathrm{d}^2x}{\mathrm{d}t^2} = -S\frac{x}{l} \tag{3}$$

となる．ここで，θ は小さな角度であるから，近似

$$\cos\theta \fallingdotseq 1 \tag{4}$$

が成り立ち，また，θ が小さいときは y 方向の運動は無視してよいから，加速度の y 方向成分を 0 と近似することができる．これらを考慮すると式 (2) は

$$0 \fallingdotseq S - mg \tag{5}$$

となる．これより $S = mg$ であり，これを式 (3) に代入すると，

$$\frac{\mathrm{d}^2x}{\mathrm{d}t^2} = -\frac{g}{l}x \tag{6}$$

となる．これは，$\omega^2 = \dfrac{g}{l}$ とおくと式 (3-20) の形をしているので，単振動の運動方程式であり，この質点の運動は角振動数 $\omega = \sqrt{\dfrac{g}{l}}$ の単振動となることがいえる．また，周期は

式 (3-20)

$$\frac{\mathrm{d}^2x}{\mathrm{d}t^2} = -\omega^2x$$

$$T = 2\pi\sqrt{\frac{l}{g}} \tag{7}$$

となる．（解答終）

この例題において，θ が小さくないときは式 (4)，(5) は成り立たない．そのときは，式 (1)，(2) を解くのは簡単ではなく，単振動にはならない．θ に小さな値を与えて，$\cos\theta$ と 1，および $\sin\theta$ と θ がどの程度一致するか確かめてみよ．

3.4.2　減衰振動の運動方程式

単振動は時間が経っても振幅が変わらず，周期運動を繰り返す．しかし，現実に見られる振動は時間とともに徐々に振幅が小さくなり，いずれ止まってしまう．これは，振動する物体が空気の抵抗力や外部と接触したときの摩擦力などを受けることにより，振動運動が妨げられるからである．この妨げる力が強いと振動をせずに止まることもある．ここでは，例題 3.14 のばねの復元力による質点の運動に，さらに速度に比例する抵抗力を加えた場合の運動を，例題を解きながら確認しよう．

例題 3.16

1 方向に運動する質量 m の質点を考え，その位置を x，速度を v とする．この質点が復元力 $-kx$ と速度に比例する抵抗力 $-bv$ を受けているときの運動を調べよ．ただし，$b > 0, k > 0$ である．

解 答

一般解を考えることとし，初期条件は確認しない．力は復元力 $-kx$ と速度に比例する抵抗力 $-bv$ の 2 力であるので，速度が $v = \dfrac{\mathrm{d}v}{\mathrm{d}t}$ であることに注意して，運動方程式は

$$m\frac{\mathrm{d}^2x}{\mathrm{d}t^2} = -kx - b\frac{\mathrm{d}x}{\mathrm{d}t} \tag{1}$$

である．単振動の運動方程式の解き方にならって，$x = e^{\alpha t}$ とおくと

$$\frac{\mathrm{d}}{\mathrm{d}t}e^{\alpha t} = \alpha e^{\alpha t}, \quad \frac{\mathrm{d}^2}{\mathrm{d}t^2}e^{\alpha t} = \alpha^2 e^{\alpha t} \tag{2}$$

であるので，これらを式 (1) に代入すると

$$m\alpha^2 e^{\alpha t} = -ke^{\alpha t} - b\alpha e^{\alpha t} \tag{3}$$

となり，整理して

$$\left(m\alpha^2 + b\alpha + k\right) e^{\alpha t} = 0 \tag{4}$$

を得る．この式がいつの時刻 t でも成り立つことから

$$m\alpha^2 + b\alpha + k = 0 \tag{5}$$

でなければならず，これを α について解くと，

$$\alpha = \frac{-b \pm \sqrt{b^2 - 4mk}}{2m} \tag{6}$$

の2つの解が得られる．これから，任意定数 A, B を用いて，式 (1) の一般解は

$$x(t) = Ae^{\alpha_1 t} + Be^{\alpha_2 t} \tag{7}$$

となる．ただし，

$$\alpha_1 = \frac{-b - \sqrt{b^2 - 4mk}}{2m}, \quad \alpha_2 = \frac{-b + \sqrt{b^2 - 4mk}}{2m} \tag{8}$$

である．α_1, α_2 が実数か虚数かによって，この解が表す運動が異なるため，以下のように場合分けをする．

① $b^2 - 4mk < 0$ の場合（抵抗力が比較的小さい場合）

式 (8) より，α_1, α_2 はともに虚数となる．正の実数 ω を $\omega = \dfrac{\sqrt{4mk - b^2}}{2m}$ のように置き，虚数単位を i を用いて，α_1, α_2 を

$$\alpha_1 = -\frac{b}{2m} - i\omega, \quad \alpha_2 = -\frac{b}{2m} + i\omega \tag{9}$$

と書くと，式 (7) で表される一般解は

$$\begin{aligned} x &= Ae^{\left(-\frac{b}{2m} - i\omega\right)t} + Be^{\left(-\frac{b}{2m} + i\omega\right)t} \\ &= e^{-\frac{b}{2m}t}\left(Ae^{-i\omega t} + Be^{i\omega t}\right) \end{aligned} \tag{10}$$

と変形できる．さらにここで a, δ を新しい任意の実定数として $A = \dfrac{a}{2}e^{-i\delta}$, $B = \dfrac{a}{2}e^{i\delta}$ とおき，式 (10) に代入すると，一般解が実数解として

$$x(t) = ae^{-\frac{b}{2m}t}\cos(\omega t + \delta) \tag{11}$$

と求められる．これは，振幅が時間とともに減衰する振動を表している．また，周期は $T = \dfrac{2\pi}{\omega} = \dfrac{4m\pi}{\sqrt{4mk - b^2}}$ となり，抵抗力のない場合（例題 3.14 参照）に比べて長くなる．

② $b^2 - 4mk > 0$ の場合（抵抗力が比較的大きい場合）

式 (8) より，α_1, α_2 はともに実数で $\alpha_1 < \alpha_2 < 0$ である．したがって，x は2つの減衰関数の和

$$x(t) = Ae^{\alpha_1 t} + Be^{\alpha_2 t} \tag{12}$$

となる．これは，時間とともに指数関数的に0に近づく，つまり，動きが止まることを表している．このように抵抗力が大きい場合には振動は起こらない．

③ $b^2 - 4mk = 0$ の場合

この場合は，$\alpha_1 = \alpha_2 = -\dfrac{b}{2m}$ となるので，式 (7) より，

$$x(t) = Ae^{-\frac{b}{2m}t} \tag{13}$$

は解であることがいえるが，2 階の微分方程式の一般解は必ず 2 個の独立した任意定数を含まなければならないので，式 (13) は一般解としては不十分である．そこで，式 (13) の A を時間の関数 $f(t)$ で置き換えた

$$x(t) = f(t)e^{-\frac{b}{2m}t} \tag{14}$$

を一般解の形と仮定し，式 (1) を満たすように $f(t)$ の関数形を求める．$x(t)$ の導関数，2 階導関数はそれぞれ

$$\frac{\mathrm{d}x}{\mathrm{d}t} = \frac{\mathrm{d}f}{\mathrm{d}t}e^{-\frac{b}{2m}t} - \frac{b}{2m}f(t)e^{-\frac{b}{2m}t} \tag{15}$$

$$\frac{\mathrm{d}^2x}{\mathrm{d}t^2} = \frac{\mathrm{d}^2f}{\mathrm{d}t^2}e^{-\frac{b}{2m}t} - \frac{b}{m}\frac{\mathrm{d}f}{\mathrm{d}t}e^{-\frac{b}{2m}t} + \frac{b^2}{4m^2}f(t)e^{-\frac{b}{2m}t} \tag{16}$$

であるので，これらを式 (1) に代入し，整理すると

$$m\frac{\mathrm{d}^2f}{\mathrm{d}t^2} + \frac{4mk - b^2}{4m}f(t) = 0 \tag{17}$$

を得る．ここで $4mk - b^2 = 0$ なので

$$\frac{\mathrm{d}^2f}{\mathrm{d}t^2} = 0 \tag{18}$$

となり，新たに任意定数を A, B として

$$f(t) = A + Bt \tag{19}$$

を得る．よって，これを式 (14) に代入すると，

$$x(t) = (A + Bt)e^{-\frac{b}{2m}t} \tag{20}$$

であり，これが一般解である．これは，① の運動と ② の運動の境界にあたる運動を表している．

(解答終)

この例題において，① の抵抗力が比較的小さい場合は，式 (11) で表されるように振幅が時間とともに減衰する振動となる．グラフに表すと図 3.22 の実線のようになる．これを**減衰振動**という．また，② の抵抗力が比較

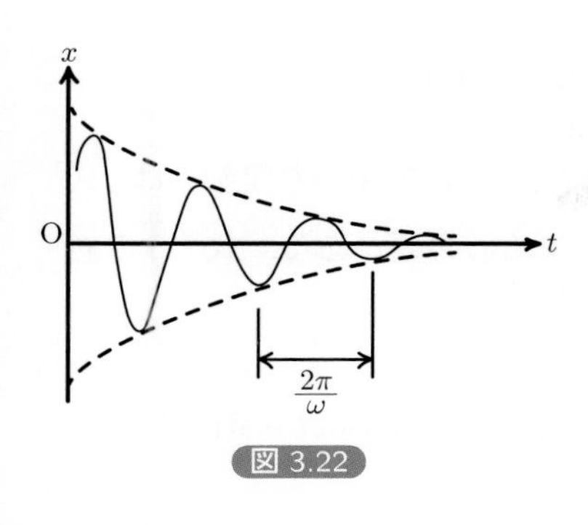

図 3.22

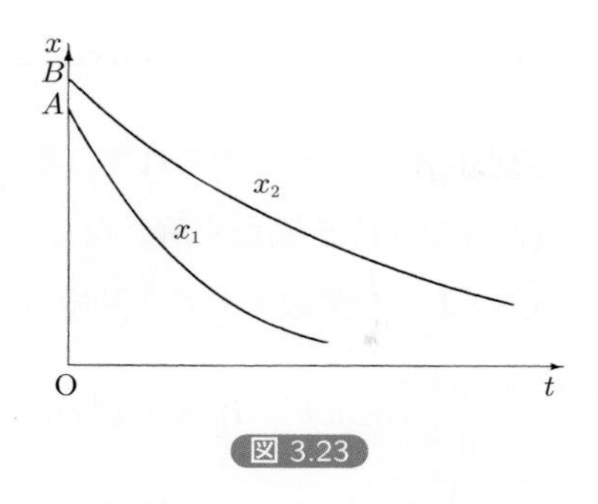

図 3.23

的大きい場合は，式 (12) で表されるように振動せずに動きが止まる．例として図 3.23 に $A>0$, $B>0$ の場合の $x_1=Ae^{\alpha_1 t}$, $x_2=Be^{\alpha_2 t}$ のグラフを示す．x_1, x_2 ともに時間とともに指数関数的に 0 に単調に漸近する減衰運動を表しており，その和である x も同様である．このような抵抗力が大きくて振動が起こらない運動を**過減衰**という．③ は，① の減衰振動と ② の過減衰の境界の場合であり，これを**臨界減衰**という．この場合も，過減衰と同様に振動せずに時間とともに 0 に近づくことから，② の過減衰とあわせて**非周期減衰運動**ともいう．

3.4.3　強制振動の運動方程式

ここでは，例題 3.14 のばねの復元力による質点の運動に，さらに周期的に振動する外力を加えた場合の運動を考える．次の例題を解きながら確認しよう．

例題 3.17

1 方向に運動する質量 m の質点を考え，その位置を x とする．この質点が復元力 $-kx$ と周期的に振動する外力 $K\sin(\omega' t)$ を受けているときの運動を調べよ．

解 答

一般解を考えることとし，初期条件は確認しない．力は復元力 $-kx$ と周期的に振動する外力 $K\sin(\omega' t)$ の 2 力であるので，運動方程式は

$$m\frac{\mathrm{d}^2 x}{\mathrm{d}t^2}=-kx+K\sin(\omega' t) \qquad (1)$$

となる．この形の微分方程式の一般解は $\omega=\sqrt{\dfrac{k}{m}}$ として，また，任意定数 a, δ を用いて

$$x(t) = a\cos(\omega t + \delta) + b\sin(\omega' t) \tag{2}$$

の形になることが知られている．ただし，ここで用いた定数bは，式(2)が式(1)を満たす解となるように決める必要がある．式(2)の右辺の2つの関数をtで2階微分すると，それぞれ

$$\frac{\mathrm{d}^2}{\mathrm{d}t^2}\cos(\omega t + \delta) = -\omega^2\cos(\omega t + \delta) = -\frac{k}{m}\cos(\omega t + \delta) \tag{3}$$

$$\frac{\mathrm{d}^2}{\mathrm{d}t^2}\sin(\omega' t) = -\omega'^2\sin(\omega' t) \tag{4}$$

であるので，これらを用いて，式(2)を式(1)に代入すると

$$m\left(-a\frac{k}{m}\cos(\omega t + \delta) - b\omega'^2\sin(\omega' t)\right)$$
$$= -k\left(a\cos(\omega t + \delta) + b\sin(\omega' t)\right) + K\sin(\omega' t) \tag{5}$$

となる．これを整理して得られる式

$$\left(-mb\omega'^2 + kb - K\right)\sin(\omega' t) = 0 \tag{6}$$

はいつの時刻tでも成り立つので，$-mb\omega'^2 + kb - K = 0$でなければならない．よって，これを$b$について解いて

$$b = \frac{K}{k - m\omega'^2} \tag{7}$$

を得るので，式(1)の一般解は

$$x(t) = a\cos(\omega_0 t + \delta) + \frac{K}{k - m\omega'^2}\sin(\omega' t) \tag{8}$$

となる．つまり，復元力のみによる角振動数ωの単振動と外力に同期した角振動数ω'の単振動が重なったものとなる．　（解答終）

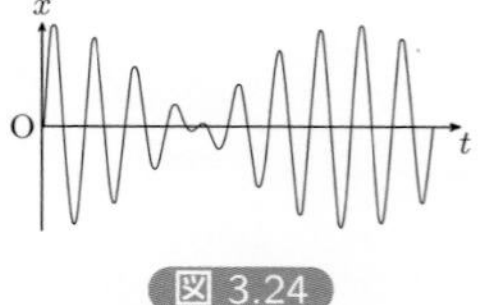

図 3.24

この例題で見られた振動を**強制振動**という（図 3.24）．ここで復元力のみによる角振動数ωの単振動は固有振動と呼ばれる．強制振動では固有振動に外力に同期した角振動数ω'の単振動が重なっている．ここで，外力の角振動数ω'が固有振動の角振動数ωに近付くと，式(8)の右辺第2項の振動は無限大に近づく．これを**共振**という．共振の状態では，振幅が異常に大きくなる（実際にこのような共振を起こさせると，摩擦などのために振幅はある程度より大きくはならない）．

3.5 発展：中心力による運動

この章の最後に，定点 O と質点とを結ぶ直線の方向に力が常に作用し，その力の大きさと向きが定点 O と質点との間の距離 r だけに依存して変化する場合を考えよう．このような力を**中心力**という．中心力の典型例には万有引力，また，本書では取り扱わないがクーロン力がある．中心力による運動を扱う場合は，直交座標 (x, y) ではなく極座標 (r, θ) を用いた方が便利なことが多い．そこで，まず，極座標での運動方程式の表し方を求めよう．次に，中心力として万有引力を取り上げ，このときに実現する運動を見ていこう．

3.5.1 中心力のもとでの質点の運動方程式

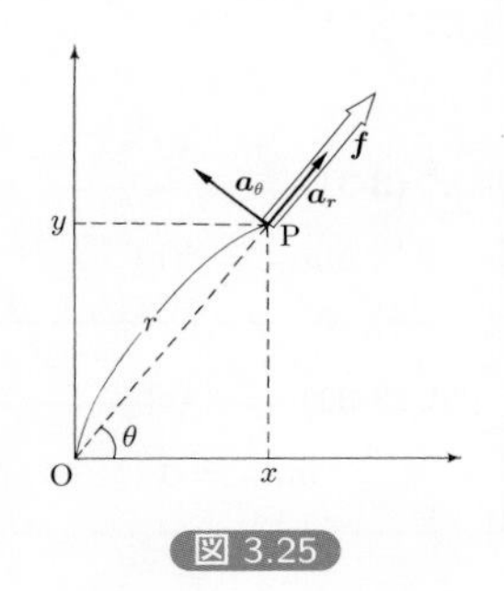

図 3.25

いま，中心力のみが働く質量 m の質点を考え，その位置を点 P とする．極座標 (r, θ) は，直交座標 (x, y) に対して図 3.25 のように定義する．中心力は，$\overrightarrow{\mathrm{OP}}$ の方向（r が増える向きを正にとり，「r 方向」とも呼ぶ）のみ 0 ではなく，$\overrightarrow{\mathrm{OP}}$ に垂直な方向（θ が増える向きを正にとり，「θ 方向」とも呼ぶ）は 0 であり，その大きさは r のみに依存する．したがって，中心力の大きさを $f(r)$，r 方向と θ 方向の加速度成分を a_r と a_θ と表すと，それぞれの方向の運動方程式は，

$$ma_r = f(r) \tag{3-31}$$

$$ma_\theta = 0 \tag{3-32}$$

となる．

次に，a_r, a_θ を r, θ およびこれらを t で微分したものによって表してみる．直交座標 (x, y) と極座標 (r, θ) の関係は図 3.25 より

$$x = r\cos\theta \tag{3-33}$$

$$y = r\sin\theta \tag{3-34}$$

である．これを時間 t で微分すると，

$$\frac{\mathrm{d}x}{\mathrm{d}t} = \frac{\mathrm{d}r}{\mathrm{d}t}\cos\theta + r\,(-\sin\theta)\,\frac{\mathrm{d}\theta}{\mathrm{d}t} \tag{3-35}$$

$$\frac{\mathrm{d}y}{\mathrm{d}t} = \frac{\mathrm{d}r}{\mathrm{d}t}\sin\theta + r\,(\cos\theta)\,\frac{\mathrm{d}\theta}{\mathrm{d}t} \tag{3-36}$$

となる．これをさらに時間 t で微分すると，直交座標での加速度成分 $a_x = \dfrac{\mathrm{d}^2x}{\mathrm{d}t^2}$，$a_y = \dfrac{\mathrm{d}^2y}{\mathrm{d}t^2}$ はそれぞれ，

$$a_x = \frac{\mathrm{d}^2 r}{\mathrm{d}t^2}\cos\theta - 2\frac{\mathrm{d}r}{\mathrm{d}t}(\sin\theta)\frac{\mathrm{d}\theta}{\mathrm{d}t} - r(\cos\theta)\left(\frac{\mathrm{d}\theta}{\mathrm{d}t}\right)^2 - r(\sin\theta)\frac{\mathrm{d}^2\theta}{\mathrm{d}t^2} \tag{3-37}$$

$$a_y = \frac{\mathrm{d}^2 r}{\mathrm{d}t^2}\sin\theta + 2\frac{\mathrm{d}r}{\mathrm{d}t}(\cos\theta)\frac{\mathrm{d}\theta}{\mathrm{d}t} - r(\sin\theta)\left(\frac{\mathrm{d}\theta}{\mathrm{d}t}\right)^2 + r(\cos\theta)\frac{\mathrm{d}^2\theta}{\mathrm{d}t^2} \tag{3-38}$$

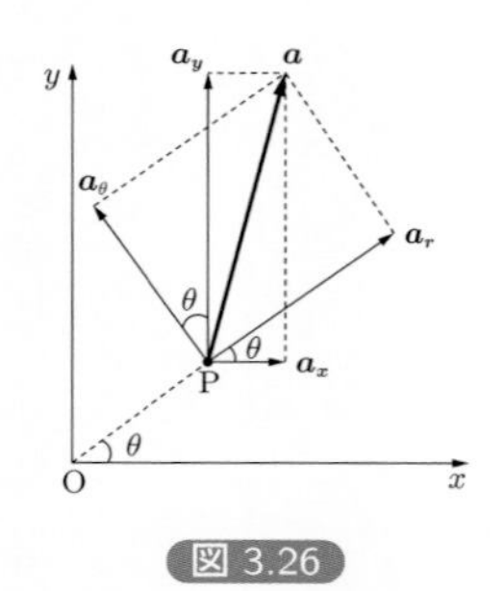

図 3.26

となる．次に図 3.26 より，a_r, a_θ と a_x, a_y との関係は

$$a_r = a_x\cos\theta + a_y\sin\theta \tag{3-39}$$

$$a_\theta = -a_x\sin\theta + a_y\cos\theta \tag{3-40}$$

である．式 (3-37)，(3-38) を式 (3-39)，(3-40) に代入すると，a_r, a_θ を r, θ およびこれらを t で微分したもので表せるので，これらをさらに式 (3-31)，式 (3-32) に代入すると，

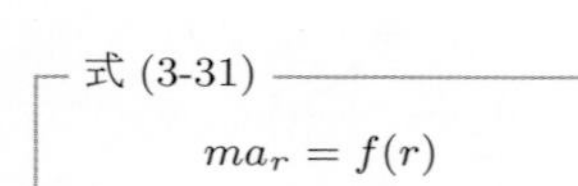

式 (3-31)

$$ma_r = f(r)$$

式 (3-32)

$$ma_\theta = 0$$

$$m\left\{\frac{\mathrm{d}^2 r}{\mathrm{d}t^2} - r\left(\frac{\mathrm{d}\theta}{\mathrm{d}t}\right)^2\right\} = f(r) \tag{3-41}$$

$$m\left(2\frac{\mathrm{d}r}{\mathrm{d}t}\frac{\mathrm{d}\theta}{\mathrm{d}t} + r\frac{\mathrm{d}^2\theta}{\mathrm{d}t^2}\right) = 0 \tag{3-42}$$

となる．これが求める中心力の場合の極座標での運動方程式である．

なお，式 (3-42) の両辺に $\dfrac{r}{m}$ をかけると，

$$2r\frac{\mathrm{d}r}{\mathrm{d}t}\frac{\mathrm{d}\theta}{\mathrm{d}t} + r^2\frac{\mathrm{d}^2\theta}{\mathrm{d}t^2} = 0 \tag{3-43}$$

が成り立つが，これは

$$\frac{\mathrm{d}}{\mathrm{d}t}\left(r^2\frac{\mathrm{d}\theta}{\mathrm{d}t}\right) = 0 \tag{3-44}$$

と変形できる．これより任意定数を C として

$$r^2\frac{\mathrm{d}\theta}{\mathrm{d}t} = C \tag{3-45}$$

が導かれる．ここで，$r\dfrac{\mathrm{d}\theta}{\mathrm{d}t}$ は O のまわりの回転の速さを表し，これに mr をかけて得られる量 $L = mr^2\dfrac{\mathrm{d}\theta}{\mathrm{d}t}$ を O のまわりの角運動量 [*8] という．式 (3-45) は L が一定という意味も表している．これを角運動量保存の法則といい，中心力による運動のもとでは常に成り立つ．

＊8　角運動量，角運動量保存の法則は第 5 章で学ぶ．

3.5.2　万有引力のもとでの運動

ここでは，中心力の典型例である万有引力が作用する場合に，運動方

程式 (3-41)，(3-42) を解いて，実現する運動を見ていこう [*9]．万有引力の場合は k を正の定数として，

$$f(r) = -\frac{k}{r^2} \tag{3-46}$$

と表される．これを式 (3-41) に代入し，r 方向の運動方程式は

$$m\left\{\frac{\mathrm{d}^2 r}{\mathrm{d}t^2} - r\left(\frac{\mathrm{d}\theta}{\mathrm{d}t}\right)^2\right\} = -\frac{k}{r^2} \tag{3-47}$$

となる．θ 方向の運動方程式 (3-42) より式 (3-45) が得られるので，

$$\frac{\mathrm{d}\theta}{\mathrm{d}t} = \frac{C}{r^2} \tag{3-48}$$

である．C は任意定数である．これを式 (3-47) に代入すると

$$\frac{\mathrm{d}^2 r}{\mathrm{d}t^2} - \frac{C^2}{r^3} = -\frac{k}{mr^2} \tag{3-49}$$

を得る．ここで $r = \dfrac{1}{u}$ と変換すると，r の t での微分は

$$\frac{\mathrm{d}r}{\mathrm{d}t} = \frac{\mathrm{d}\theta}{\mathrm{d}t}\frac{\mathrm{d}r}{\mathrm{d}\theta} = \frac{C}{r^2}\frac{\mathrm{d}}{\mathrm{d}\theta}\left(\frac{1}{u}\right) = Cu^2\left(-\frac{1}{u^2}\frac{\mathrm{d}u}{\mathrm{d}\theta}\right) = -C\frac{\mathrm{d}u}{\mathrm{d}\theta} \tag{3-50}$$

となる．式変形に式 (3-48) を用いた．これをさらに t で微分したものは

$$\frac{\mathrm{d}^2 r}{\mathrm{d}t^2} = -C\frac{\mathrm{d}}{\mathrm{d}t}\left(\frac{\mathrm{d}u}{\mathrm{d}\theta}\right) = -C\frac{\mathrm{d}\theta}{\mathrm{d}t}\frac{\mathrm{d}}{\mathrm{d}\theta}\left(\frac{\mathrm{d}u}{\mathrm{d}\theta}\right) = -C^2u^2\frac{\mathrm{d}^2 u}{\mathrm{d}\theta^2} \tag{3-51}$$

となるので，式 (3-51) を式 (3-49) に代入すると

$$\frac{\mathrm{d}^2 u}{\mathrm{d}\theta^2} + u = \frac{k}{mC^2} \tag{3-52}$$

が得られる．これは，右辺を 0 とすれば単振動の運動方程式と同じ形である．よって，任意定数を A, θ_0 として，式 (3-52) の一般解は

$$u(\theta) = A\cos(\theta+\theta_0) + \frac{k}{mC^2} \tag{3-53}$$

と表されるので，求める式 (3-49) の一般解は

$$r(\theta) = \frac{1}{A\cos(\theta+\theta_0) + \dfrac{k}{mC^2}} = \frac{\dfrac{mC^2}{k}}{1 + \dfrac{mC^2}{k}A\cos(\theta+\theta_0)} \tag{3-54}$$

となる．ここで，$\dfrac{mC^2}{k} = c$, $cA = e$ とおくと，

$$r(\theta) = \frac{c}{1 + e\cos(\theta+\theta_0)} \tag{3-55}$$

*9　ニュートンは地上での物体の落下運動と天体の運動とが同じ法則に基づくものだと見抜き，万有引力の法則を見出した．逆に，万有引力の法則からはじめて，運動方程式を解くことにより地上での物体の落下運動，天体の運動を表す式を導びくことができる．地上にある物体の場合には，節 3.2 で取り上げたように，万有引力を式 (3-4) のように近似すれば，例題 3.10, 3.11, 3.12 のように考えることができる．天体の運動の場合は，ここで見るように近似をせずに運動方程式を解いていくと，惑星の描く楕円軌道を解の 1 つとして求めることができる．

という形に一般解を変形できる．式 (3-55) がどんな図形を表すか調べるために，r, θ 座標を x, y 座標に直してみる．x, y をあらためて

$$x = r\cos(\theta+\theta_0) \tag{3-56}$$

$$y = r\sin(\theta+\theta_0) \tag{3-57}$$

とおく．式 (3-55) より $r + re\cos(\theta+\theta_0) = c$ となり，これを変形して

$$r^2 = \{c - re\cos(\theta+\theta_0)\}^2 \tag{3-58}$$

を得る．左辺に $r^2 = x^2 + y^2$ を用いて，右辺に式 (3-56) を代入すると

$$x^2 + y^2 = (c - ex)^2 \tag{3-59}$$

となり，さらに

$$(1 - e^2)x^2 + 2cex + y^2 = c^2 \tag{3-60}$$

と変形できる．式 (3-60) で表される一般解は，e の値によって，つまり，初期条件の違いによって，図 3.27 に表されるような，以下の 4 つの運動に場合分けすることができる．

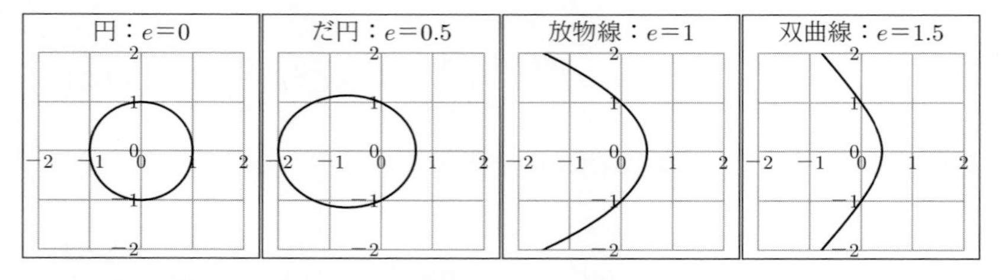

図 3.27　現れる 4 つの運動パターン（いずれも $c = 1.0$ としている）

① $e = 0$ のとき円運動
② $0 < e^2 < 1$ のとき楕円運動
③ $e^2 = 1$ のとき放物線運動
④ $e^2 > 1$ のとき双曲線運動

4 つの運動のうち，① の円運動または ② の楕円運動が惑星の運動である．

基本問題

3.1. 直交座標の原点におかれた質量 2.0 kg の質点に対して，3 つの力 $\boldsymbol{F}_1 = -\sqrt{2}\boldsymbol{i} + \boldsymbol{j}$, $\boldsymbol{F}_2 = \sqrt{2}\boldsymbol{i} - 3\boldsymbol{j}$, $\boldsymbol{F}_3 = x\boldsymbol{i} + y\boldsymbol{j}$ が作用している．この質点が静止しているとき，x, y の値を求めよ．ただし，力の単位を N とする．

3.2. 直交座標の原点におかれた質量 5.0 kg の質点に対して，3 つの力 $\boldsymbol{F}_1 = -\sqrt{2}\boldsymbol{i}$, $\boldsymbol{F}_2 = \sqrt{2}\boldsymbol{i} - 3\boldsymbol{j}$, $\boldsymbol{F}_3 = 2\boldsymbol{i} + \boldsymbol{j}$ が作用している．このとき，質点に生じる加速度の大きさと向き（x 軸からの角度）を求めよ．ただし，力の単位を N とする．

3.3. 図 3.28 の (1)〜(3) の物体 A に働いている力をすべて図示せよ（力を表すベクトルを図に書き，それぞれの力の名前を書け）.

(1) 真空中に投げ出された後，放物運動をしている物体 A

(2) 水平な台の上で静止した物体 A

(3) 上から糸でつり下げられ，下に糸で別の物体 B が取り付けられた状態で静止している物体 A

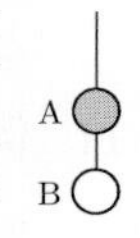

図 3.28

3.4. 図 3.29 のように水平面からなす角 θ のあらい斜面上で静止している質量 m の物体がある．この物体に働いている力をすべて図示せよ（力を表すベクトルを図に書き，それぞれの力の名前を書け）.

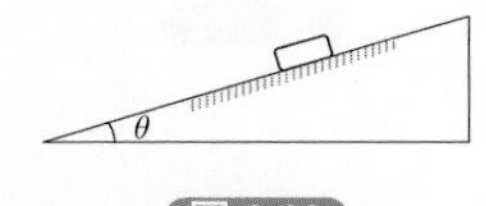

図 3.29

3.5. 次の問いに答えよ．重力加速度の大きさを 9.8 m/s^2 とする．

(1) 質量 30 kg の物体に作用する重力の大きさを求めよ．

(2) ばね定数 98 N/m のばねの下端に質量 400 kg のおもりを取り付けたときのばねの伸びを求めよ．

(3) 水平な台の上に 30 kg の物体が置かれている．台と物体との間の静止摩擦係数が 0.30 の場合，いくつ以上の大きさの力を水平に加えれば，物体を動かすことができるか求めよ．

3.6. 2 つの物体 A（質量 m_1），B（質量 m_2）を質量が無視できる糸で結んで鉛直にたらし A を上にして大きさ F の力で引っ張り上げるとき，物体に生じる加速度の大きさ，および，糸の張力の大きさを求めよ．ただし，糸は伸び縮みしないものとし，重力加速度の大きさを g とする．

3.7. 図 3.30 のように，角 θ のなめらかな斜面にそって，上方に，大きさ P の力を質量 m の物体に作用させた．このときの物体に生じる加速度の大きさ，および，物体が斜面から受ける垂直抗力の大きさを求めよ．ただし，重力加速度の大きさを g とする．

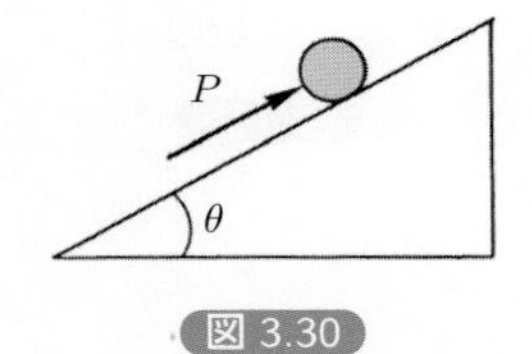

図 3.30

3.8. 図 3.31 のように水平面となす角が θ の斜面にそって，大きさ F の力で質量 m の物体を引き上げた．物体が斜面から受ける垂直抗力の大きさと小物体の斜面方向の加速度の大きさを求

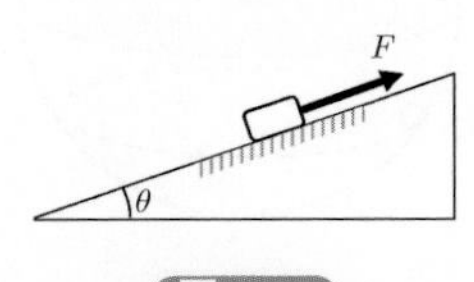

図 3.31

めよ．ただし，物体は転がらずに斜面にそって動くものとし，重力加速度の大きさを g，斜面と物体との間の動摩擦係数を μ' とする．

3.9. 例題 3.9 を，座標軸の正の向きを制動力の向きに設定して解き，最後に得られる答えが同じになることを確認せよ．

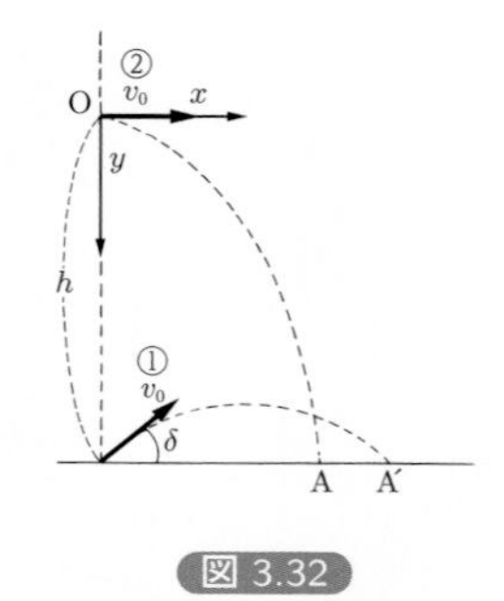

図 3.32

3.10. 例題 3.11 を，鉛直下向きに y 軸をとり，投げ上げ地点を $y = 0$ として解き，例題で求めた位置，速度と比較せよ．

3.11. 例題 3.12 の座標軸を図 3.32 のようにとって解いてみよ．① の場合，地面に達したときの速度は初速度に対しどんな向きになっているか．また，大きさを比較せよ．② の場合，地面に達したときの速度は，初速度と自由落下したときの速度をベクトル的に加えたものであることを確かめよ．

3.12. $30\,\mathrm{m/s}$ の速さで動き出した質量 $10\,\mathrm{kg}$ の質点がこの初速度に対し 90° の方向に，$1200\,\mathrm{N}$ の力を受け続けたとき，動き出してから 2 秒の間の移動距離を求めよ．

3.13. ばね定数 k のばねを鉛直にたらし，質量 m の質点をつけ，自然の長さの位置から初速度 0 ではなすと，単振動になることを示し，最大の伸びを求めよ．重力加速度の大きさを g とする．

発展問題

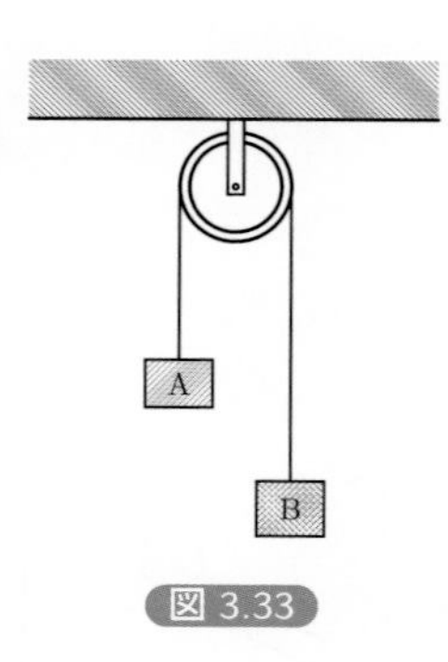

図 3.33

3.14. 図 3.33 のように質量が無視できる滑車をとおして，質量が無視できる糸で結ばれた 2 つの物体 A（質量 m_1），B（質量 m_2）をつり下げると，A が下がる向きに動いたという．このとき，物体に生じる加速度の大きさ，および，糸の張力の大きさを求めよ．ただし，滑車はなめらかに動くものとし，糸は伸び縮みしないものとする．また，重力加速度の大きさを g とする．

3.15. エレベータに質量 M の人が乗っている．このエレベータが次のような運動をするとき，人が床を押す力を求めよ．ただし，重力加速度の大きさを g とする．

(a) エレベータが加速度 a で上昇している．

(b) エレベータが等速で上昇している．

(c) エレベータが自由降下している．

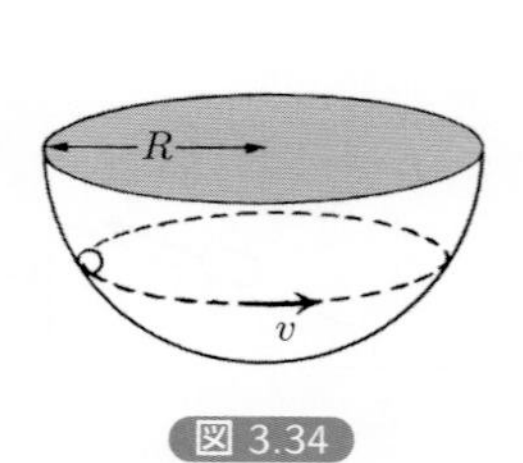

図 3.34

3.16. 図 3.34 のように，内面がなめらかな半径 R の半球の内側を質量 m の質点が速さ v で等速円運動している．物体の円運動の半径，および，物体が面から受ける垂直抗力の大きさを求めよ．

3.17. 長さ l の糸の先に質量 m の物体がつけられている．糸が鉛直と角 θ を保った状態で，物体が水平面内で等速円運動している（図 3.35）．糸の張力および回転の角速度を求めよ．ただし，重力加速度の大きさを g とする．

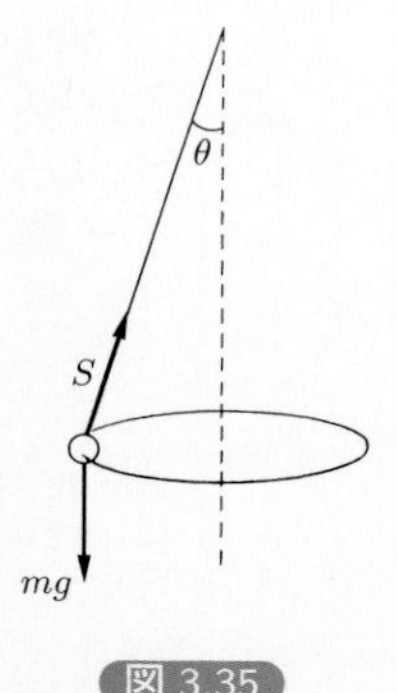

図 3.35

3.18. 地上から真上に物体を投げ上げた．物体が高さ $24.5\,\mathrm{m}$ の地点を，上向きに通過してから最高点を通って下向きに通過するまでの時間が $4.00\,\mathrm{s}$ であったという．投げ上げたときの速度の大きさを求めよ．ただし，重力加速度の大きさを $9.80\,\mathrm{m/s^2}$ とする．

3.19. 図 3.36 のような，角度 θ のなめらかな斜面上のある点 P からボールを斜面にそって打ち出す．P から水平線にそって距離 l のところ点 Q に穴がある．点 P から打ち出されたボールが穴に入るには，初速 v_0 と打つ角度 δ との間にどんな関係があるべきか．ただし，運動は斜面内で起こるとする．また，重力以外の力は考えず，重力加速度の大きさを g とする．

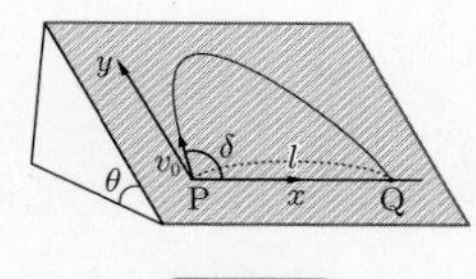

図 3.36

3.20. 図 3.37 のように高さ h のところを一定の速さ v で水平飛行している飛行機が，点 A の真上で物体を静かに投下すると，物体は点 A から l だけ離れた点 B に着地した．飛行機の速さ v を求めよ．

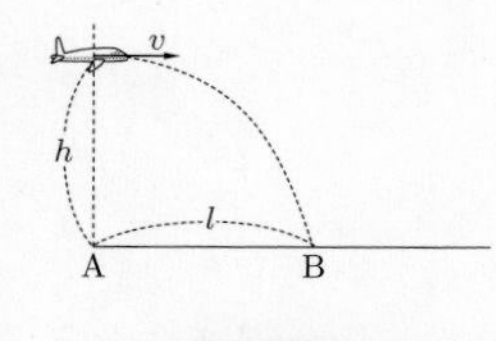

図 3.37

3.21. 曲率半径 r の球状のなめらかなおわんの底で，質点に小さな往復運動をさせるとき，単振動になることを示し，周期を求めよ．

3.22. 中心力による運動で，$f(r) = -f_0$（f_0 は正の定数）のとき，$r = r_0$（一定）が解であることを証明し，回転の速さ v と f_0, r_0 の関係を求めよ．またこのとき，力の中心点（定点）を通る直線への質点の射影の運動は，単振動となることを証明せよ．

第4章

仕事とエネルギー

学習のポイント

(1) 物体に力を加えて物体がその力の向きに動いたとき，その力は「仕事」をしたといい，

(力がした仕事) = (移動方向に沿う力の成分) × (移動距離)

で表される．これを一般的に表すと，物体が経路Cに沿って移動する間に，物体に働く力 $\boldsymbol{F}$ がした仕事 W は

$$W = \int_{\mathrm{C}} \boldsymbol{F} \cdot \mathrm{d}\boldsymbol{s}$$

と表される（$\mathrm{d}\boldsymbol{s}$ は微小な変位）．

(2)「エネルギー」とは，物体や系がもつ仕事をする能力のことである．

① 運動エネルギー K：物体の質量 m と速度 $\boldsymbol{v}$ を用いて，$K = \dfrac{1}{2}m\boldsymbol{v}^2$ と表される．

② ポテンシャル・エネルギー U：保存力 $\boldsymbol{F}$ に対して $U = -\displaystyle\int_{\mathrm{P}}^{\mathrm{A}} \boldsymbol{F} \cdot \mathrm{d}\boldsymbol{s}$.

U は点Pを基準としたときの点Aでの値として定義される．

* 保存力：経路によって仕事が変わらない力のこと．
  例えば，重力，万有引力，ばねの弾性力など．
* 非保存力：経路によって仕事が変わる力のこと．
  例えば，抵抗力，摩擦力など．

ポテンシャル・エネルギーの例：

・重力によるポテンシャル・エネルギー　$U = mgh$
　（g は重力加速度の大きさ，h は基準からの高さ）

・ばねの弾性力によるポテンシャル・エネルギー　$U = \dfrac{1}{2}kx^2$
　（k はばね定数，x はばねの伸び）

(3) 力学的エネルギー保存の法則

物体に対して仕事をするのが保存力のみである場合，物体がもつ運動エネルギー K とポテンシャル・エネルギー U の和である「力学的エネルギー」は運動中に変化しない．つまり，$K + U =$ 一定 である．

4.1 仕事

ここがポイント！

物体に作用する力 $\boldsymbol{F}$ がする仕事 W は，次の式から求められる．

(1) 力 $\boldsymbol{F}$ が一定で，$\boldsymbol{F}$ の方向と物体の移動方向（変位ベクトル $\boldsymbol{s}$）が一致する場合

$$W = Fs \quad (\text{外力の大きさ } F \times \text{ 移動距離 } s)$$

(2) 力 $\boldsymbol{F}$ が一定だが，$\boldsymbol{F}$ の方向と物体の移動方向（変位ベクトル $\boldsymbol{s}$）が一致しない場合

$$W = \boldsymbol{F} \cdot \boldsymbol{s} = Fs\cos\theta$$

（移動方向に沿う力の成分 $F\cos\theta \times$ 移動距離 s）

(3) 物体の移動経路が曲線 C で表され，力 $\boldsymbol{F}$ が経路上で変化する場合

$$W = \int_{\mathrm{C}} \boldsymbol{F} \cdot \mathrm{d}\boldsymbol{s}$$

単位時間あたりにする仕事を仕事率（パワー）P という．

$$P = \frac{W}{t} \qquad \left(\text{仕事率} = \frac{\text{仕事}}{\text{時間}}\right)$$

物理学における「仕事」は，物体が力を受けて移動したときに，物体が受けた力と物体の位置の変化とから定義される量である．日常生活で用いられる「仕事」とは異なることに注意する．物体のさまざまな運動に対して，物理学における「仕事」を求められるように，簡単な運動の場合から順を追って考える．

(1) 力の向きと移動の向きが同じ場合

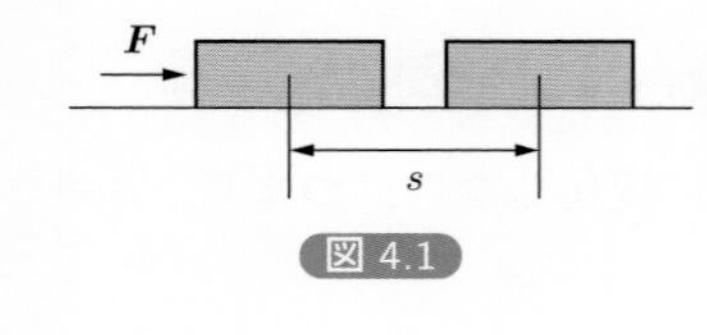

図 4.1

図 4.1 のように，床に置かれた物体が一定の力 $\boldsymbol{F}$ を受け，この力 $\boldsymbol{F}$ により物体が床に沿って力を受けた向きに距離 s だけ移動したとする．このとき，力 $\boldsymbol{F}$ の大きさを F とすると，仕事 W は

$$W = Fs \tag{4-1}$$

（仕事 W = 力の大きさ $F \times$ 移動距離 s）

と定義される．すなわち，力の大きさと物体の移動距離との積を，その

力がした**仕事**，あるいは，物体が外力によってされた仕事という．力の単位をN（ニュートン），移動距離の単位をmとしたとき，仕事の単位はN·mとなり，これをJ（ジュール）で表す．

(2) 力の向きと移動の向きが一致しない場合

図4.2のように，床に置かれた物体が床面に対して斜め上方に一定の力 $\boldsymbol{F}$ を受け，この力 $\boldsymbol{F}$ により物体の位置が床に沿って $\boldsymbol{s}$ だけ変化したとする．このとき，$\boldsymbol{F}$ がした仕事 W は，

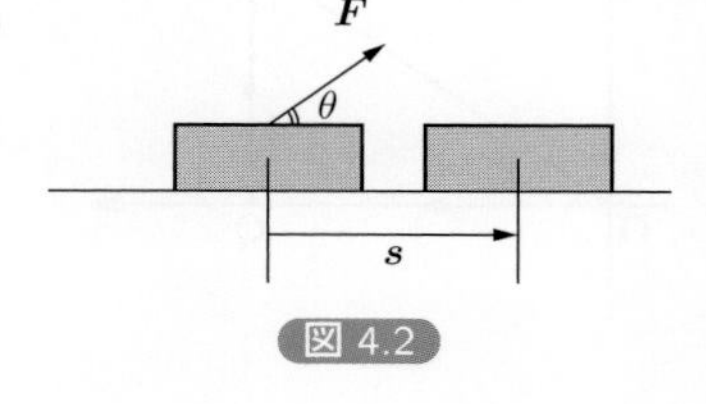

図4.2

$$W = \boldsymbol{F} \cdot \boldsymbol{s} = Fs\cos\theta \tag{4-2}$$

（仕事 W = 移動方向に沿う力の成分 $F\cos\theta$ × 移動距離 s）

となり，$\boldsymbol{F}$ と $\boldsymbol{s}$ とのスカラー積で表される．ここで，力 $\boldsymbol{F}$ の大きさが F，位置の変化（変位ベクトル）$\boldsymbol{s}$ の大きさが移動距離 s である．また，θ は力の方向と移動方向とのなす角である．$\boldsymbol{F}$ と $\boldsymbol{s}$ はベクトルであるが，仕事 W はスカラーであることに注意する．

(3) 力の大きさや方向，物体の移動の方向が変化する場合

図4.3のように，物体が力 $\boldsymbol{F}$ を受け，この力 $\boldsymbol{F}$ により物体が曲線Cに沿って P_0 から P_1 まで移動したとする．このとき，物体が経路C上を進むにつれて，物体が受ける力 $\boldsymbol{F}$ の大きさや向きが変化してもよいものとする．経路Cは曲がっているが，図4.4 (a) のように十分に細かい区間に分けると1つ1つの区間では直線と見なされる．その短い区間の1つを取り出して描いたのが図4.4 (b) である．これは，図4.2を小さくしたものと同様であるので，この区間では力 $\boldsymbol{F}$ が一定であると見なすことができる．この区間，すなわち微小な変位ベクトル $\mathrm{d}\boldsymbol{s}$ を移動する間に力 $\boldsymbol{F}$ がする微小な仕事 $\mathrm{d}W$ は，式 (4-2) と同じように考えて，

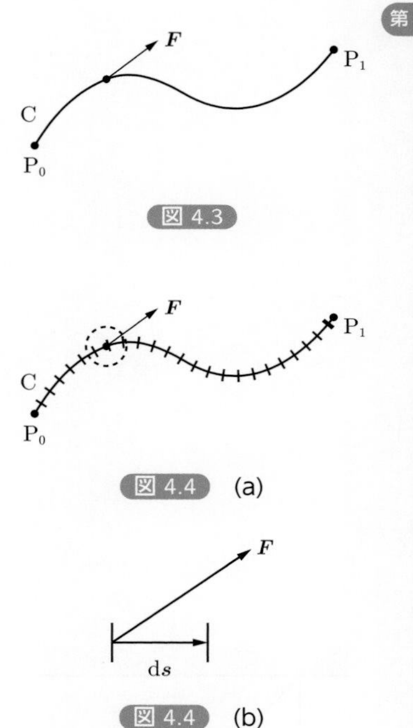

$$\mathrm{d}W = \boldsymbol{F} \cdot \mathrm{d}\boldsymbol{s} \tag{4-3}$$

のように $\boldsymbol{F}$ と $\mathrm{d}\boldsymbol{s}$ とのスカラー積で表せる．

この微小な仕事 $\mathrm{d}W$ を始点 P_0 から終点 P_1 まですべて足し合わせれば，この経路における全仕事量 W が求められる．微小量の足し合わせとは積分のことであり，

$$W = \int_{\mathrm{C}} \boldsymbol{F} \cdot \mathrm{d}\boldsymbol{s} \tag{4-4}$$

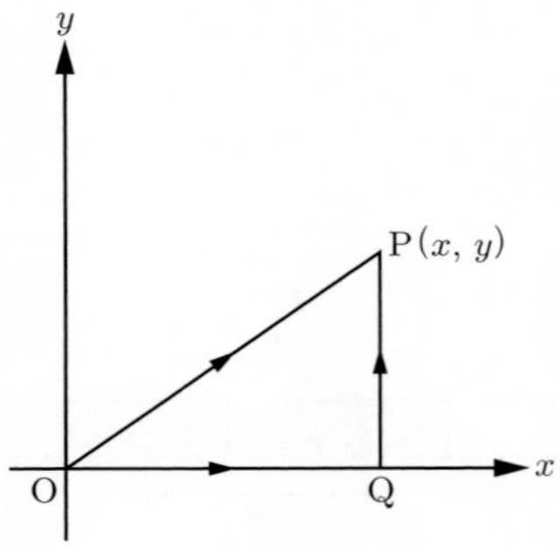

となる．すなわち，式 (4-4) が最も一般的な仕事を求める式である．経路に沿って行うこの積分のことを**線積分**という．

図 4.5

例題 4.1

動摩擦係数 μ' のあらい水平面がある．この面上に図 4.5 のように xy 座標をとり，原点 O から点 P (x, y) まで質量 m の質点を移動させるとき質点に摩擦力がした仕事を求めよ．このとき，2 つの経路を考える．

1）経路 C1：OQ から QP を経由したときの仕事を W_1 とする．

2）経路 C2：OP を移動したときの仕事を W_2 とする．

解 答

1）摩擦力は $-\mu' mg$ であるから，仕事は

$$
\begin{aligned}
W_1 &= \int_{\mathrm{OQ}} (-\mu' mg)\mathrm{d}x + \int_{\mathrm{QP}} (-\mu' mg)\mathrm{d}y \\
&= -\mu' mg \left(\int_0^x \mathrm{d}x + \int_0^y \mathrm{d}y \right) \\
&= -\mu' mg(x+y) \qquad (1)
\end{aligned}
$$

である．

2) 同様に，OP 方向の経路は $r = \sqrt{x^2+y^2}$ と表されるので，仕事は

$$
\begin{aligned}
W_2 &= \int_{\mathrm{OP}} (-\mu' mg)\mathrm{d}r \\
&= -\mu' mg \int_0^r \mathrm{d}r \\
&= -\mu' mg\sqrt{x^2+y^2} \qquad (2)
\end{aligned}
$$

である．

この場合，$W_1 \neq W_2$ となり摩擦力は経路によって仕事が異なる．

（解答終）

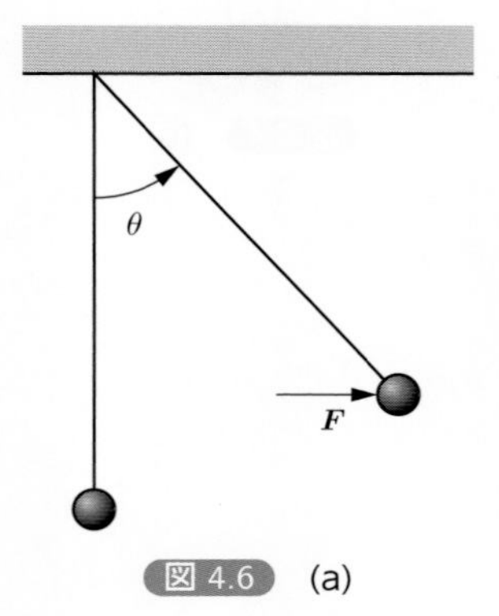

図 4.6 (a)

例題 4.2

図 4.6 (a) のように質量 m の物体が長さ l の糸で吊るされている．この物体に水平方向に力 $\boldsymbol{F}$ を加えて，糸が鉛直方向と角度 θ をなすまでゆっくり動かした．この力 $\boldsymbol{F}$ がした仕事を求めよ．ただし，重力加速度の大きさを g とする．

解答

物体が実際に移動する経路Cは弧を描く．糸と鉛直方向とのなす角がθのときの弧の長さをsとする．このとき，ゆっくり動かしているので，移動の間はずっと水平方向の力はつりあっていると考えられる．よって，糸の張力の大きさをTとすれば，水平方向の力のつりあいの式は

$$F = T\sin\theta \tag{1}$$

となる．一方，鉛直方向の力のつりあいの式は

$$T\cos\theta = mg \tag{2}$$

となり，これら2つの式からTを消去すると，

$$F = mg\tan\theta \tag{3}$$

となる．図4.6(b)に示すように糸と鉛直方向とのなす角がθのとき，力$\boldsymbol{F}$と弧の接線に沿う微小な変位ベクトル$\mathrm{d}\boldsymbol{s}$とのなす角はθである．したがって，$s = l\theta$, $\mathrm{d}s = |\mathrm{d}\boldsymbol{s}| = l\mathrm{d}\theta$と表すことができる．この力$\boldsymbol{F}$がした仕事$W$は，

$$\begin{aligned} W &= \int_{\mathrm{C}} \boldsymbol{F}\cdot\mathrm{d}\boldsymbol{s} = \int_0^s F\cos\theta\mathrm{d}s \\ &= \int_0^\theta mg\tan\theta\cos\theta l\mathrm{d}\theta \\ &= mgl\int_0^\theta \sin\theta\mathrm{d}\theta = mgl[-\cos\theta]_0^\theta \\ &= mgl(1-\cos\theta) \end{aligned} \tag{4}$$

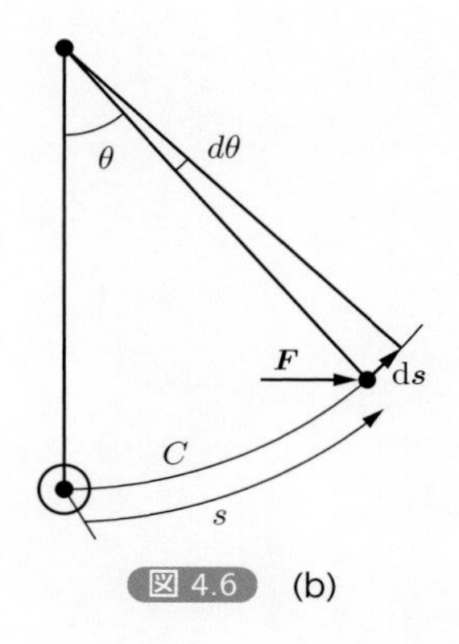

図4.6 (b)

となる．また，$\theta = 0, \dfrac{\pi}{2}$のときを考えると$W = 0, mgl$の結果が得られる．　　(解答終)

機械などが物体に力を加えてその物体を動かしたとき，物体にその機械が仕事をしたという．機械などが仕事をする場合，仕事をするのにどのくらいの時間がかかるのかに関心が寄せられることが多い．単位時間あたりにする仕事を**仕事率（パワー）**という．ある時間tの間に仕事Wをしたとき，仕事率Pは，

$$P = \frac{W}{t} \tag{4-5}$$

$$\text{仕事率（パワー）}\ P = \frac{\text{仕事}\ W}{\text{時間}\ t}$$

と表される．仕事率 P の単位は J/s で，これを W（ワット）と呼ぶ．例えば，同じ仕事をする 2 つの機械があったとき，仕事率の大きい方が仕事をするのにかかる時間が短い．

例題 4.3

クレーンが質量 50 kg の物体を 1.0 秒あたり高さ 2.0 m の割合で上昇させている．このクレーンが物体にする仕事の仕事率を求めよ．ただし，重力加速度の大きさを $g = 9.8\,\mathrm{m/s^2}$ とする．

解答

$$P = \frac{50\,\mathrm{kg} \times 9.8\,\mathrm{m/s^2} \times 2.0\,\mathrm{m}}{1.0\,\mathrm{s}} = 9.8 \times 10^2\,\mathrm{W}$$

（解答終）

4.2 エネルギー

ここがポイント！

- 力学におけるエネルギーは，運動エネルギーとポテンシャル・エネルギーがある．
  運動エネルギーは，物体の質量 m と速度 $\boldsymbol{v}$ を用いて，
  $$K = \frac{1}{2}m\boldsymbol{v}^2$$
  と表せる．
- 質量 m の物体が力 $\boldsymbol{F}$ の作用を受けながら経路 C に沿って移動したとき，速度が $\boldsymbol{v}_1$ から $\boldsymbol{v}_2$ に変化したとすると，
  $$\frac{1}{2}m{\boldsymbol{v}_2}^2 - \frac{1}{2}m{\boldsymbol{v}_1}^2 = \int_{\mathrm{C}} \boldsymbol{F} \cdot \mathrm{d}\boldsymbol{s}$$
  が成り立つ．
- 保存力：経路によって仕事が変わらない力（重力，万有引力，ばねの弾性力など）
- 非保存力：経路によって仕事が変わる力（抵抗力，摩擦力など）

- 保存力 $\boldsymbol{F}$ に対して，ポテンシャル・エネルギーは

$$U(\mathrm{A}) - U(\mathrm{P}) = -\int_{\mathrm{P}}^{\mathrm{A}} \boldsymbol{F} \cdot \mathrm{d}\boldsymbol{s}$$

で表される．
- 重力によるポテンシャル・エネルギーは

$$U = mgh$$

で表され，経路によらず高さ h だけで決まる．
- ばねの弾性力によるポテンシャル・エネルギーは

$$U = \frac{1}{2}kx^2$$

で表される．

仕事をする能力のことを**エネルギー**という．エネルギーの単位は J（ジュール）で，仕事の単位と同じである．力学においては，エネルギーには 2 種類ある．1 つは運動エネルギーで，もう 1 つはポテンシャル・エネルギーである．

4.2.1　運動エネルギー

まず 1 次元の運動について考える．図 4.7 のように，x 軸上を運動している質量 m の物体がある．物体は時刻 $t = t_1$ のとき，位置 $x = x_1$，速度 $v = v_1$ であった．その後，x 軸方向に働く外力 $\boldsymbol{F}$（大きさ F）を受けながら移動し，時刻 $t = t_2$（ここで，$t_1 < t_2$）のとき，位置 $x = x_2$，速度 $v = v_2$ となったとする．この運動において，物体の運動方程式は

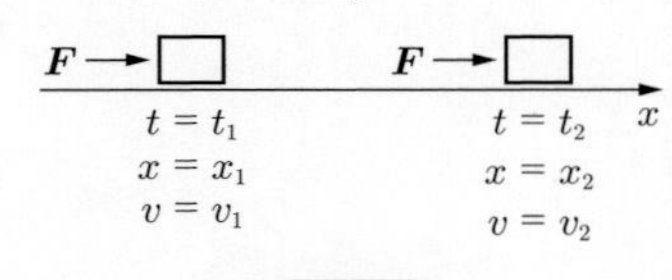

図 4.7

$$m\frac{\mathrm{d}^2x}{\mathrm{d}t^2} = F \tag{4-6}$$

である．この式の両辺に $\dfrac{\mathrm{d}x}{\mathrm{d}t}$ をかけると，

$$m\frac{\mathrm{d}x}{\mathrm{d}t}\frac{\mathrm{d}^2x}{\mathrm{d}t^2} = F\frac{\mathrm{d}x}{\mathrm{d}t} \tag{4-7}$$

となる．ここで，

$$\frac{\mathrm{d}}{\mathrm{d}t}\left(\frac{\mathrm{d}x}{\mathrm{d}t}\right)^2 = 2\left(\frac{\mathrm{d}x}{\mathrm{d}t}\right)\left(\frac{\mathrm{d}^2x}{\mathrm{d}t^2}\right) \tag{4-8}$$

であり，また，$\dfrac{\mathrm{d}x}{\mathrm{d}t}$ とは速度 v のことなので，式 (4-7) は

$$\frac{1}{2}m\frac{\mathrm{d}}{\mathrm{d}t}(v^2) = F\left(\frac{\mathrm{d}x}{\mathrm{d}t}\right) \tag{4-9}$$

と変形できる．さらに，両辺に微小時間 $\mathrm{d}t$ をかけると，

$$\mathrm{d}\left(\frac{1}{2}mv^2\right) = F\mathrm{d}x \tag{4-10}$$

となる．左辺の括弧内を 1 つの変数と考えて

$$K = \frac{1}{2}mv^2 \tag{4-11}$$

とおくと，

$$\mathrm{d}K = F\mathrm{d}x \tag{4-12}$$

となる．時刻 $t = t_1$, $t = t_2$ のときの K の値をそれぞれ K_1, K_2 とすれば，式 (4-12) の両辺を積分して，

$$\int_{K_1}^{K_2} \mathrm{d}K = \int_{x_1}^{x_2} F\mathrm{d}x \tag{4-13}$$

$$K_2 - K_1 = \int_{x_1}^{x_2} F\mathrm{d}x \tag{4-14}$$

$$\frac{1}{2}mv_2^2 - \frac{1}{2}mv_1^2 = \int_{x_1}^{x_2} F\mathrm{d}x \tag{4-15}$$

となる．式 (4-11) で定義された K を**運動エネルギー**と呼ぶ．また，式 (4-15) の右辺は，物体に対して外力 F がした仕事であり，物体の運動エネルギーの変化量は，外力がした仕事と等しいことを意味している．これを**エネルギーの原理**という．

ここまでの 1 次元の運動の場合だけでなく，一般的な運動の場合を考える．本書では導出を省略するが，速度 $\boldsymbol{v}$ で運動する質量 m の物体の運動エネルギーは

$$K = \frac{1}{2}m\boldsymbol{v}^2 \tag{4-16}$$

と表される [*1]．また，質量 m の物体が外力 $\boldsymbol{F}$ を受けながら経路 C に沿って移動したとき，速度が $\boldsymbol{v}_1$ から $\boldsymbol{v}_2$ に変化したとすると，エネルギーの原理

$$\frac{1}{2}m{\boldsymbol{v}_2}^2 - \frac{1}{2}m{\boldsymbol{v}_1}^2 = \int_{\mathrm{C}} \boldsymbol{F}\cdot\mathrm{d}\boldsymbol{s} \tag{4-17}$$

が成り立つ．

*1 $\boldsymbol{v}^2 = \boldsymbol{v}\cdot\boldsymbol{v} = |\boldsymbol{v}|^2 = v^2$

例題 4.4

質量 600kg の自動車が時速 72km の一定の速さで走っている．こ

の自動車の運動エネルギーを求めよ．

解答

自動車の速さ v を秒速に換算すると，

$$v = \frac{72\,\mathrm{km}}{1\,\mathrm{h}} \times \frac{1000\,\mathrm{m}}{1\,\mathrm{km}} \times \frac{1\,\mathrm{h}}{3600\,\mathrm{s}} = 20\,\mathrm{m/s} \tag{1}$$

となる．運動エネルギー K は，

$$K = \frac{1}{2} \times 600\,\mathrm{kg} \times (20\,\mathrm{m/s})^2 = 1.2 \times 10^5\,\mathrm{J} \tag{2}$$

となる． （解答終）

例題 4.5

図 4.8 のように，なめらかな水平面上を速さ v_0 で進んでいる質量 m の物体に，進行方向から角度 θ 上向きに一定の力 $\boldsymbol{F}$ （大きさ F）を加え続けた．力を加え始めた地点から距離 l だけ移動したときの物体の速さを求めよ．

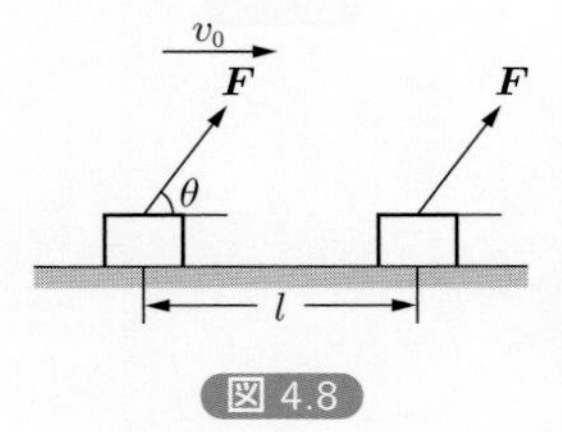

図 4.8

解答

式 (4-17) より，物体の運動エネルギーの変化量は，外力がした仕事と等しい．外力がした仕事を W，求める速度を v とおくと，

$$\frac{1}{2}mv^2 - \frac{1}{2}mv_0^2 = W \tag{1}$$

となる．力 $\boldsymbol{F}$ の向きと物体の移動の向きが一致していないので，式 (4-2) より，力 $\boldsymbol{F}$ がした仕事 W は ＊2

$$W = Fl\cos\theta \tag{2}$$

である．式 (1), (2) より，

$$\frac{1}{2}mv^2 - \frac{1}{2}mv_0^2 = Fl\cos\theta \tag{3}$$

となる．これを v について解くと，

$$\frac{1}{2}m(v^2 - v_0^2) = Fl\cos\theta \tag{4}$$

$$v^2 = \frac{2Fl\cos\theta}{m} + v_0^2 \tag{5}$$

式 (4-17)

$$\frac{1}{2}m\boldsymbol{v_2}^2 - \frac{1}{2}m\boldsymbol{v_1}^2 = \int_{\mathrm{C}} \boldsymbol{F}\cdot \mathrm{d}\boldsymbol{s}$$

式 (4-2)

$$W = \boldsymbol{F}\cdot\boldsymbol{s} = Fs\cos\theta$$

＊2 物体には $\boldsymbol{F}$ の他に重力と垂直抗力が作用しているが，いずれの力も物体の移動の向きと垂直に作用しているため，これらの力のする仕事は 0 である．よって，この場合は力 $\boldsymbol{F}$ がした仕事のみ考慮すればよい．

より

$$v = \sqrt{\frac{2Fl\cos\theta}{m} + v_0^2} \tag{6}$$

となる. (解答終)

4.2.2 保存力とポテンシャル・エネルギー

節 4.1 で学んだ最も一般的な仕事の定義は,

$$W = \int_{\mathrm{C}} \boldsymbol{F} \cdot \mathrm{d}\boldsymbol{s} \tag{4-18}$$

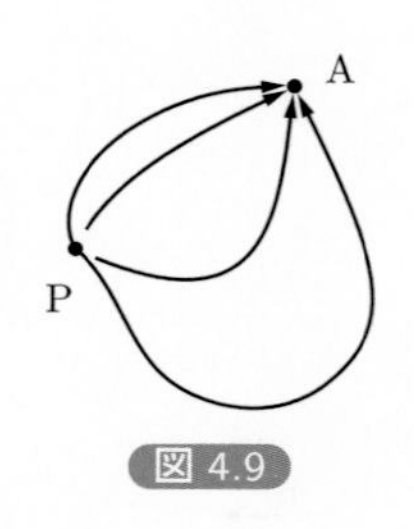

図 4.9

である. ここで, 物体の移動する経路の始点を P, 終点を A とする. 図 4.9 のように, この 2 点を結ぶ経路は無数に存在する. 一般的に経路が異なれば積分値も異なるが, 力によってはどんな経路をとっても式 (4-18) の積分値が変わらないものがある. このような力のことを**保存力**と呼ぶ. 保存力のする仕事は経路によって変わらず, 始点と終点の位置だけで仕事が定まるので,

$$W = \int_P^A \boldsymbol{F} \cdot \mathrm{d}\boldsymbol{s} \tag{4-19}$$

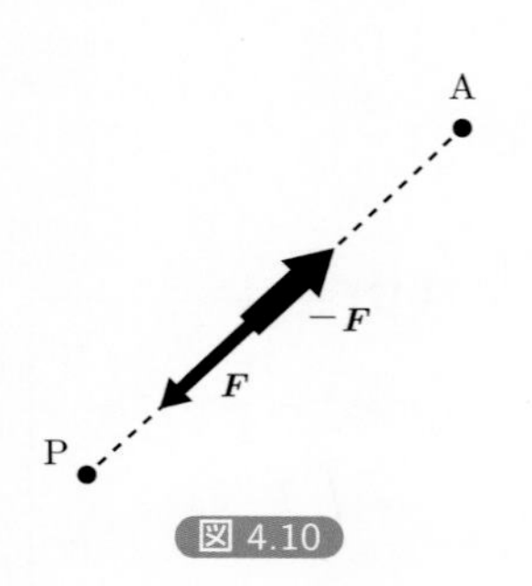

図 4.10

と書くことができる. 保存力の例として, 重力, 万有引力, ばねの弾性力などが挙げられる. 一方で, 経路によって仕事が変わるような力を**非保存力**と呼ぶ. 非保存力の例として, 抵抗力や摩擦力などが挙げられる.

物体に保存力 $\boldsymbol{F}$ が働いているとする. ここに, それを打ち消すように外から逆向きの力 $-\boldsymbol{F}$ を物体に加える (図 4.10). 物体がこの力 $-\boldsymbol{F}$ を受けて基準点 P から点 A まで移動するときに力 $-\boldsymbol{F}$ がした仕事は, エネルギーとしてこの物体に蓄えられる. この物体に蓄えられたエネルギーのことを**ポテンシャル・エネルギー**という. 基準点 P に対する点 A のポテンシャル・エネルギーを

$$U(\mathrm{A}) - U(\mathrm{P}) = -\int_{\mathrm{P}}^{\mathrm{A}} \boldsymbol{F} \cdot \mathrm{d}\boldsymbol{s} \tag{4-20}$$

と定義する. ポテンシャル・エネルギーは保存力に対してだけ定義され, $U(\mathrm{A})$ の値は経路によらず, 基準点 P からの位置だけで決まる. ポテンシャル・エネルギーを**位置エネルギー**ともいう.

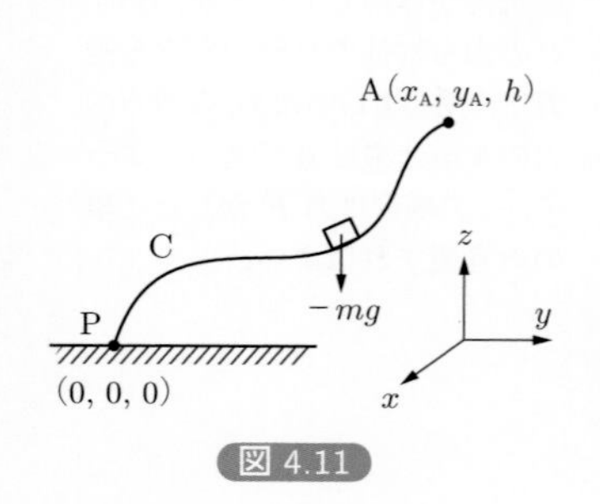

図 4.11

例題 4.6

図 4.11 のように, 地面上の点 P(0, 0, 0) を基準点として, 点 P か

らある経路Cに沿って高さ$h>0$の点$\mathrm{A}(x_{\mathrm{A}}, y_{\mathrm{A}}, h)$まで質量$m$の物体を重力に逆らって移動させた．点Pを基準として，点Aにおける重力によるポテンシャル・エネルギーを求めよ．

解答

経路Cのどこにあっても，物体に作用する重力は$\boldsymbol{F}=(0,0,-mg)$である．重力を打ち消すような外力は$-\boldsymbol{F}=(0,0,mg)$である．この経路に沿う接線方向の微小な移動を表すベクトルを$\mathrm{d}\boldsymbol{s}=(\mathrm{d}x, \mathrm{d}y, \mathrm{d}z)$とすると，$-\boldsymbol{F}$の力で$\mathrm{d}\boldsymbol{s}$だけ移動した間にされた仕事は

$$\mathrm{d}W=-\boldsymbol{F}\cdot\mathrm{d}\boldsymbol{s} \tag{1}$$

となる．ここで，$-\boldsymbol{F}=(0,0,mg)$, $\mathrm{d}\boldsymbol{s}=(\mathrm{d}x, \mathrm{d}y, \mathrm{d}z)$なので，

$$-\boldsymbol{F}\cdot\mathrm{d}\boldsymbol{s}=0\cdot\mathrm{d}x+0\cdot\mathrm{d}y+mg\mathrm{d}z=mg\mathrm{d}z \tag{2}$$

となり，z成分のみ残る．これを基準点Pから点Aまですべて足し合わせることで，点Aにおけるポテンシャル・エネルギーを求めることができる．よって，

$$U(\mathrm{A})=-\int_{\mathrm{P}}^{\mathrm{A}}\boldsymbol{F}\cdot\mathrm{d}\boldsymbol{s}=\int_0^h mg\mathrm{d}z=mg\big[z\big]_0^h=mgh \tag{3}$$

となる． (解答終)

このように，重力によるポテンシャル・エネルギーは経路によらず，高さhだけで決まる．

例題 4.7

図4.12のように，水平方向に置かれたばね定数kのばねがあり，ばねの左端は壁に固定され，右端におもりが取り付けられている．ばねが自然の長さのとき，おもりが点Oにあるとする．おもりが点Oから距離x_1の点Aまで移動するとき，ばねの弾性力によるポテンシャル・エネルギーを求めよ．

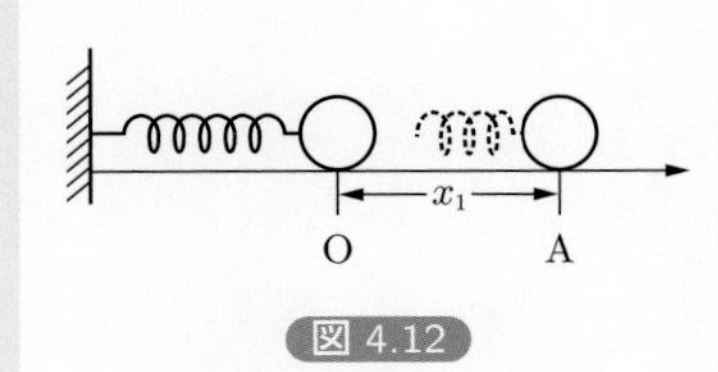

図4.12

解答

おもりが点Oからxだけ離れているとき，ばねがもとに戻ろうとする力は$F=-kx$である．これを打ち消す外力は$-F=kx$であ

る．この外力で微小な距離 $\mathrm{d}x$ だけおもりを移動させると，それに必要な仕事は，

$$\mathrm{d}W = kx\mathrm{d}x \tag{1}$$

である．この微小仕事を点 O から点 A まですべて足し合わせると，点 A におけるポテンシャル・エネルギーを求めることができるので，

$$U(\mathrm{A}) = \int_0^{x_1} kx\mathrm{d}x = k\left[\frac{1}{2}x^2\right]_0^{x_1} = \frac{1}{2}kx_1^2 \tag{2}$$

となる．　　　　　　　　　　　　　　　　　　　　　（解答終）

一般的にばねが自然の長さのときの位置を基準として，変位 x の点におけるばねの弾性力によるポテンシャル・エネルギーは

$$U(\mathrm{A}) = \frac{1}{2}kx^2 \tag{4-21}$$

で表せる．これを**弾性エネルギー**ともいう．

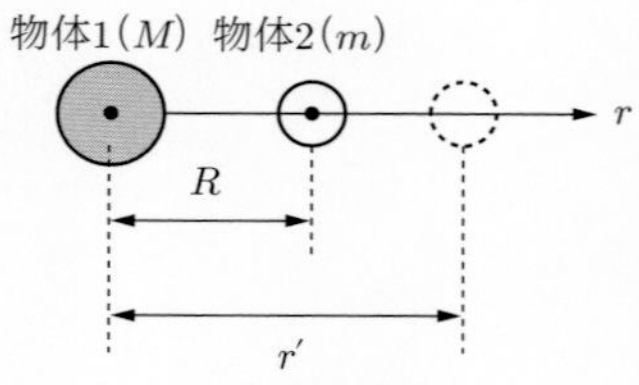

例題 4.8

図 4.13 のように，質量 M, m $(M > m)$ の 2 つの物体 1，2 があり，この間には，万有引力が働いている．質量 M の物体 1 の位置を原点として，物体 2 は原点から距離 R だけ離れた位置にある．このとき物体 2 の万有引力によるポテンシャル・エネルギーを求めよ．ただし，万有引力定数を G とする．

物体1(M)　物体2(m)　r　R　r'

図 4.13

解 答

原点から遠ざかる方向に r 軸をとる．物体 2 が距離 r' にあるとき，物体 2 に作用する万有引力は，

$$F = -\frac{GMm}{r'^2} \tag{1}$$

である．いま，この万有引力は原点に向かうので負の符号がつく．これを打ち消す外力は $-F = \dfrac{GMm}{r'^2}$ であるので微小な距離 $\mathrm{d}r'$ だけ物体 2 を移動させると，それに必要な仕事は

$$\mathrm{d}W = \frac{GMm}{r'^2}\mathrm{d}r' \tag{2}$$

である．ここで，基準点を無限遠（∞）にとり，∞ から位置 R まで物体 2 を移動させる仕事から，ポテンシャル・エネルギーが求まり，

$$U = \int_{\infty}^{R} \frac{GMm}{r'^2} \mathrm{d}r' = GMm \left[-\frac{1}{r'} \right]_{\infty}^{R} = -\frac{GMm}{R} < 0 \qquad (3)$$

となる．　　（解答終）

4.3 力学的エネルギー保存の法則

ここがポイント！

物体に対して仕事をするのが保存力のみの場合，物体がもつ運動エネルギー K とポテンシャル・エネルギー U の和は運動中には変化しない．

$$K + U = \text{一定}$$

質量 m の物体の 1 次元の運動を考え，時刻 t_1, t_2 における位置を x_1, x_2，速度を v_1, v_2 とする．エネルギーの原理の式 (4-15) から，運動エネルギーの変化は

$$\frac{1}{2}mv_2^2 - \frac{1}{2}mv_1^2 = \int_{x_1}^{x_2} F \mathrm{d}x \qquad (4\text{-}22)$$

となる．ここで，F が保存力の場合のみを考える．このとき，物体のポテンシャル・エネルギーは基準点を x_1 として，式 (4-20) より，

式 (4-20)
$$U(\mathrm{A}) - U(\mathrm{P}) = -\int_{\mathrm{P}}^{\mathrm{A}} \boldsymbol{F} \cdot \mathrm{d}\boldsymbol{s}$$

$$U(x_2) - U(x_1) = -\int_{x_1}^{x_2} F \mathrm{d}x \qquad (4\text{-}23)$$

である．式 (4-22)，式 (4-23) の右辺を比較して，

$$\frac{1}{2}mv_2^2 - \frac{1}{2}mv_1^2 = -U(x_2) + U(x_1) \qquad (4\text{-}24)$$

となり，

$$\frac{1}{2}mv_1^2 + U(x_1) = \frac{1}{2}mv_2^2 + U(x_2) \qquad (4\text{-}25)$$

となる．左辺と右辺はそれぞれ，時刻 t_1, t_2 における運動エネルギーとポテンシャル・エネルギーとの和を表している．これらの運動エネルギー

とポテンシャル・エネルギーとの和を**力学的エネルギー**と呼ぶ．物体に対して仕事をするのが保存力のみであるとき，物体のもつ力学的エネルギーは一定である[*3]．これを**力学的エネルギー保存の法則**という．ここでは 1 次元の運動を考えたが，1 次元以外の一般的な運動でもこの法則は成立する．

＊3　力学的エネルギーが一定であれば，運動エネルギーが増加した分だけポテンシャル・エネルギーが減少し，運動エネルギーが減少した分だけポテンシャル・エネルギーが増加する．

例題 4.9

高さ 0 の地上から初速 $v_0 = 20\,\mathrm{m/s}$ で鉛直上方に向かって小球を投げ上げた．この小球が達する最高点の高さを求めよ．ただし，重力加速度 g の大きさを $9.8\,\mathrm{m/s^2}$ とする．

解 答

力学的エネルギー保存の法則より，最高点では最初にもっていた運動エネルギーがすべて重力によるポテンシャル・エネルギーに変換される．小球の質量を m，最高点の高さを h とすれば，

$$\frac{1}{2}mv_0^2 = mgh \tag{1}$$

より，

$$h = \frac{v_0^2}{2g} = \frac{(20\,\mathrm{m/s})^2}{2 \times 9.8\,\mathrm{m/s^2}} = 20\,\mathrm{m} \tag{2}$$

となる．ここで，高さ h は小球の質量 m によらないことに注意する．

（解答終）

基本問題

4.1. 次の問いに答えよ．ただし，重力加速度の大きさを $9.8\,\mathrm{m/s^2}$ とする．

(1) 物体が大きさ $20\,\mathrm{N}$ の力を受け，この力と同じ向きに $3.0\,\mathrm{m}$ 動いた．このとき，この力が物体にした仕事を求めよ．

(2) 摩擦のある水平な床面上で問 (1) の運動が起こったとする．物体が受けた動摩擦力の大きさが $5.0\,\mathrm{N}$ であった場合，動摩擦力が物体にした仕事を求めよ．

(3) 質量 $20\,\mathrm{kg}$ の物体が，水平面からなす角 30° の斜面に沿って距離 $6.0\,\mathrm{m}$ だけ滑り下りるとき，重力が物体にする仕事を求めよ．

(4) 質量 $20\,\mathrm{kg}$ の物体を鉛直方向に $3.0\,\mathrm{m}$ だけ下ろし，続いて

水平方向に5.0 mだけ移動させたとき，重力が物体にする仕事を求めよ．

4.2. 1 kWの仕事率で1時間に行う仕事を1 kWh（キロワット時）という．1 kWhは何Jか．

4.3. 質量$m = 400\,\mathrm{kg}$のボートが，一定の速さ$v_0 = 108\,\mathrm{km/h}$で一直線上を進んでいた．エンジンを停止してから$l = 500\,\mathrm{m}$だけ進んでボートは停止した．このとき，水による抵抗力の大きさFは一定であるとして，水のボートに対する抵抗力の大きさFを求めよ．

4.4. 秒速260 mの速さで飛んでいる質量10 gの弾丸が，厚い壁に当たって10 cm侵入して止まった．この弾丸に対する壁の平均の抵抗力の大きさを求めよ．

4.5. 上端を固定したばね定数kの軽いばねがある．質量Mの小球がこのばねに吊るされて静止している．このとき，ばねに蓄えられる弾性エネルギーを求めよ．ただし，重力加速度の大きさをgとする．

4.6. 図4.14のように，水平からの角度θのなめらかな斜面を，初速v_0で滑り下りた物体が，斜面に沿った距離lだけ滑ったときの速さを求めよ．ただし，重力加速度の大きさをgとする．

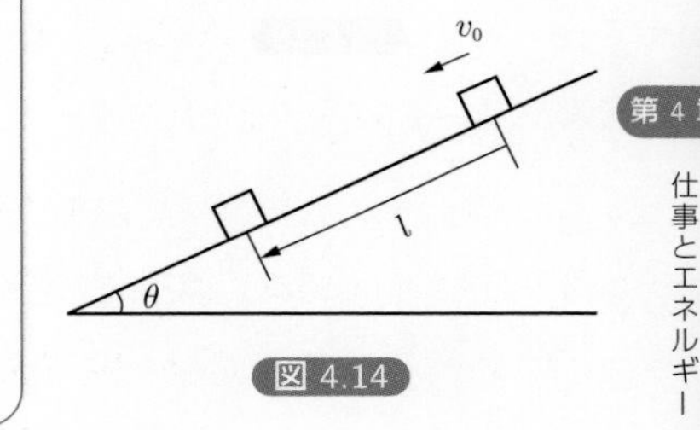

図4.14

第4章 仕事とエネルギー

発展問題

4.7. 質量mの質点が一様な力$\boldsymbol{f} = (f_x, f_y) = (-f, 0)$ $(f > 0)$を受け，図4.15に示すような経路を移動した．経路C_1は，原点O(0,0)からx軸上を点$\mathrm{B}(x_\mathrm{A}, 0)$まで進み，その後$y$軸に平行に点$\mathrm{A}(x_\mathrm{A}, y_\mathrm{A})$まで進む．また経路$\mathrm{C}_2$は，原点O(0,0)から直線的に点$\mathrm{A}(x_\mathrm{A}, y_\mathrm{A})$まで進む．それぞれの経路$\mathrm{C}_1$, C_2で原点Oから点Aまで進む場合，力$\boldsymbol{f}$がした仕事W_1, W_2をそれぞれ求めよ．

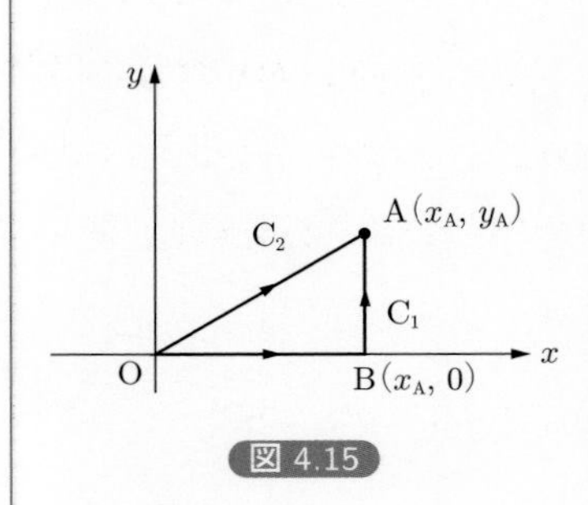

図4.15

4.8. 問4.7で，質量mの質点が，位置によって変化する力

$$\boldsymbol{F} = (x^2 + 2y)\boldsymbol{i} + 4xy\boldsymbol{j}$$

（単位はN）を受けながら，経路C_1, C_2を移動した．ここで，$x_\mathrm{A} = 2\,\mathrm{m}$, $y_\mathrm{A} = 2\,\mathrm{m}$とする．それぞれの経路における力$\boldsymbol{F}$がした仕事$W_1$, W_2を求めよ．

4.9. 摩擦のある水平な床面上の A 点に置かれた質量 5.0 kg の物体がある．この物体を，水平方向に大きさ $F = 10\text{N}$ の力 $\boldsymbol{F}$ で押して，4.0 m だけ離れた B 点まで動かした．このとき，以下の問いに答えよ．ただし，重力加速度の大きさを $9.8\,\text{m/s}^2$，物体と床面との間の動摩擦係数を 0.10 とする．

(1) A 点から B 点まで動かす間に，力 $\boldsymbol{F}$ が物体にした仕事 W_1 を求めよ．

(2) A 点から B 点まで動かす間に，動摩擦力が物体にした仕事 W_2 を求めよ．

(3) B 点に到達したときの物体の速さ v を求めよ．

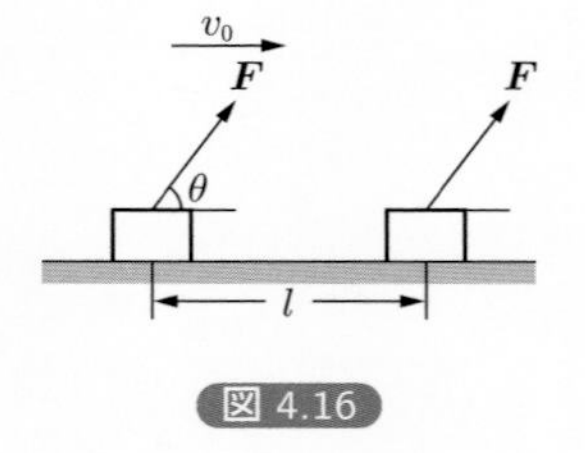

図 4.16

4.10. 図 4.16 のように，質量 m の物体が，水平面と角度 θ をなす方向の力 $\boldsymbol{F}$ によって引かれている．この力の大きさ F は一定であり，物体は水平面上を動くものとする．初速は v_0 であったとして，物体が水平面上を距離 l だけ移動したときの物体の速さを求めよ．ただし，重力加速度の大きさを g とし，また，物体と面との間の動摩擦係数を μ' とする．

4.11. 1 次元の運動を考える．質量の無視できるばね定数 25 N/m のばねをなめらかな水平面上に置き，一端を固定して他端に質量 0.16 kg の物体をつけ単振動させた．単振動している方向を x 軸方向とし，ばねが自然の長さであるときの物体の位置を $x = 0\,\text{m}$ とする．ある時刻における物体の位置が 0.16 m，速度が $-1.5\,\text{m/s}$ であるとき，物体の速度の大きさの最大値を求めよ．ただし，空気抵抗は無視する．

第5章
運動量と角運動量

学習のポイント

(1)　運動量と力積

- 運動量：$\boldsymbol{p} = m\boldsymbol{v}$（質量 m，速度 $\boldsymbol{v}$ の質点の運動の勢いを表すベクトル量）
- 質点の運動量 $\boldsymbol{p}$ の時間変化率は，その質点に作用する力 $\boldsymbol{F}$ に等しい：$\dfrac{\mathrm{d}\boldsymbol{p}}{\mathrm{d}t} = \boldsymbol{F}$
- 質点の運動量 $\boldsymbol{p}$ の変化量は，その質点に加えられた力積に等しい：$\boldsymbol{p}(t_2) - \boldsymbol{p}(t_1) = \displaystyle\int_{t_1}^{t_2} \boldsymbol{F}\mathrm{d}t$
- 運動量保存の法則：互いに内力を及ぼし合う2つの質点の運動量の総和は，外力が働かない限り一定に保たれる．

(2)　力のモーメント

- 力 $\boldsymbol{F}$ のモーメント：$\boldsymbol{N} = \boldsymbol{r} \times \boldsymbol{F}$（作用点の位置が $\boldsymbol{r}$ である力 $\boldsymbol{F}$ の，原点Oのまわりに物体を回転させようとする効果を表すベクトル量）
- 力 $\boldsymbol{F}$ のモーメントの大きさ：$N = rF\sin\theta$（θ は $\boldsymbol{r}$ と $\boldsymbol{F}$ のなす角）

(3)　角運動量

- 角運動量：$\boldsymbol{l} = \boldsymbol{r} \times \boldsymbol{p}$（位置 $\boldsymbol{r}$，運動量 $\boldsymbol{p}$ の質点の原点Oのまわりの回転運動の勢いを表すベクトル量）
- 角運動量の大きさ：$l = rp\sin\theta$（θ は $\boldsymbol{r}$ と $\boldsymbol{p}$ のなす角）
- 質点の角運動量 $\boldsymbol{l}$ の時間変化率は，その質点に作用する力のモーメント $\boldsymbol{N}$ に等しい：$\dfrac{\mathrm{d}\boldsymbol{l}}{\mathrm{d}t} = \boldsymbol{N}$
- 角運動量保存の法則：作用する力のモーメントがゼロである限り，質点の角運動量は一定に保たれる．

5.1 運動量と力積

5.1.1 運動量

ここがポイント！

① 運動量 $\boldsymbol{p}$ は，質点の運動の勢いを表すベクトル量であり，$\boldsymbol{p}=m\boldsymbol{v}$ と定義される．

② 質点の運動量 $\boldsymbol{p}$ の時間変化率は，その質点に作用する力 $\boldsymbol{F}$ に等しい．つまり，$\dfrac{\mathrm{d}\boldsymbol{p}}{\mathrm{d}t}=\boldsymbol{F}$ である．

質点の運動の勢いを表す物理量として，質量 m と速度 $\boldsymbol{v}$ の積で与えられる**運動量**と呼ばれる量を定義する．

$$\boldsymbol{p}=m\boldsymbol{v} \tag{5-1}$$

なお，運動量 $\boldsymbol{p}$ はベクトル量であり，速度 $\boldsymbol{v}$ と平行である．また，運動量の SI 単位は kg · m/s，次元は $[\mathrm{LMT}^{-1}]$ である．

ここで，運動量 $\boldsymbol{p}$ を時間 t で微分してみよう．この質点に働く力を $\boldsymbol{F}$ と表し，質量 m は時間によらず一定であることと，節 3.3 の式 (3-17) の運動方程式を踏まえると，

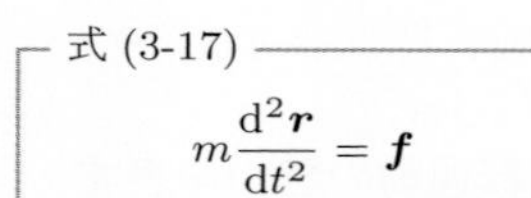

式 (3-17)

$$m\frac{\mathrm{d}^2\boldsymbol{r}}{\mathrm{d}t^2}=\boldsymbol{f}$$

$$\frac{\mathrm{d}\boldsymbol{p}}{\mathrm{d}t}=\frac{\mathrm{d}}{\mathrm{d}t}(m\boldsymbol{v})=m\frac{\mathrm{d}\boldsymbol{v}}{\mathrm{d}t}=m\frac{\mathrm{d}^2\boldsymbol{r}}{\mathrm{d}t^2}=\boldsymbol{F} \tag{5-2}$$

となる．つまり，運動方程式は，運動量 $\boldsymbol{p}$ を用いて次式のように書き表すことができる．

$$\frac{\mathrm{d}\boldsymbol{p}}{\mathrm{d}t}=\boldsymbol{F} \tag{5-3}$$

この式より，「質点の運動量の時間変化率は，（その瞬間に）その質点に作用する力に等しい」ことがいえる．

例題 5.1

秒速 1.5 m で歩く質量 50 kg の人と，時速 160 km で飛ぶ質量 150 g のボールについて，運動量の大きさを比べると，どちらがより大きいか．

解答

人：$p_{人} = 50 \times 1.5 = 75\,\mathrm{kg \cdot m/s}$

ボール：$p_{ボ} = 150 \times 10^{-3} \times \dfrac{160 \times 10^3}{60 \times 60} \approx 6.7\,\mathrm{kg \cdot m/s}$

以上より [*1]，ボールより人の方が運動量が大きい． （解答終）

*1 数値で求めるときは，単位に気を付けて（質量は kg，速さは m/s にして）計算しよう．

5.1.2 力積

ここがポイント！

① 力積とは，力を時間で積分した量のこと．（力が一定とみなせる場合は，力と時間の積のこと．）

② 質点の運動量 $\boldsymbol{p}$ の変化量は，その質点に加えられた力積に等しい．

次に，式 (5-3) の両辺を時刻 t_1 から時刻 t_2 まで積分すると，

$$\int_{t_1}^{t_2} \frac{\mathrm{d}\boldsymbol{p}}{\mathrm{d}t}\mathrm{d}t = \int_{t_1}^{t_2} \boldsymbol{F}\mathrm{d}t \tag{5-4}$$

となるが，この式の右辺に現れる，力を時間で積分した量は**力積**と呼ばれる．力はベクトル量であるので，力積もベクトル量である．力積の SI 単位は $\mathrm{N \cdot s}$ $(= \mathrm{kg \cdot m/s})$，次元は $[\mathrm{LMT^{-1}}]$ であり，運動量と同じである．この左辺を変形することで，次の関係式が得られる．

$$\boldsymbol{p}(t_2) - \boldsymbol{p}(t_1) = \int_{t_1}^{t_2} \boldsymbol{F}\mathrm{d}t \tag{5-5}$$

さらに，左辺について $\boldsymbol{p}(t_2) - \boldsymbol{p}(t_1) = m\boldsymbol{v}(t_2) - m\boldsymbol{v}(t_1) = m\{\boldsymbol{v}(t_2) - \boldsymbol{v}(t_1)\} = m\Delta\boldsymbol{v}$ と表すと，

$$m\Delta\boldsymbol{v} = \int_{t_1}^{t_2} \boldsymbol{F}\mathrm{d}t \tag{5-6}$$

とも表せる．式 (5-5) または式 (5-6) から「（ある時間の間の）質点の運動量の変化量は，（その間に）その質点に加えられた力積に等しい」といえる．

なお，質点に働く力 $\boldsymbol{F}$ が一定の場合や，経過時間 $\Delta t\ (= t_2 - t_1)$ がごく短いために力 $\boldsymbol{F}$ が一定とみなせる場合は，式 (5-6) の右辺の積分において $\boldsymbol{F}$ は定ベクトルとみなせるため，式 (5-6) の右辺は $\boldsymbol{F}\Delta t$ となり，次の関係式が得られる [*2]．

*2 速度変化 $\Delta\boldsymbol{v}$ と力 $\boldsymbol{F}$ は，いずれもベクトル量であることに注意しよう．

$$m\Delta \boldsymbol{v} = \boldsymbol{F}\Delta t \qquad (\boldsymbol{F}\text{ が一定とみなせる場合}) \tag{5-7}$$

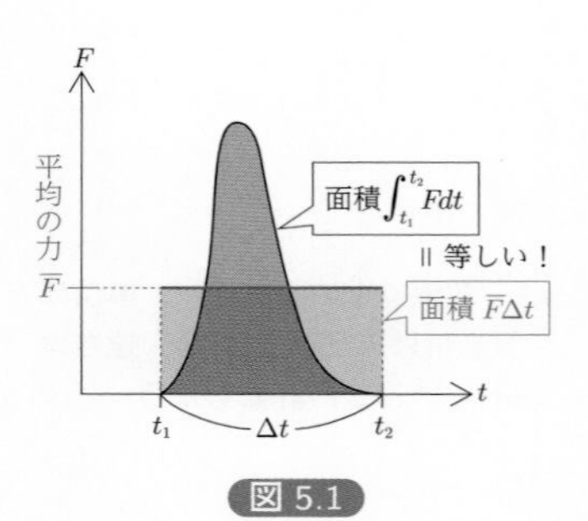

図 5.1

例えば，バットでボールを打つ場合などを考えると，バットとボールが接触している間（時刻 t_1 から時刻 t_2 の間），バットによってボールに加わる力は，時間とともに変化する．図 5.1 は，力の方向が一定の場合に限定して，力の時間変化の状況を F–t 図として表した例である．式 (5-5) の右辺の力積の定義式より，バットがボールに与える力積は F–t 図の面積（図 5.1 の灰色部分の面積）であるといえるが，F–t 図上でこの面積と等しくなるような長方形（図 5.1 の水色部分）を考えたときの高さに相当する一定の力 $\bar{\boldsymbol{F}}$ は平均の力 *3 と呼ばれ，

$$m\Delta \boldsymbol{v} = \bar{\boldsymbol{F}}\Delta t \tag{5-8}$$

が成り立つ．以上より，時間的に変化する力で打った場合でも，一定の力で打った場合でも，力積が同じであればボールの運動量の変化は等しいことがわかる．また，小さい力でも長く継続して加えることで，短時間に大きな力を加えた場合と同じ運動量の変化をもたらすことができる，ともいえる．

*3 ここで用いられている文字式の上線は平均値を示す数学記号で，$\bar{\boldsymbol{F}}$ は「エフバー」と読む．

例題 5.2

なめらかな水平面上を運動する質量 10 kg の物体に，大きさ 100 N の一定の力を進行方向に 5.0 秒間作用させ続けると，物体の速さはどれだけ変わるか．なお，水平方向に対して抵抗力などの他の力は働かないものとする．

解 答

一直線上の運動で力一定の場合なので，式 (5-7) について運動方向の成分をとると，$m\Delta v = F\Delta t$ となる．これに，$m = 10\,\mathrm{kg}$，$F = 100\,\mathrm{N}$，$\Delta t = 5.0\,\mathrm{s}$ を代入し，求める速さの変化量 Δv を求めればよい．*4

$$\Delta v = \frac{F\Delta t}{m} = \frac{100\,\mathrm{N} \times 5.0\,\mathrm{s}}{10\,\mathrm{kg}} = 50\,\mathrm{m/s}$$

（解答終）

*4 もちろん，力一定の場合なので，運動の第 2 法則から加速度を求め $\left(a = \dfrac{F}{m}\right)$，加速度の定義 $a = \dfrac{\Delta v}{\Delta t}$ を踏まえて速さの変化量を計算してもよい．

例題 5.3

速さ v_0 で飛んできた質量 m のボールをバットで打って，飛んできた向きと逆向きに，元の 2 倍の速さで飛んでいくように打ち返す場合，バットがボールに与える力積を求めよ [*5]．なお，ボールの初速度の向きを正の向きとする．

*5　力積はベクトル量なので，この例題のように 1 次元の場合は，正負の符号を使って向きを表現する．

解答

バットがボールに与える力積（= ボールに加えられた力積）は，ボールの運動量の変化に等しい．図 5.2 のように，ボールの初速度の向きを正とすると，求める力積は，

$$(\text{後の運動量}) - (\text{初めの運動量}) = (-2mv_0) - (+mv_0) = -3mv_0$$

である．つまり，求める力積は，負の向き（= ボールの初速度に対して逆向き）に大きさ $3mv_0$ である．（解答終）

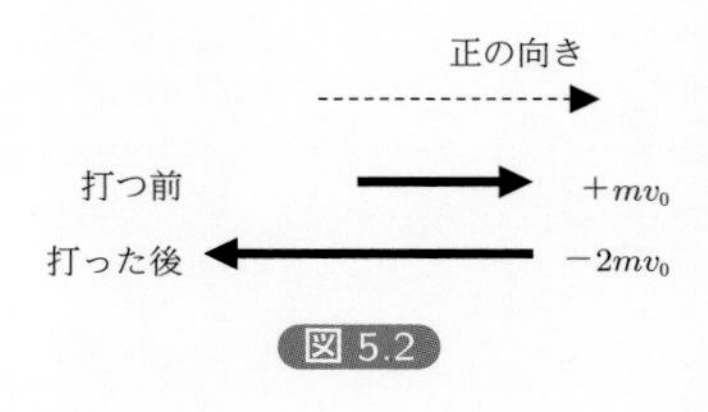

図 5.2

5.1.3　運動量保存の法則

ここがポイント!

互いに内力を及ぼし合う 2 つの質点の運動量の総和は，外力が働かない限り一定に保たれる．

次に，お互いに作用を及ぼし合う 2 つの質点 1，質点 2 を考える．ここでは，互いに及ぼし合う力（内力という）のみが作用し，それ以外から作用される力（外力という）がない状況に限定して考えてみよう．

質点 1 が質点 2 に及ぼす力を $\boldsymbol{F}$ と表すと，作用・反作用の法則より，質点 2 が質点 1 に及ぼす力は $-\boldsymbol{F}$ と表される．それぞれの質点の運動量を $\boldsymbol{p}_1$，$\boldsymbol{p}_2$ として，式 (5-3) の形式で運動方程式を表すと，

$$\text{質点 1 の運動方程式：}\quad \frac{\mathrm{d}\boldsymbol{p}_1}{\mathrm{d}t} = -\boldsymbol{F} \tag{5-9}$$

$$\text{質点 2 の運動方程式：}\quad \frac{\mathrm{d}\boldsymbol{p}_2}{\mathrm{d}t} = \boldsymbol{F} \tag{5-10}$$

となる．これら 2 式の両辺を足すと，

$$\frac{\mathrm{d}}{\mathrm{d}t}(\boldsymbol{p}_1 + \boldsymbol{p}_2) = \boldsymbol{0} \tag{5-11}$$

第 5 章　運動量と角運動量

が得られる．これより，

$$\boldsymbol{p}_1 + \boldsymbol{p}_2 = 一定 \quad (つまり，m_1\boldsymbol{v}_1 + m_2\boldsymbol{v}_2 = 一定) \qquad (5\text{-}12)$$

が導かれる．以上より，「外力が働かない限り [*6]，互いに力を及ぼし合う 2 つの質点の運動量の総和（全運動量）は一定に保たれる」ことがいえる．これを**運動量保存の法則** [*7] という．運動量はベクトル量であるので，2 次元や 3 次元の問題に対しては，直交する方向に分けて運動量保存の法則を適用すればよい．

＊6　外力が作用していたとしても，和がゼロであればよい．

＊7　この法則は，3 つ以上の質点からなる質点系おいても成立する．詳細は第 6 章で扱う．

例題 5.4

なめらかな水平面上に静止している質量 60 kg の人が，もっていた質量 2.0 kg の物体を水平方向に速さ 20 m/s で投げたとき，投げた直後の人の速度を求めよ．

解 答

人と物体には外力が働かないため [*8] 運動量保存の法則が適用できる．つまり，投げる前は静止しているので物体と人の運動量の総和はゼロであり，投げた直後の運動量の総和も変わらずゼロである．よって，物体と人の質量をそれぞれ m, M，投げた直後の物体と人の速度をそれぞれ v, V と表し，物体を投げた向きを正とすると，

$$mv + MV = 0 \qquad (1)$$

が成り立つ [*9]．求める V について解くと，

$$V = -\frac{mv}{M} = -\frac{2.0 \times 20}{60} \approx -0.67\,[\mathrm{m/s}] \qquad (2)$$

となる．よって，投げた直後の人の速度は，物体の速度とは逆向きに 0.67 [m/s] である．　（解答終）

＊8　重力と水平面からの垂直抗力が外力として作用しているが，これらの力は投げる瞬間までつりあっており，外力の合力はゼロといえる．

＊9　物体に人が力を加えると，反作用として物体から人にも力が加わるため，投げた後の人の速度は，物体の速度とは逆向きになる．初めからこの見通しが立っていれば，投げた後の人の速度の大きさを V (> 0) として，運動量保存の式を $mv - MV = 0$ と立てて解いてもよい．

例題 5.5

なめらかで水平な xy 平面において，質量 m の小球 A [*10] が x 軸上を正の向きに v_0 の速さで進み，質量 M の小球 B が y 軸上を正の向きに V_0 の速さで進んでいる．この小球 A と B が原点 O で衝突し，衝突後の小球 A と B の速度がそれぞれ $\boldsymbol{v}_1$，$\boldsymbol{V}_1$ となった．$\boldsymbol{V}_1 = (V_x, V_y)$ と表されるとき，衝突後の小球 A の速度 $\boldsymbol{v}_1$ を求めよ．

＊10　力学の問題で出てくる「小球」や「小物体」などの「小」は，「大きさを無視できる」という意味である．「質点」と同様に，その運動は回転や変形などを考慮せずに考えればよい．

解 答

衝突後の A の速度 $\boldsymbol{v}_1$ を $\boldsymbol{v}_1 = (v_x, v_y)$ と表し，図 5.3 を参照しながら，運動量保存の法則を x, y 軸方向に対して適用すると，次式が成り立つ．

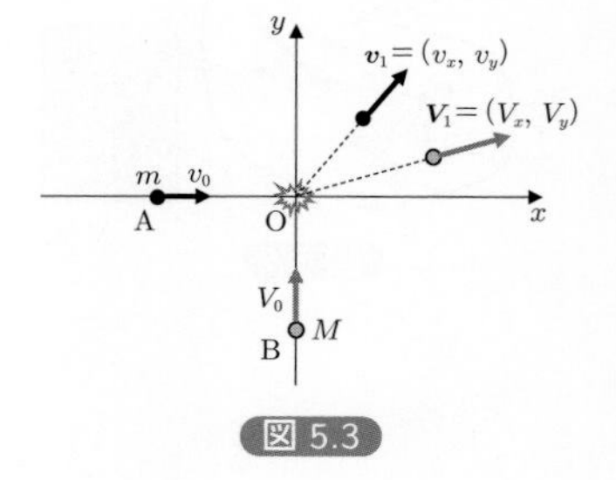

図 5.3

$$x\text{ 方向：} mv_0 + M \times 0 = mv_x + MV_x$$

$$\rightarrow \quad v_x = \frac{mv_0 - MV_x}{m} = v_0 - \frac{M}{m}V_x \tag{1}$$

$$y\text{ 方向：} m \times 0 + MV_0 = mv_y + MV_y$$

$$\rightarrow \quad v_y = \frac{MV_0 - MV_y}{m} = \frac{M}{m}(V_0 - V_y) \tag{2}$$

したがって，衝突後の A の速度 $\boldsymbol{v}_1$ は，次の通りである．

$$\boldsymbol{v}_1 = (v_x, v_y) = \left(v_0 - \frac{M}{m}V_x, \frac{M}{m}(V_0 - V_y)\right) \tag{3}$$

（解答終）

column

2 物体の衝突における全運動エネルギーの変化

外力が働かない限り，2 物体の衝突の前後で全運動量は変化しないことを見てきたが，全運動エネルギー（= 2 物体の運動エネルギーの総和）は衝突の前後で保存する場合もしない場合もある．衝突の前後で全運動エネルギーが保存する場合を「弾性衝突」という．一方で，衝突の前後で全運動エネルギーが少しでも減少する場合を「非弾性衝突」という．非弾性衝突では，衝突に伴って減少した運動エネルギーは，熱や音，振動などの別の形態のエネルギーに変換されているのである．

5.2 力のモーメントと角運動量

5.2.1 力のモーメント

ここがポイント！

① 力のモーメントとは，物体を回転させようとする力の効果を表すベクトル量．

② 力 $\boldsymbol{F}$ のモーメントは，$\boldsymbol{N} = \boldsymbol{r} \times \boldsymbol{F}$ と表され（$\boldsymbol{r}$ は回転中心 O から見た力 $\boldsymbol{F}$ の作用点の位置），その大きさは，$N = rF\sin\theta$ である（θ は $\boldsymbol{r}$ と $\boldsymbol{F}$ のなす角）．

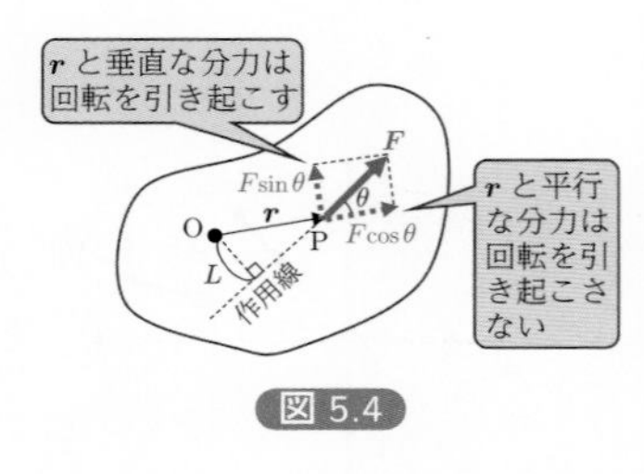

図 5.4

物体に力を加えるとき，物体のどこに，また，どの向きに作用させるかによって，同じ大きさの力でも回転運動に対する効果は変わってくる．図 5.4 のように，固定軸 O をもつ物体に対して点 P に作用する力 $\boldsymbol{F}$ を考えてみよう．点 P の位置ベクトルである $\boldsymbol{r}$ に平行な方向と垂直な方向に対して，力 $\boldsymbol{F}$ を分解してみる．$\boldsymbol{r}$ と平行な分力（$F\cos\theta$）は，引っ張る働きはあるが，回転を引き起こす働きはない．一方，$\boldsymbol{r}$ と垂直な分力（$F\sin\theta$）は，回転を引き起こす働きがある．また，シーソーやてこを使った経験から，回転軸から離れた位置に力を加えた方が回転させる働きは大きくなることが知られている．

そこで，物体を回転させようとする力の効果を**力のモーメント**と呼び（**トルク**と呼ばれることもある），以上の考察を踏まえて，その大きさを「(回転中心から作用点までの距離）×（垂直な分力)」で表す．つまり，力のモーメントの大きさ N は，

$$N = rF\sin\theta \tag{5-12}$$

と表される．力のモーメントの SI 単位は $\mathrm{N\cdot m}$，次元は $[\mathrm{L^2MT^{-2}}]$ である．また，別の見方として，力のモーメントの大きさを「(力の大きさ）×（回転中心と作用線との間の距離)」であると考えることもできる．つまり，図 5.4 の状況では，

$$N = FL \tag{5-13}$$

と表すことができる．なお，$L = r\sin\theta$ であるため，式 (5-13) と式 (5-12) は同じ値であるから，状況に応じて考えやすい方で求めればよい．

また，回転には向きの違いがあるので，力のモーメントは，向きを含めたベクトル量として定義するのがよい．固定軸回りの回転に対しては，通常，力によって引き起こされる回転が反時計回り（左回り）のときは正の符号，時計回り（右回り）のときは負の符号をつけて力のモーメントを表すことが多い *11．

例えば，図 5.5 のように，xy 平面において，点 $\mathrm{P}(x, y)$ に作用している力 $\boldsymbol{F}$ の原点 O のまわりのモーメントを求めてみよう *12．力 $\boldsymbol{F}$ を $\boldsymbol{F} = (F_x, F_y)$ と分解し，分力のモーメントを求めてから足せばよい．x 方向の分力のモーメントは $-yF_x$ であり，y 方向の分力のモーメントは $+xF_y$ であるので，力 $\boldsymbol{F}$ のモーメント N は

$$N = xF_y - yF_x \tag{5-14}$$

となる．

*11　分野や状況によって符号の取り方は異なることがあるので，問題を解くときは注意しよう．

*12　ここまでの説明では，簡単のために大きさのある物体に働く力を想定してきたが，ここでは，それまで通り点 P は物体の中の 1 点とみなしてもよいし，点 P にある質点に働く力のモーメントを求めていると考えてもよい．

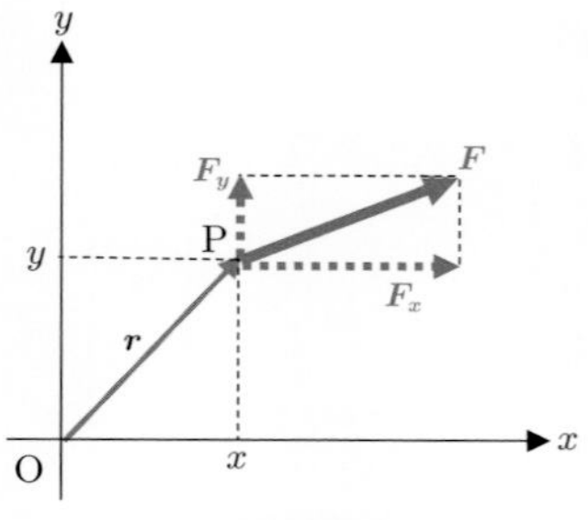

図 5.5

より一般的な定義として，3 次元的に扱う場合には，力のモーメント $\boldsymbol{N}$ は，回転中心から見た力の作用点の位置ベクトル $\boldsymbol{r}$ と力のベクトル $\boldsymbol{F}$ とのベクトル積として，

$$\boldsymbol{N} = \boldsymbol{r} \times \boldsymbol{F} \tag{5-15}$$

と表すことができる．この定義では，$\boldsymbol{N}$ は回転軸の方向を向くベクトルであり，$\boldsymbol{r}$ と $\boldsymbol{F}$ の両方に垂直で，$\boldsymbol{r}$ から $\boldsymbol{F}$ へ向かって右ねじを回すときにねじが進む向きを向いている．また，$\boldsymbol{N}$ の大きさは，$\boldsymbol{r}$ と $\boldsymbol{F}$ を 2 辺とする平行四辺形の面積と等しく，

$$N = rF\sin\theta \quad \text{（ただし，}\theta\text{ は }\boldsymbol{r}\text{ と }\boldsymbol{F}\text{ のなす角で }0 \leq \theta \leq \pi\text{）} \tag{5-16}$$

と表される [*13]．これは式 (5-12) と同じ式であることから，式 (5-15) は始めに扱った考え方と矛盾しない定義であることがわかる．

*13　節 1.6 で紹介されているベクトル積の向き・大きさの定義を参照しよう．

また，$\boldsymbol{r} = (x, y, z)$, $\boldsymbol{F} = (F_x, F_y, F_z)$ と表されるとき，力のモーメント $\boldsymbol{N}$ の成分表示は次式で表される．

$$\boldsymbol{N} = (N_x, N_y, N_z) = (yF_z - zF_y, zF_x - xF_z, xF_y - yF_x) \tag{5-17}$$

ここで，xy 平面内に回転方向を設定した図 5.5 と式 (5-14) を振り返ってみると，式 (5-14) は z 軸回りの力のモーメントを求めたものであった．式 (5-17) において $z = 0$, $F_z = 0$ とすると，$\boldsymbol{N} = (0, 0, xF_y - yF_x)$ となるが，この z 成分が式 (5-14) の N である．この点からも，式 (5-15) が一般化された力のモーメントの定義であることがわかる．

例題 5.6

図 5.6 のように，半径 20 cm，厚さ 1.5 cm の一様な円板に，円板の円周に沿って 0.30 N の力を加えた．この加えた力による円板の中心 O のまわりの力のモーメントの大きさを求めよ．

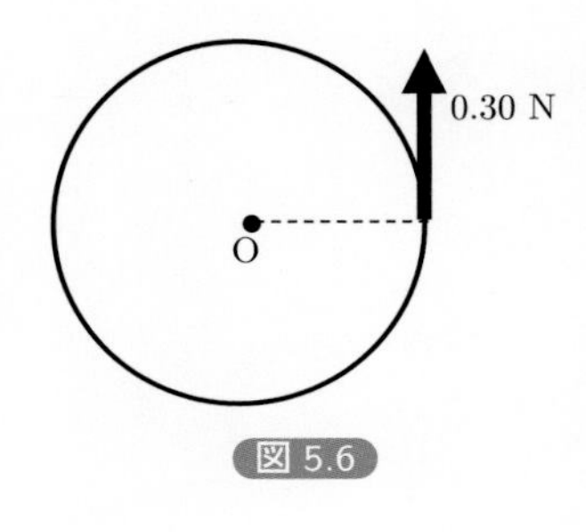

図 5.6

解 答

半径 r の円板の円周に沿って作用する力 F による円板の中心まわりの力のモーメントの大きさ N は，

$$N = rF \tag{1}$$

と表される [*14]．したがって，求める力のモーメントの大きさは次

*14　この問題では $\boldsymbol{r}$ と $\boldsymbol{F}$ のなす角が 90° であるので，$\sin 90°$ (= 1) は省略している．

の通りである.

$$N = 0.20\,\mathrm{m} \times 0.30\,\mathrm{N} = 0.060\,\mathrm{N \cdot m}$$

（解答終）

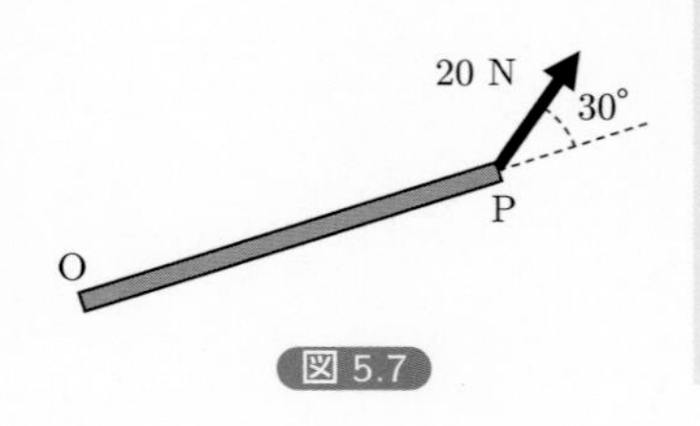

図 5.7

例題 5.7

図 5.7 のように，まっすぐで一様な棒 OP の一端 P に，20 N の力を加えた．棒の長さを 40 cm，力の作用線と棒のなす角を 30° とするとき，この加えた力による点 O と点 P のまわりの力のモーメントの大きさをそれぞれ求めよ.

解答

点 O まわり：$N_{\mathrm{O}} = rF\sin\theta = 0.40 \times 20 \times \sin 30^\circ = 4.0\,\mathrm{N \cdot m}$

点 P まわり：力の作用点が P であるので，$N_{\mathrm{P}} = 0\,\mathrm{N \cdot m}$

（解答終）

5.2.2 角運動量

ここがポイント!

角運動量 $\boldsymbol{l}$ は，質点の回転運動の勢いを表すベクトル量であり，$\boldsymbol{l} = \boldsymbol{r} \times \boldsymbol{p}$ と定義され，その大きさは，$l = rp\sin\theta$ である（θ は $\boldsymbol{r}$ と $\boldsymbol{p}$ のなす角）.

力が加わることによって変化する物理量が運動量であることは式 (5-3) で確認したが，回転させようとする力の効果である力のモーメントが加わることによって変化する物理量は何であろうか．それが，ここで学ぶ**角運動量**である.

位置 $\boldsymbol{r}$，運動量 $\boldsymbol{p}$ $(= m\boldsymbol{v})$ の質点の（原点まわりの）角運動量 $\boldsymbol{l}$ は,

$$\boldsymbol{l} = \boldsymbol{r} \times \boldsymbol{p} \qquad (5\text{-}18)$$

というように，$\boldsymbol{r}$ と $\boldsymbol{p}$ のベクトル積で定義される量である [*15]．角運動量の SI 単位は $\mathrm{kg \cdot m^2/s}$，次元は $[\mathrm{L^2MT^{-1}}]$ である.

＊15　式 (5-15) の力のモーメントの定義式と比べると，角運動量は「運動量のモーメント」といってもよい.

角運動量は，簡単には，質点の回転運動の勢いを表す物理量と思えばよい．式 (5-18) より，角運動量 $\boldsymbol{l}$ は回転軸の方向を向くベクトルであり，$\boldsymbol{r}$ と $\boldsymbol{p}$ の両方に垂直で，$\boldsymbol{r}$ から $\boldsymbol{p}$ へ向かって右ねじを回すときにねじが進む向きを向いているものと定義される．また，$\boldsymbol{l}$ の大きさは，$\boldsymbol{r}$ と $\boldsymbol{p}$ を 2 辺とする平行四辺形の面積と等しく，

$$l = rp\sin\theta = mrv\sin\theta \quad （ただし，\theta は \boldsymbol{r} と \boldsymbol{p} のなす角で 0 \leq \theta \leq \pi） \tag{5-19}$$

である．また，$\boldsymbol{r} = (x, y, z)$，$\boldsymbol{p} = (p_x, p_y, p_z)$ と表されるとき，角運動量 $\boldsymbol{l}$ の成分表示は次式で表される．

$$\boldsymbol{l} = (l_x, l_y, l_z) = (yp_z - zp_y, zp_x - xp_z, xp_y - yp_x) \tag{5-20}$$

例題 5.8

点 O を中心とする半径 r の円周上を一定の角速度 ω で円運動する質量 m の質点がある．この質点の速さと点 O のまわりの角運動量の大きさを求めよ．

解 答

この質点は等速円運動をしているので，速さ v は

$$v = r\omega \tag{1}$$

である[*16]．等速円運動の場合，点 O を始点とした質点の位置 $\boldsymbol{r}$ と速度 $\boldsymbol{v}$（および運動量 $\boldsymbol{p}$）は常に直交する（$\theta = \dfrac{\pi}{2}$）．したがって，求める角運動量の大きさ l は次の通りである．

$$l = rp = rmv = mr^2\omega$$

（解答終）

*16　第 2 章 2.2.4 の等速円運動の内容を振り返ろう．

5.2.3　角運動量と力のモーメントの関係

ここがポイント！

① 質点の角運動量 $\boldsymbol{l}$ の時間変化率は，その質点に作用する力のモーメント $\boldsymbol{N}$ に等しい：$\dfrac{\mathrm{d}\boldsymbol{l}}{\mathrm{d}t} = \boldsymbol{N}$

② 作用する力のモーメントがゼロである限り，質点の角運動量は

一定に保たれる.（角運動量保存の法則）

式 (5-18)

$$\boldsymbol{l} = \boldsymbol{r} \times \boldsymbol{p}$$

力のモーメントが加わることによって変化する物理量が角運動量であることを示すため，式 (5-18) で定義される角運動量 $\boldsymbol{l}$ を時間 t で微分してみると，

$$\frac{\mathrm{d}\boldsymbol{l}}{\mathrm{d}t} = \frac{\mathrm{d}}{\mathrm{d}t}(\boldsymbol{r} \times \boldsymbol{p}) = \frac{\mathrm{d}\boldsymbol{r}}{\mathrm{d}t} \times \boldsymbol{p} + \boldsymbol{r} \times \frac{\mathrm{d}\boldsymbol{p}}{\mathrm{d}t} = \boldsymbol{v} \times m\boldsymbol{v} + \boldsymbol{r} \times \boldsymbol{F} = \boldsymbol{r} \times \boldsymbol{F} \tag{5-21}$$

式 (5-3)

$$\frac{\mathrm{d}\boldsymbol{p}}{\mathrm{d}t} = \boldsymbol{F}$$

となる．なお，$\boldsymbol{F}$ は着目している質点に働く力であり，式 (5-3) や $\boldsymbol{p} = m\boldsymbol{v}$ であること，以下のベクトル積の一般的な性質を考慮して変形した．

$$\boldsymbol{A} \times \boldsymbol{A} = \boldsymbol{0} \quad \text{（任意の同じベクトル同士のベクトル積は}\ \boldsymbol{0}\text{）} \tag{5-22}$$

$$\frac{\mathrm{d}}{\mathrm{d}t}(\boldsymbol{A} \times \boldsymbol{B}) = \frac{\mathrm{d}\boldsymbol{A}}{\mathrm{d}t} \times \boldsymbol{B} + \boldsymbol{A} \times \frac{\mathrm{d}\boldsymbol{B}}{\mathrm{d}t} \quad \text{（ベクトル積の微分の公式）} \tag{5-23}$$

式 (5-15)

$$\boldsymbol{N} = \boldsymbol{r} \times \boldsymbol{F}$$

さらに，式 (5-15) の力のモーメントの定義式を踏まえると，式 (5-21) は，

$$\frac{\mathrm{d}\boldsymbol{l}}{\mathrm{d}t} = \boldsymbol{N} \tag{5-24}$$

という関係式となり，「質点の角運動量の時間変化率は，（その瞬間に）その質点に作用する力のモーメントに等しい」ということがわかる．

なお，着目している質点に作用する力のモーメントが $\boldsymbol{0}$ のとき，つまり，$\boldsymbol{N} = \boldsymbol{0}$ のとき，

$$\frac{\mathrm{d}\boldsymbol{l}}{\mathrm{d}t} = \boldsymbol{0} \tag{5-25}$$

となるので，この質点の角運動量は $\boldsymbol{l} =$ 一定 である．つまり，力のモーメントが $\boldsymbol{0}$ である限り，角運動量は保存される．これを**角運動量保存の法則**という．この法則が適用できる，つまり，$\boldsymbol{N} = \boldsymbol{0}$ となるのは，

① $\boldsymbol{F} = \boldsymbol{0}$ のとき（質点に力が作用しない），

② $\boldsymbol{r} \times \boldsymbol{F} = \boldsymbol{0}$ のとき（$\boldsymbol{r}$ と $\boldsymbol{F}$ が平行または反平行，例えば $\boldsymbol{F}$ が中心力）

のいずれかの場合である．

例題 5.9

軽くて伸び縮みしないひもが取り付けられた小物体が，小さな穴を開けた水平でなめらかな台の上で，その穴を中心として半径 R，角速

度の大きさ ω で等速円運動をしている．図 5.8 のように，ひもは穴を通って垂れ下がった状態で引っ張られている．このひもを引く力を大きくし，小物体の等速円運動の半径を R' に変化させた $(R > R')$．変化後の小物体の角速度の大きさと速さを求めよ．

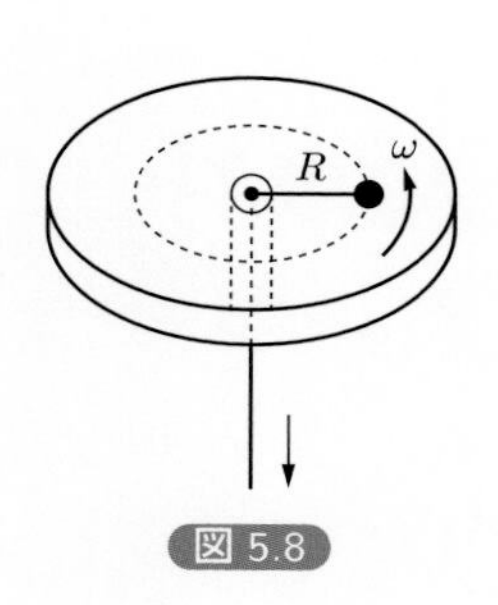

図 5.8

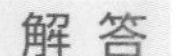
解答

小物体の元の速さを v とし，ひもの張力を大きくした後の角速度の大きさを ω'，速さを v' とすると，

$$v = R\omega, \qquad v' = R'\omega' \tag{1}$$

であり，速度の方向は円の接線方向である．また，この小物体に働く力はひもの張力であるが [*17]，これは中心力である（$\boldsymbol{r}$ と $\boldsymbol{F}$ が反平行）．よって，角運動量保存の法則が適用でき，半径を小さくしても小物体の角運動量は変わらないため，

$$Rmv = R'mv' \tag{2}$$

が成り立つ．なお，小物体の質量を m とした．これに式 (1) の v，v' の式を代入して整理すると，

$$mR^2\omega = mR'^2\omega' \quad \rightarrow \quad \omega' = \left(\frac{R}{R'}\right)^2 \omega \tag{3}$$

であり，また，

$$v' = R'\omega' = \frac{R^2}{R'}\omega \ \left(= \frac{R}{R'}v\right) \tag{4}$$

である．（なお，$R > R'$ より $\dfrac{R}{R'} > 1$ であるため，$\omega' > \omega$, $v' > v$ である．つまり，半径を小さくすると，角速度の大きさと速さはいずれも増加する．）　（解答終）

*17　鉛直方向には，重力と台からの垂直抗力が働いているが，これらはつりあっていて，合力ゼロである．

基本問題

5.1. 速さ v_0 で飛んできた質量 m の小球を，飛んできた方向から $90°$ 方向を変えて同じ速さで飛ばす場合，小球に与える力積の大きさと向きを求めよ．

5.2. x 軸上を正の向きに 5.0 m/s の一定の速さで進んでいる質量 10 kg の物体がある．この物体が原点を通過した瞬間から，時間 t の経過とともに図 5.9 のように大きさが変化する力 F が x 軸の正の向きにこの物体に加わった．

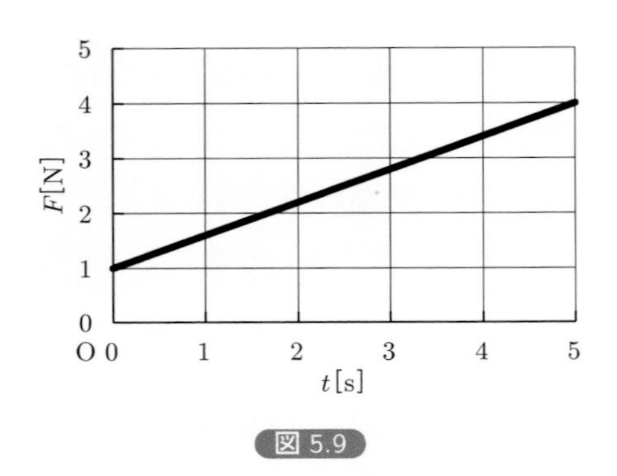

図 5.9

(1) $t = 0\,\mathrm{s}$ から $t = 5.0\,\mathrm{s}$ の間にこの物体が力 F から受けた力積の大きさを求めよ．

(2) $t = 5.0\,\mathrm{s}$ のときのこの物体の速度を求めよ．

5.3. x 軸方向の正の向きに速さ v で運動している質量 m の気体分子が壁に垂直にぶつかり，同じ速さで逆向きに跳ね返る現象が 1 秒間に N 回起こっている．気体分子が壁に与える平均の力の大きさを求めよ．

5.4. なめらかな水平面上で，北向きに速さ $6.0\,\mathrm{m/s}$ で進む質量 $2.0\,\mathrm{kg}$ の小球 A と，東向きに速さ $9.0\,\mathrm{m/s}$ で進む質量 $1.0\,\mathrm{kg}$ の小球 B が衝突し，その後一体となって進んだ．一体となった後の小球 A，B の速度を求めよ．

5.5. 地球は太陽の周りを 1 年かかって公転している．地球は，太陽を中心として等速円運動をするとして，太陽のまわりの地球の角運動量の大きさを求めよ．ただし，地球の質量は $M = 6.0 \times 10^{24}\,\mathrm{kg}$，公転半径は $R = 1.5 \times 10^{8}\,\mathrm{km}$ とする．

5.6. 点 O を中心とする半径 $3.0\,\mathrm{m}$ の円周上を一定の角速度 $2.0\,\mathrm{rad/s}$ で円運動する質量 $4.0\,\mathrm{kg}$ の質点がある．この質点の速さと点 O のまわりの角運動量の大きさを求めよ．

発展問題

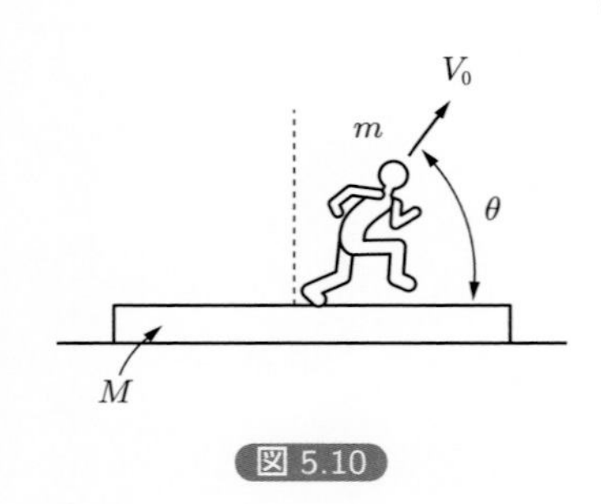

図 5.10

5.7. 水平でなめらかな床の上に質量 M の薄い一様な板が置かれている．その中心上に質量 m の人が乗っている．この人が水平と角度 θ をなす斜め上方向に初速度の大きさ V_0 でジャンプした（図 5.10 参照）．このとき，板の中心はどのような運動をするか．

5.8. 図 5.11 のように，質量 m の小球が毎秒 n 個の割合で，秤の斜め上方 30° の方向から速さ v で続けざまに飛んできて，秤の皿にあたり，跳ね返って飛び去って行くものとする．このときの秤の読みは（質量の目盛りで）いくらになるか．ただし，小球と皿の衝突は弾性衝突とし，重力加速度の大きさを g とする．

5.9. 図 5.12 のように，質量 m の小球 A が速さ v_1 で一直線上を運動している．運動中，静止していた同じ質量の小球 B に弾性衝突した．小球 A は衝突前の進行方向から角度 θ_1 の方向に速さ v_1' ($v_1' \neq 0$) で散乱した．小球 B の速さ v_2'，および散乱角 θ_2 を，v_1，v_1'，θ_1 を用いて表せ．

5.10. 地球の表面をすれすれに円運動するのに必要な最小の速さの a 倍 ($a > 1$) の速さで，地表の接線方向に人工衛星を打ち上げた（図 5.13 参照）．この人工衛星は楕円軌道に乗り，地球を周回し始めた．この人工衛星の地球から最も遠いときの距離 R_M とそのときの速さ v_M とを求めよ．楕円軌道になるために許される a の範囲を求めよ．地球の半径を R_e，重力加速度を g とする．

5.11. 地球からずっと遠方にある小惑星が，図 5.14 のような距離を保って地球に接近してくるとする（図中の距離 b を衝突径数または衝突パラメータという）．このときの小惑星の速さを $\sqrt{2gR_e}$

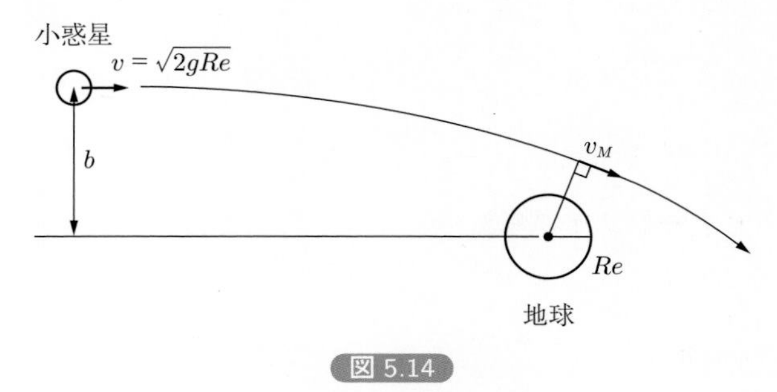

図 5.14

とする．ただし，R_e は地球の半径，g は重力加速度である．小惑星は地球に近づき衝突するように思えるが，小惑星が十分大きな速さをもっている場合には衝突せず，地球を通り過ぎる．小惑星が地球に最も近づくときの地球からの距離 R_M はいくらか．

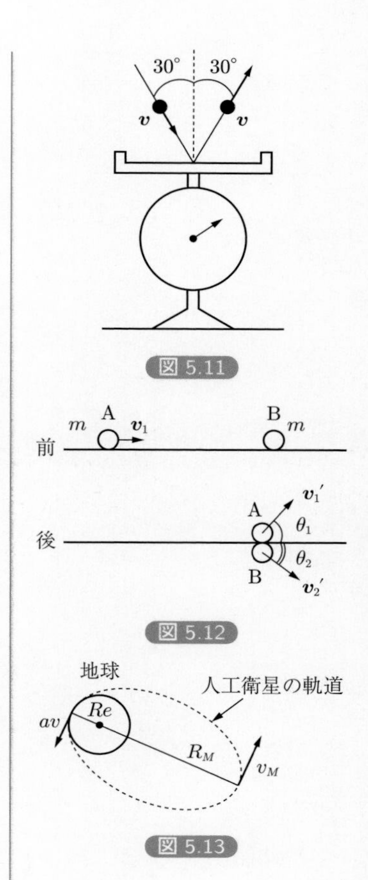

図 5.11

図 5.12

図 5.13

第6章

質点系の力学 —多くの質点からなる系の力学—

学習のポイント

(1) 質点系

2 個以上の質点で構成される集合体.

重心の位置は $\boldsymbol{R} = \dfrac{\sum_i m_i \boldsymbol{r}_i}{M}$ で表される.（M は全質量）

(2) 剛体

力が加わっても変形しない物体.

質点系として扱う場合，構成する質点同士の相対位置は変わらない.

(3) 慣性モーメント

剛体の質量分布，形，回転軸のとり方などによって決まる定数で，角速度の変わりにくさを表す物理量．剛体の全質量が等しくても，なるべく回転軸から遠いところに質量分布のあるほうが大きくなる.

(4) 剛体の平面運動

重心が xy 平面を並進運動し，重心を通り xy 面に垂直な軸のまわりを回転運動する剛体の場合，以下の 3 つの運動方程式を解けばよい.

① x 軸方向の重心の運動方程式 $M\dfrac{\mathrm{d}^2X}{\mathrm{d}t^2} = \sum_i F_{ix}$

② y 軸方向の重心の運動方程式 $M\dfrac{\mathrm{d}^2Y}{\mathrm{d}t^2} = \sum_i F_{iy}$

③ 回転の運動方程式 $I_G\dfrac{\mathrm{d}^2\phi}{\mathrm{d}t^2} = \sum_i \left(x_i{}'F_{iy} - y_i{}'F_{ix}\right)$

ここで，M は剛体の質量，I_G は重心を通る回転軸のまわりの慣性モーメント，(X, Y) は重心の座標である．また，$\sum_i F_{ix}$，$\sum_i F_{iy}$ はそれぞれ x, y 軸方向の外力の合力，$(x_i{}', y_i{}')$ は回転軸から見た位置，$\sum_i \left(x_i{}'F_{iy} - y_i{}'F_{ix}\right)$ は重心まわりの外力のモーメントの和の大きさである.

6.1 質点系の並進運動

ここがポイント！

質点系とは 2 個以上の質点で構成される集合体のこと．

質点系の重心の位置は $\boldsymbol{R} = \dfrac{\sum_i m_i \boldsymbol{r}_i}{M}$ で表される．

質点系の重心の運動方程式は $M\dfrac{\mathrm{d}^2\boldsymbol{R}}{\mathrm{d}t^2} = \sum_i \boldsymbol{F}_i$ である．

質点系とは，2 個以上の質点で構成される集合体である．地上で私たちが扱う通常の物体は大きさをもっているので，一般に質点として扱うことはできないが，これを微小部分に細分して考えれば多数の質点の集合体とみなせるため，質点系として扱うことができる．また，太陽系も，惑星および太陽をそれぞれ質点とみなして，多くの質点からなる質点系として扱うこともできる．ここでいう微小部分というのは，原子，原子核，電子 $\cdots$ などのミクロなものを指すのではなく，考えている系全体に対して物体の大きさが十分に小さいので回転や変形を考えなくてもよいという意味である．

質点に番号をつけて，$1, 2, 3, \cdots$ 個の質点からなる質点系を考える．これらの質点は互いに力を及ぼし合っていて，j 番目が i 番目に及ぼす力を $\boldsymbol{F}_{ji}$ とし，i 番目が j 番目に及ぼす力を $\boldsymbol{F}_{ij}$ とする．質点系において，質点同士が互いに及ぼし合うこの力を**内力**という．質点系の各質点には内力のほかに外部からも力が作用しているものとし，i 番目の質点に働いている外力を $\boldsymbol{F}_i$ とする．番号順に各質点の質量を $m_1, m_2, m_3, \cdots$，各質点の位置を $\boldsymbol{r}_1, \boldsymbol{r}_2, \boldsymbol{r}_3, \cdots$ とすると，各質点の運動方程式は

$$\begin{cases} m_1\dfrac{\mathrm{d}^2\boldsymbol{r}_1}{\mathrm{d}t^2} = \boldsymbol{F}_1 + \boldsymbol{F}_{21} + \boldsymbol{F}_{31} + \cdots \\ m_2\dfrac{\mathrm{d}^2\boldsymbol{r}_2}{\mathrm{d}t^2} = \boldsymbol{F}_2 + \boldsymbol{F}_{12} + \boldsymbol{F}_{32} + \cdots \\ \qquad\qquad \vdots \\ \qquad\qquad \vdots \end{cases} \tag{6-1}$$

となる．これらを全部加え合わせると，内力については，運動の第 3 法則（作用・反作用の法則）により，$\boldsymbol{F}_{ij} + \boldsymbol{F}_{ji} = \boldsymbol{0}$ となるから，右辺は外力だけが残って，

$$m_1\frac{\mathrm{d}^2\boldsymbol{r}_1}{\mathrm{d}t^2}+m_2\frac{\mathrm{d}^2\boldsymbol{r}_2}{\mathrm{d}t^2}+m_3\frac{\mathrm{d}^2\boldsymbol{r}_3}{\mathrm{d}t^2}+\cdots=\boldsymbol{F}_1+\boldsymbol{F}_2+\boldsymbol{F}_3+\cdots \tag{6-2}$$

が得られる．質点系の全質量を $M=m_1+m_2+m_3+\cdots$ とし，位置 $\boldsymbol{R}$ を

$$\begin{aligned}\boldsymbol{R}&=\frac{(m_1\boldsymbol{r}_1+m_2\boldsymbol{r}_2+m_3\boldsymbol{r}_3+\cdots)}{M}\\&=\frac{\sum_i m_i\boldsymbol{r}_i}{M}\end{aligned} \tag{6-3}$$

と定義すると，式 (6-2) は

$$M\frac{\mathrm{d}^2\boldsymbol{R}}{\mathrm{d}t^2}=\sum_i \boldsymbol{F}_i \tag{6-4}$$

となる [*1]．この位置 $\boldsymbol{R}$ を**重心**または**質量中心**という．式 (6-4) は，位置 $\boldsymbol{R}$ の点に質量 M の 1 個の質点があって，その質点に外力の合力 $\boldsymbol{F}=\sum_i \boldsymbol{F}_i$ が作用しているときの，1 質点の運動方程式と同じである．すなわち質点系の重心の運動は，全質量が重心に集中し，外力もすべてそこに働いている 1 個の質点の運動と同じであるといえる．質点の力学が現実的な問題に役立つのはこのためである．

*1　式 (6-3), 式 (6-4) にある総和記号 $\sum$（読み方：シグマ）は繰り返し足し算をする式を簡単に書くための記号である．例えば，

$$\sum_{i=1}^{N} m_i\boldsymbol{r}_i$$

は変数 i を 1 から N まで 1 ずつ増やしながら，$m_i\boldsymbol{r}_i$ を足すことを表す．足す範囲が明らかな場合，変数 i の範囲を省略して，

$$\sum_i m_i\boldsymbol{r}_i$$

と表すこともある．

例題 6.1

太陽と地球を質点とみなし，この 2 質点系の重心の位置を求めよ．ただし，太陽と地球の（中心）間の距離を $r=1.5\times10^{11}$ m，太陽の質量を $M=2.0\times10^{30}$ kg，地球の質量を $m=6.0\times10^{24}$ kg とする．

解答

太陽（の中心）を原点として，地球方向に x 軸を設定し，重心の位置 x_R を求めると，

$$\begin{aligned}x_R&=\frac{M\times0+m\times r}{M+m}\\&=\frac{6.0\times10^{24}\times1.5\times10^{11}}{2.0\times10^{30}+6.0\times10^{24}}\ \mathrm{m}\end{aligned} \tag{1}$$

ここで, m は M に対して十分小さいので無視することができるので,

$$x_R\approx\frac{6.0\times10^{24}\times1.5\times10^{11}}{2.0\times10^{30}}\ \mathrm{m}\approx4.5\times10^{5}\ \mathrm{m}$$

となる．　　（解答終）

地上で扱う物体は微小部分に細分してその微小部分を1個の質点とみなし，この質点が連続的に分布している質点系である．このようなときは，式(6-3)の m_i を密度 $\rho(\boldsymbol{r})$ と微小体積 $\mathrm{d}v$ を用いて $\rho(\boldsymbol{r})\mathrm{d}v$ とし，$\sum$ を $\int$ に置き換えて，

$$\boldsymbol{R}=\frac{\sum_i m_i\boldsymbol{r}_i}{\sum_i m_i}\longrightarrow\boldsymbol{R}=\frac{\int\rho(\boldsymbol{r})\boldsymbol{r}\mathrm{d}v}{\int\rho(\boldsymbol{r})\mathrm{d}v}\tag{6-5}$$

とすればよい [*2]．密度が一様な場合，式(6-5)は，

*2 $\sum_i m_i=M$

$$\boldsymbol{R}=\frac{\rho\int\boldsymbol{r}\mathrm{d}v}{\rho\int\mathrm{d}v}=\frac{\int\boldsymbol{r}\mathrm{d}v}{\int\mathrm{d}v}=\frac{1}{V}\int\boldsymbol{r}\mathrm{d}v\tag{6-6}$$

と表すこともできる．ここで，V は物体の体積である．

式(6-2)

$$m_1\frac{\mathrm{d}^2\boldsymbol{r}_1}{\mathrm{d}t^2}+m_2\frac{\mathrm{d}^2\boldsymbol{r}_2}{\mathrm{d}t^2}+m_3\frac{\mathrm{d}^2\boldsymbol{r}_3}{\mathrm{d}t^2}+\cdots=\boldsymbol{F}_1+\boldsymbol{F}_2+\boldsymbol{F}_3+\cdots$$

式(6-3)

$$\boldsymbol{R}=\frac{(m_1\boldsymbol{r}_1+m_2\boldsymbol{r}_2+m_3\boldsymbol{r}_3+\cdots)}{M}=\frac{\sum_i m_i\boldsymbol{r}_i}{M}$$

式(6-2)を各質点の運動量を用いて $\boldsymbol{p}_1,\boldsymbol{p}_2,\boldsymbol{p}_3,\cdots$ 書くと，

$$\frac{\mathrm{d}}{\mathrm{d}t}(\boldsymbol{p}_1+\boldsymbol{p}_2+\boldsymbol{p}_3+\cdots)=\boldsymbol{F}_1+\boldsymbol{F}_2+\boldsymbol{F}_3+\cdots\tag{6-7}$$

である．ここで質点系の全運動量 $\boldsymbol{P}=\sum_i\boldsymbol{p}_i$ は重心の定義式(6-3)を t で微分して

$$M\frac{\mathrm{d}\boldsymbol{R}}{\mathrm{d}t}=m_1\frac{\mathrm{d}\boldsymbol{r}_1}{\mathrm{d}t}+m_2\frac{\mathrm{d}\boldsymbol{r}_2}{\mathrm{d}t}+\cdots\tag{6-8}$$

であるから，式(6-2)は，

$$\frac{\mathrm{d}\boldsymbol{P}}{\mathrm{d}t}=M\frac{\mathrm{d}^2\boldsymbol{R}}{\mathrm{d}t^2}=\sum_i\boldsymbol{F}_i\tag{6-9}$$

と書くことができる．このことから，質点系の全運動量 $\boldsymbol{P}$ は $M\frac{\mathrm{d}\boldsymbol{R}}{\mathrm{d}t}$ に等しく，全運動量の時間的変化は外力の総和に等しく，内力には関係しないことがわかる．また，外力が働いていないか外力の総和が $\boldsymbol{0}$ であるときは

$$\frac{\mathrm{d}\boldsymbol{P}}{\mathrm{d}t}=\boldsymbol{0}\tag{6-10}$$

で，全運動量は時間的に一定である．これは質点系の運動量保存の法則である．

これまで述べてきたように，質点系の運動は，重心に全質量が集まった1質点の運動として扱うことができるが，重心からみた各質点の運動はどうなっているのだろうか．これについて考えるため，座標原点をOとし，重心の位置を $\boldsymbol{R}$，i 番目の質点の位置を $\boldsymbol{r}_i$，重心からみた i 番目の質点の位置を $\boldsymbol{r}_i{}'$ とすると（図6.1），

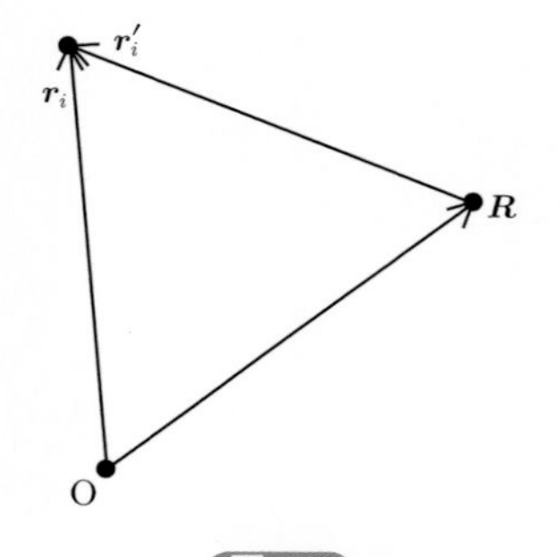

図6.1

$$\boldsymbol{r}_i=\boldsymbol{R}+\boldsymbol{r}_i{}'\tag{6-11}$$

である．これを時間 t で微分すると，

$$\boldsymbol{v}_i = \boldsymbol{V} + \boldsymbol{v}_i{}' \tag{6-12}$$

を得る．$\boldsymbol{V} = \dfrac{\mathrm{d}\boldsymbol{R}}{\mathrm{d}t}$ は重心の速度，$\boldsymbol{v}_i{}' = \dfrac{\mathrm{d}\boldsymbol{r}_i}{\mathrm{d}t}$ は重心に対する i 番目の質点の相対速度である．これに m_i をかけ，全質点について足し合わせると，

$$\sum_i m_i \boldsymbol{v}_i = \sum_i m_i \boldsymbol{V} + \sum_i m_i \boldsymbol{v}_i{}' \tag{6-13}$$

となる．これは

$$\frac{\mathrm{d}}{\mathrm{d}t}\left(\frac{\sum_i m_i \boldsymbol{r}_i}{M}\right) = \frac{\mathrm{d}\boldsymbol{R}}{\mathrm{d}t} + \frac{1}{M}\sum_i m_i \boldsymbol{v}_i{}' \tag{6-14}$$

と書くことができるので，左辺は重心の位置を時間微分したものであり右辺第 1 項と等しい [*3]．よって

$$\sum_i m_i \boldsymbol{v}_i{}' = \boldsymbol{0} \tag{6-15}$$

となり，運動量は $\boldsymbol{0}$ である．これは重心の定義から当然のことである．

続いて，質点系の運動エネルギーについてみてみよう．i 番目の質点のもっている運動エネルギーは

$$\frac{1}{2}m_i \boldsymbol{v}_i{}^2 = \frac{1}{2}m_i \left(V + \boldsymbol{v}_i{}'\right)^2 \tag{6-16}$$

と書くことができ，これを全質点について足し合わせると

$$\frac{1}{2}\sum_i m_i \boldsymbol{v}_i{}^2 = \frac{1}{2}M\boldsymbol{V}^2 + \sum_i \frac{1}{2}m_i \boldsymbol{v}_i{}'^2 \tag{6-17}$$

となる．質点系の運動エネルギーは，重心の運動エネルギーと重心に対する相対運動の運動エネルギーの和に等しい．この相対運動の運動エネルギーが，静止している物体がもつ内部エネルギーの一部で，物体を構成している分子などがもつエネルギーの一部である．

*3 $\sum_i m_i = M$

6.2 質点系の回転

ここがポイント！

質点系の全角運動量の時間微分は系に働く原点に関する外力のモーメントの総和に等しい．すなわち $\dfrac{\mathrm{d}\boldsymbol{L}}{\mathrm{d}t} = \sum_i \boldsymbol{r}_i \times \boldsymbol{F}_i = \sum_i \boldsymbol{N}_i$ が成り立つ．

質点系の角運動量を考えてみよう．i 番目の質点の角運動量 $\boldsymbol{l}_i = \boldsymbol{r}_i \times \boldsymbol{p}_i$ の時間的変化は i 番目の質点が受ける力のモーメントに等しい．すなわち，$\boldsymbol{r}_i$ と式 (6-1) の一般式とのベクトル積をつくると

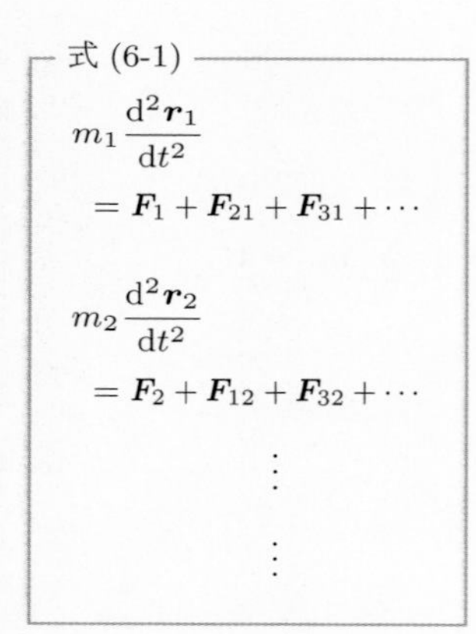

$$\frac{\mathrm{d}\boldsymbol{l}_i}{\mathrm{d}t} = \boldsymbol{r}_i \times \boldsymbol{F}_i + \sum_j \boldsymbol{r}_i \times \boldsymbol{F}_{ji} \tag{6-18}$$

が成り立ち，これを全質点について足し合わせると

$$\begin{aligned}\frac{\mathrm{d}}{\mathrm{d}t}(\boldsymbol{l}_1 + \boldsymbol{l}_2 + \boldsymbol{l}_3 + \cdots) = {} & \boldsymbol{r}_1 \times \boldsymbol{F}_1 + \boldsymbol{r}_1 \times \boldsymbol{F}_{21} + \boldsymbol{r}_1 \times \boldsymbol{F}_{31} + \cdots \\ & + \boldsymbol{r}_2 \times \boldsymbol{F}_2 + \boldsymbol{r}_2 \times \boldsymbol{F}_{12} + \boldsymbol{r}_2 \times \boldsymbol{F}_{32} + \cdots \\ & + \boldsymbol{r}_3 \times \boldsymbol{F}_3 + \boldsymbol{r}_1 \times \boldsymbol{F}_{13} + \boldsymbol{r}_3 \times \boldsymbol{F}_{23} + \cdots \\ & + \cdots \end{aligned} \tag{6-19}$$

となる．右辺には内力に対する力のモーメントの組 $\boldsymbol{r}_i \times \boldsymbol{F}_{ji} + \boldsymbol{r}_j \times \boldsymbol{F}_{ij}$ があるが，ニュートンの運動の第 3 法則を用いると，$\boldsymbol{F}_{ij} = -\boldsymbol{F}_{ji}$ であり，一般的に質点間の力の及ぼし合い方は $\boldsymbol{r}_i - \boldsymbol{r}_j$ と $\boldsymbol{F}_{ji}$ が平行または反平行なものしかないため，

$$\boldsymbol{r}_i \times \boldsymbol{F}_{ji} + \boldsymbol{r}_j \times \boldsymbol{F}_{ij} = (\boldsymbol{r}_i - \boldsymbol{r}_j) \times \boldsymbol{F}_{ji} = \boldsymbol{0} \tag{6-20}$$

となって，右辺から内力に関するものは消える．したがって，全角運動量を $\boldsymbol{L} = \boldsymbol{l}_i + \boldsymbol{l}_2 + \boldsymbol{l}_3 + \cdots$ とすると，

$$\frac{\mathrm{d}\boldsymbol{L}}{\mathrm{d}t} = \sum_i \boldsymbol{r}_i \times \boldsymbol{F}_i = \sum_i \boldsymbol{N}_i \tag{6-21}$$

と書くことができ，全角運動量の時間的変化は系に働く原点に関する外力のモーメントの総和に等しい．

外力が作用していないか，外力のモーメントの総和が $\boldsymbol{0}$ ならば全角運動量 $\boldsymbol{L}$ は一定に保たれる．これは質点系の場合の角運動量保存の法則である．（質点の場合の角運動量保存の法則は，節 5.2 を参照.）

これまでの角運動量，力のモーメントは固定した座標原点に関するものであった．運動エネルギーが重心の運動エネルギーと重心に対する相対運動の運動エネルギーの和で書くことができたように，角運動量についても同様に，重心 $\boldsymbol{R}$ とそれに相対的な位置 $\boldsymbol{r}_i{}'$ を導入して書きかえてみよう．i 番目の位置と速度はそれぞれ

$$\begin{cases} \boldsymbol{r}_i = \boldsymbol{R} + \boldsymbol{r}_i{}' \\ \boldsymbol{v}_i = \boldsymbol{V} + \boldsymbol{v}_i{}' \end{cases} \tag{6-22}$$

であるので，これらを用いて $\boldsymbol{L}$ は，

$$\begin{aligned} \boldsymbol{L} &= \sum_i \boldsymbol{r}_i \times m_i \boldsymbol{v}_i \\ &= \sum_i (\boldsymbol{R} + \boldsymbol{r}_i{}') \times m_i (\boldsymbol{V} + \boldsymbol{v}_i{}') \\ &= \boldsymbol{R} \times \sum_i m_i \boldsymbol{V} + \sum_i m_i \boldsymbol{r}_i{}' \times \boldsymbol{V} + \boldsymbol{R} \times \sum_i m_i \boldsymbol{v}_i{}' \\ &\quad + \sum_i \boldsymbol{r}_i{}' \times m_i \boldsymbol{v}_i{}' \end{aligned} \tag{6-23}$$

となる．ここで $\sum_i m_i \boldsymbol{r}_i{}' = \boldsymbol{0}$，$\sum_i m_i \boldsymbol{v}_i{}' = \boldsymbol{0}$ であるから [*4]，

$$\begin{aligned} \boldsymbol{L} &= \boldsymbol{R} \times \boldsymbol{p} + \sum_i \boldsymbol{r}_i{}' \times m_i \boldsymbol{v}_i{}' \\ &= \boldsymbol{L}_G + \boldsymbol{L}' \end{aligned} \tag{6-24}$$

を得る．ただし，

$$\begin{cases} \boldsymbol{L}_G = \boldsymbol{R} \times M\boldsymbol{V} \\ \boldsymbol{L}' = \sum_i \boldsymbol{r}_i{}' \times m\boldsymbol{v}_i{}' \end{cases} \tag{6-25}$$

であり，全角運動量も重心の角運動量 $\boldsymbol{L}_G$ と重心のまわりの角運動量 $\boldsymbol{L}'$ に分けることができる．地球の例では，$\boldsymbol{L}_G$ は公転の角運動量に，$\boldsymbol{L}'$ は重心のまわりの自転の角運動量にあたる．

$\boldsymbol{L}$ を $\boldsymbol{L}_G$ と $\boldsymbol{L}'$ の和に書くことができたから，$\boldsymbol{L} = \boldsymbol{L}_G + \boldsymbol{L}'$，$\boldsymbol{r}_i = \boldsymbol{R} + \boldsymbol{r}_i{}'$ を式 (6-21) に代入すると

$$\frac{\mathrm{d}\boldsymbol{L}_G}{\mathrm{d}t} + \frac{\mathrm{d}\boldsymbol{L}'}{\mathrm{d}t} = \boldsymbol{R} \times \sum_i \boldsymbol{F}_i + \sum_i \boldsymbol{r}_i{}' \times \boldsymbol{F}_i \tag{6-26}$$

を得る．ここで，$\boldsymbol{L}_G = \boldsymbol{R} \times M\boldsymbol{V}$ を時間で微分すると，

$$\frac{\mathrm{d}\boldsymbol{L}_G}{\mathrm{d}t} = \boldsymbol{V} \times M\boldsymbol{V} + \boldsymbol{R} \times M\frac{\mathrm{d}\boldsymbol{V}}{\mathrm{d}t} \tag{6-27}$$

*4　式 (6-11) の両辺に m_i をかけ和をとると，

$$\sum_i m_i \boldsymbol{r}_i = \sum_i m_i \boldsymbol{R} + \sum_i m_i \boldsymbol{r}_i{}'$$

となり，ここで

$$\sum_i m_i \boldsymbol{r}_i = M\boldsymbol{R}$$
$$\sum_i m_i = M$$

より

$$\sum_i m_i \boldsymbol{r}_i = \boldsymbol{0}$$

である．また，式 (6-15) より

$$\sum_i m_i \boldsymbol{v}_i{}' = \boldsymbol{0}$$

である．

となり，$\boldsymbol{V}\times M\boldsymbol{V}=\boldsymbol{0}$，$M\dfrac{\mathrm{d}\boldsymbol{V}}{\mathrm{d}t}=\sum_i \boldsymbol{F}_i$ を用いると，

$$\frac{\mathrm{d}\boldsymbol{L}_G}{\mathrm{d}t}=\boldsymbol{R}\times\sum_i \boldsymbol{F}_i \tag{6-28}$$

となるから，式 (6-26) より

$$\frac{\mathrm{d}\boldsymbol{L}'}{\mathrm{d}t}=\sum_i \boldsymbol{r}_i{}'\times\boldsymbol{F}_i \tag{6-29}$$

を得る．以上より，重心の角運動量の時間的変化は，原点まわりの，外力の合力のモーメントに等しく，重心のまわりの角運動量の時間的変化は重心まわりの力のモーメントの和に等しい．

6.3 剛体とそのつりあい

ここがポイント！

剛体とは力が加わっても変形しない物体のこと．
剛体の独立な運動は並進運動と回転運動に分けて考えられる．
剛体がつりあいの状態を保つ条件は
$\sum_i \boldsymbol{F}_i=\boldsymbol{0}$（外力の合力が $\boldsymbol{0}$）
$\sum_i \boldsymbol{r}_i\times\boldsymbol{F}_i=\boldsymbol{0}$（任意の点まわりで外力の力のモーメントの総和が 0）
の 2 式が同時に成り立つことである．

固体が運動をする，すなわち固体に力が加わるとき，その固体は一般に変形する．その変形が無視できる，すなわち固体が変形しない物体である場合に，これを質点系として考えると，構成する質点同士の相対位置が変わることはない．このような物体を**剛体**という．

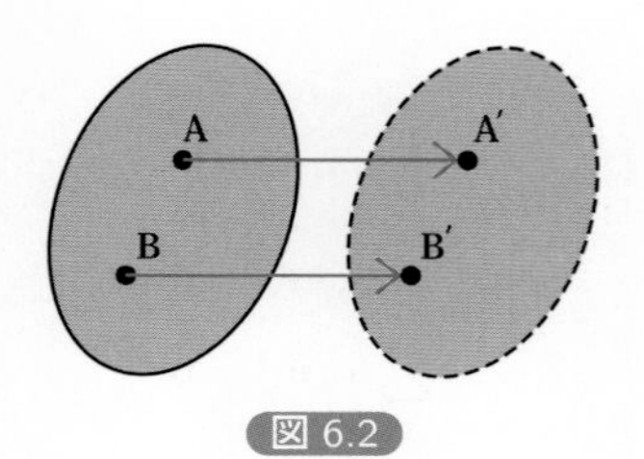

図 6.2

剛体の独立な運動は，変形しないという性質からわかるように，剛体の中のすべての点の変位が等しい**並進運動**（図 6.2）と，剛体のすべての点の変位がある 1 点のまわりの回転角の等しい円弧である**回転運動**（図 6.3），あるいは両者が同時に起こっている運動だけである．

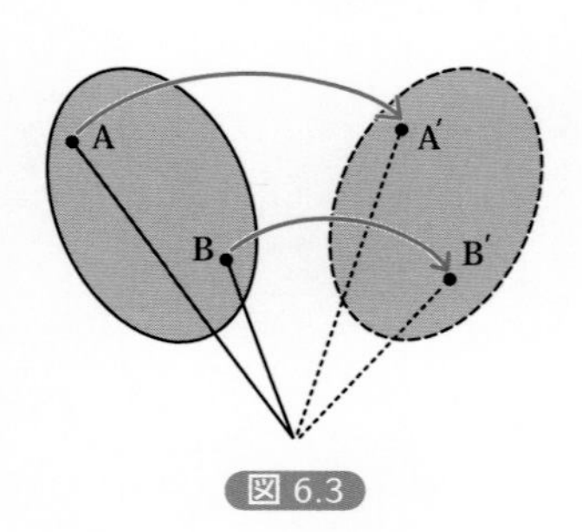

図 6.3

剛体に働く外力を $\boldsymbol{F}_1,\boldsymbol{F}_2,\boldsymbol{F}_3,\cdots,\boldsymbol{F}_n$ とし，これらの力の作用点を $\boldsymbol{r}_1,\boldsymbol{r}_2,\boldsymbol{r}_3,\cdots,\boldsymbol{r}_n$ とする．質点系のときはこれらの番号は質点の番号であったが，いまは働いている力の番号であり，力の作用点の番号である．

例えば，外力が $\boldsymbol{F}_1, \boldsymbol{F}_2, \boldsymbol{F}_3$ の 3 個のときには，その作用点 $\boldsymbol{r}_1, \boldsymbol{r}_2, \boldsymbol{r}_3$ にそれぞれ m_1, m_2, m_3 の微小部分があるとして，それ以外の微小部分には，$4, 5, 6, \cdots$ と番号をつけ，その剛体を埋めつくすだけ外力の働かない微小部分を考えればよい．こうしておくと，質点系で成り立つ式がそのまま成り立つ．

剛体がつりあいを保つということは，並進運動および回転運動が変化しないということであるから，

$$\sum_i \boldsymbol{F}_i = \boldsymbol{0} \tag{6-30}$$

$$\sum_i \boldsymbol{r}_i \times \boldsymbol{F}_i = \boldsymbol{0} \tag{6-31}$$

となる．すなわち，剛体がつりあいの状態を続けているためには，上の 2 式が成り立っていることが必要である．ここで，式 (6-30) は外力の合力が $\boldsymbol{0}$，式 (6-31) は任意の点まわりで外力のモーメントの総和が $\boldsymbol{0}$ であることを意味している．

例題 6.2

長さ 0.50 m の一様な棒をなめらかな水平面上に置き，一端の点 O を支点として水平面内で自由に回転できるようにした．図 6.4 のように，棒の右端に大きさ 50 N の力 $\boldsymbol{F}_1$ と，点 O からの距離が 0.30 m である点 A に力 $\boldsymbol{F}_2$ を作用させる．棒が静止するとき，力 $\boldsymbol{F}_2$ の大きさはいくらになるか．

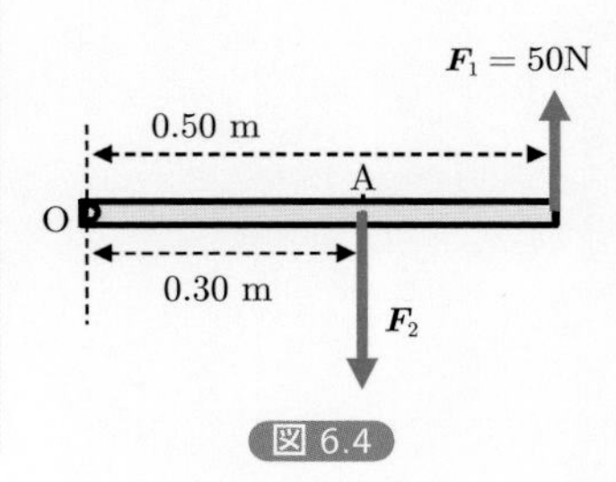

図 6.4

解 答

点 O を回転軸としたときの，$\boldsymbol{F}_1$ による力のモーメントの大きさ N_1 と，$\boldsymbol{F}_2$ による力のモーメントの大きさ N_2 はそれぞれ

$$N_1 = 50\,\mathrm{N} \times 0.50\,\mathrm{m} = 2.5\,\mathrm{N{\cdot}m} \tag{1}$$

$$N_2 = F_2 \times 0.30\,\mathrm{m} = 0.30\,\mathrm{m} \times F_2 \tag{2}$$

である．棒は静止しているので，これら 2 つのモーメントの大きさは等しい．よって，

$$0.30\,\mathrm{m} \times F_2 = 2.5\,\mathrm{N{\cdot}m} \tag{3}$$

$$F_2 \approx 83\,\mathrm{N} \tag{4}$$

となる． （解答終）

第 6 章 質点系の力学 ―多くの質点からなる系の力学―

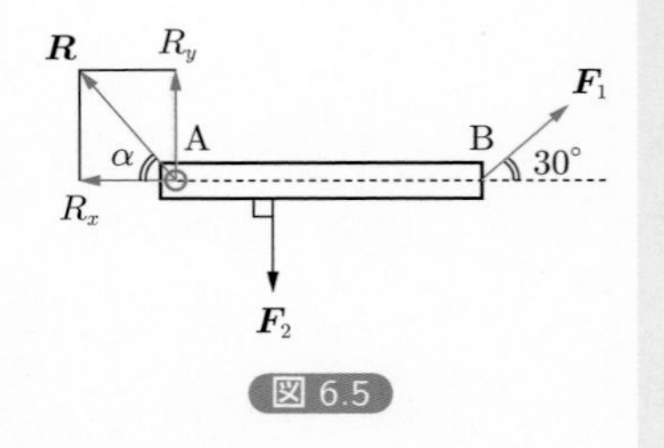

図 6.5

例題 6.3

長さ 2 m の一様な棒をなめらかな水平面上に置き，一端 A を支点として棒を水平面内で自由に回転できるようにした．図 6.5 のように，水平面内で 2 つの力 $\boldsymbol{F}_1$ と $\boldsymbol{F}_2$ を作用させたところ，棒は静止した．力 $\boldsymbol{F}_1$ の大きさを 10 N とする．

① A 端まわりの力 $\boldsymbol{F}_1$ のモーメント $\boldsymbol{N}_1$ の大きさ N_1 はいくらか.

② 力 $\boldsymbol{F}_2$ は棒に垂直で，その作用点は A 端から 0.5 m の点である．このとき，力 $\boldsymbol{F}_2$ の大きさはいくらか.

③ 棒は静止しているので，A 端に作用して支えている力 $\boldsymbol{R}$ がある．この力の大きさと向きを求めよ.

解 答

① 反時計回りを正とすると，力のモーメントの大きさは,

$$N_1 = F_1 \sin 30^\circ \times 2\,\mathrm{m} = 10\,\mathrm{N} \times \frac{1}{2} \times 2\,\mathrm{m} = 10\,\mathrm{N \cdot m}$$

となる.

② $F_2 \times 0.5\,\mathrm{m} = 10\,\mathrm{N \cdot m} \quad \therefore F_2 = \dfrac{10\,\mathrm{N \cdot m}}{0.5\,\mathrm{m}} = 20\,\mathrm{N}$

③ 力 $\boldsymbol{R}$ の棒に平行な成分，垂直な成分をそれぞれ R_x, R_y とする．また，図のように角度 α をとる．3 つの力がつりあっているから,

$$R_x = F_1 \cos 30^\circ \tag{1}$$

$$R_y + F_1 \sin 30^\circ = F_2 \tag{2}$$

より,

$$R_x = 5\sqrt{3}\,\mathrm{N} \approx 8.7\,\mathrm{N} \tag{3}$$

$$R_y = \left(20 - 10 \times \frac{1}{2}\right)\,\mathrm{N} = 15\,\mathrm{N} \tag{4}$$

を得る．角度 α は

$$\tan\alpha = \frac{R_y}{R_x} = \frac{15\,\mathrm{N}}{5\sqrt{3}\,\mathrm{N}} = \sqrt{3} \tag{5}$$

より，$\alpha = 60^\circ$ である.

（解答終）

例題 6.4

図のように，長さ L で質量 m の一様な棒の一端に糸を取り付け，天井からつるし，この棒に力 F を水平に加えて棒を静止させた．このとき，棒と水平面とのなす角 θ，および，糸の張力 T と力 F の大きさを求めよ．ただし，重力加速度の大きさは g とする．

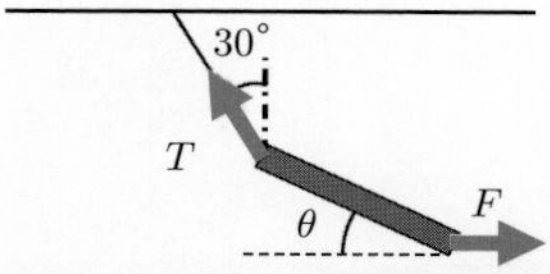

30°
T
θ
F
図 6.6

解 答

この棒に働く力は，糸の張力 T，力 F，重力の 3 つである．今回の問題のように一様な棒の場合には，重力の作用点は棒の中点であると考えることができる．

棒が静止するための条件，すなわち，剛体のつりあいの条件は，外力の合力が $\mathbf{0}$，かつ，任意の点のまわりの力のモーメントの総和が $\mathbf{0}$ であることから，以下の 3 式が成り立っていなければならない．

$$T\cos 30^\circ = mg \tag{1}$$

$$T\sin 30^\circ = F \tag{2}$$

$$F\sin\theta \times L - mg\cos\theta \times \frac{L}{2} = 0 \tag{3}$$

ここで，式 (1) は鉛直方向の合力が 0 であることを，式 (2) は水平方向の合力が 0 であることを，式 (3) は張力の作用点まわりの力のモーメントの総和が 0 であることを表す式である．

式 (1) より

$$T = \frac{mg}{\cos 30^\circ} = \frac{2\sqrt{3}}{3}mg \tag{4}$$

となり，この T を式 (2) に代入すると

$$F = \frac{2\sqrt{3}}{3}mg \times \sin 30^\circ = \frac{\sqrt{3}}{3}mg \tag{5}$$

を得る．式 (3) を整理すると

$$\frac{mg}{2F} = \frac{\sin\theta}{\cos\theta} = \tan\theta \tag{6}$$

となり，この式に式 (5) の F を代入すると

$$\tan\theta = \frac{mg}{\dfrac{2\sqrt{3}}{3}mg} = \frac{\sqrt{3}}{2} \tag{7}$$

となる．したがって，棒と水平面とのなす角 θ は

$$\theta = \tan^{-1} \frac{\sqrt{3}}{2} \approx 0.71\,\mathrm{rad}\ (\approx 41^\circ) \tag{8}$$

となる． (解答終)

6.4 偶力

ここがポイント！

偶力とは作用線が平行で（ただし一致はしない），大きさが等しく，互いに逆向きである力の組のこと．
偶力は並進運動を生じさせず，回転運動のみを生じさせる．

剛体が並進運動をせず，回転運動のみをする場合を考えよう．このとき，$\sum_i \boldsymbol{F}_i = \boldsymbol{0}$，$\sum_i \boldsymbol{r}_i \times \boldsymbol{F}_i \neq \boldsymbol{0}$ である．すなわち，剛体に働く外力はつりあっているが，外力のモーメントはつりあっていない．例えば，外力が $\boldsymbol{F}_1, \boldsymbol{F}_2$ の 2 個の場合に剛体の回転運動だけが変化しているとすると，$\boldsymbol{F}_1 + \boldsymbol{F}_2 = \boldsymbol{0}$ であるから，これらの力を

$$\begin{cases} \boldsymbol{F}_1 = \boldsymbol{F} \\ \boldsymbol{F}_2 = -\boldsymbol{F} \end{cases} \tag{6-32}$$

と書くことができる．ここで

$$\begin{aligned} \boldsymbol{r}_1 \times \boldsymbol{F}_1 + \boldsymbol{r}_2 \times \boldsymbol{F}_2 &= \boldsymbol{r}_1 \times \boldsymbol{F} - \boldsymbol{r}_2 \times \boldsymbol{F} \\ &= (\boldsymbol{r}_1 - \boldsymbol{r}_2) \times \boldsymbol{F} \end{aligned} \tag{6-33}$$

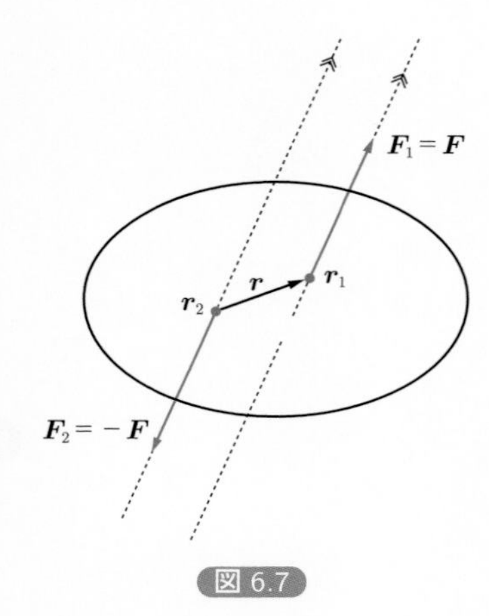

図 6.7

であるので，これが $\boldsymbol{0}$ にならないためには，これらの力が同一作用線上になければよい（図 6.7）．このような回転運動だけを変化させる 1 組の力を**偶力**という．偶力は作用線が平行で（ただし一致はしない），大きさが等しく，互いに逆向きな力の組である．

偶力のモーメントを考えよう．剛体上の 2 点 $\boldsymbol{r}_1, \boldsymbol{r}_2$ に偶力 $\boldsymbol{F}$ が働いているとき（すなわち $\boldsymbol{r}_1$ に $\boldsymbol{F}$ が，$\boldsymbol{r}_2$ に $-\boldsymbol{F}$ が働いているとき），$\boldsymbol{r} = \boldsymbol{r}_1 - \boldsymbol{r}_2$ とすると，偶力のモーメント $\boldsymbol{N}$ は

$$\boldsymbol{N} = \boldsymbol{r} \times \boldsymbol{F} \tag{6-34}$$

と書くことができる．$\boldsymbol{r}_1$ と $\boldsymbol{r}_2$ の差である $\boldsymbol{r}$ のみが式にあらわれているので，$\boldsymbol{N}$ は座標原点によらないことに注意する．

6.5 固定軸のある剛体の運動

ここがポイント!

剛体全体の角運動量の固定軸方向の成分は $L = I\dfrac{\mathrm{d}\phi}{\mathrm{d}t}$ である.
剛体の回転の運動方程式は $I\dfrac{\mathrm{d}^2\phi}{\mathrm{d}t^2} = N$ である.
N は外力のモーメントの総和の固定軸方向の成分である.
慣性モーメント I は，剛体の質量分布，形，回転軸のとり方などによって決まる定数で，角速度の変わりにくさを表す物理量である.

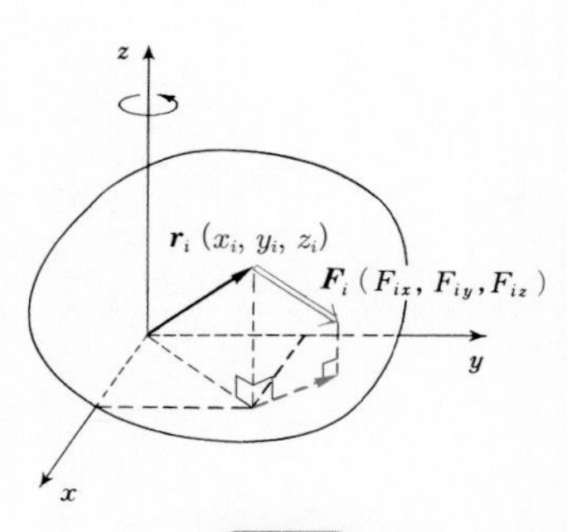

図 6.8

外力 $\boldsymbol{F}_1, \boldsymbol{F}_2, \boldsymbol{F}_3, \cdots$ が働き，z 軸を回転軸として回転する剛体を考える（図 6.8）．ここで当然，剛体の場合にも式 (6-21) は成り立っているが，いま z 軸のまわりの回転であるから，角運動量 $\boldsymbol{L}$ の z 成分のみを考え，これを L とすると，

式 (6-21)

$$\frac{\mathrm{d}\boldsymbol{L}}{\mathrm{d}t} = \sum_i \boldsymbol{r}_i \times \boldsymbol{F}_i = \sum_i \boldsymbol{N}_i$$

$$\frac{\mathrm{d}L}{\mathrm{d}t} = \sum_i (x_i F_{iy} - y_i F_{ix}) \tag{6-35}$$

である．この式から回転の運動方程式を導こう．

図 6.9 のように剛体が全体として z 軸のまわりに角 ϕ だけ回転すれば剛体中の微小部分はすべて角 ϕ だけ回転する．$\boldsymbol{r}_i$ の z 軸からの距離を r_i と書くと，i 番目の微小部分は $\sqrt{x_i^2 + y_i^2} = r_i$ を半径とする円運動をし，微小部分の速さ v_i は $v_i = r_i\dfrac{\mathrm{d}\phi}{\mathrm{d}t}$ である．したがって，i 番目の微小部分の角運動量は

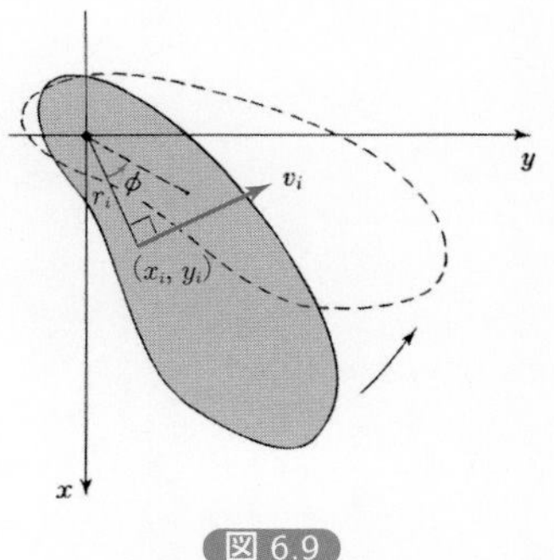

図 6.9

$$\begin{aligned} L_i &= m_i r_i v_i \\ &= m_i r_i^2 \frac{\mathrm{d}\phi}{\mathrm{d}t} \end{aligned} \tag{6-36}$$

となり，剛体全体の角運動量 $\boldsymbol{L}$ の z 成分 L は

$$L = \sum_i m_i r_i^2 \frac{\mathrm{d}\phi}{\mathrm{d}t} \tag{6-37}$$

と表せる．ここで，

$$I = \sum_i m_i r_i^2 \tag{6-38}$$

なる量は，剛体の質量分布，形，回転軸のとり方などによって決まる定数で，**慣性モーメント**という．この I を用いれば，式 (6-37) は

$$L = I\frac{\mathrm{d}\phi}{\mathrm{d}t} \tag{6-39}$$

と書くことができ，式 (6-35) にこれを代入すると L の時間的変化は

$$I\frac{\mathrm{d}^2\phi}{\mathrm{d}t^2} = \sum_i (x_i F_{iy} - y_i F_{ix}) \tag{6-40}$$

となる．式 (6-40) の右辺である $\sum_i (x_i F_{iy} - y_i F_{ix})$ は，剛体に働く外力のモーメントの総和の固定軸方向の成分（z 成分）であるので，これを N とすると，

$$I\frac{\mathrm{d}^2\phi}{\mathrm{d}t^2} = N \tag{6-41}$$

と書ける．この式 (6-41) が剛体の**回転の運動方程式**である．

また，回転している剛体の運動エネルギー K を考えると

$$\begin{aligned} K &= \frac{1}{2}\sum_i m_i v_i^2 \\ &= \frac{1}{2}\sum_i m_i r_i^2 \left(\frac{\mathrm{d}\phi}{\mathrm{d}t}\right)^2 \\ &= \frac{1}{2} I \left(\frac{\mathrm{d}\phi}{\mathrm{d}t}\right)^2 \end{aligned} \tag{6-42}$$

と I を用いて書くことができる．

一直線上の質点の運動と固定軸のある剛体の運動におけるさまざまな物理量を比べると以下のようになる．

- 慣性モーメント I —— 質量 m
- 角変位（回転角）ϕ —— 変位（位置）r
- 角速度 $\omega = \dfrac{\mathrm{d}\phi}{\mathrm{d}t}$ —— 速度 $v = \dfrac{\mathrm{d}x}{\mathrm{d}t}$
- 角加速度 $\dfrac{\mathrm{d}^2\phi}{\mathrm{d}t^2}$ —— 加速度 $a = \dfrac{\mathrm{d}x}{\mathrm{d}t}$
- 角運動量 $L = I\omega$ —— 運動量 $p = mv$
- 力のモーメント N —— 力 F
- 回転の運動方程式 $I\dfrac{\mathrm{d}^2\phi}{\mathrm{d}t^2} = N$ —— 運動方程式 $m\dfrac{\mathrm{d}^2x}{\mathrm{d}t^2} = F$
- 回転の運動エネルギー $\dfrac{1}{2}I\omega^2$ —— 運動エネルギー $\dfrac{1}{2}mv^2$

ここで一定の力のモーメントを受けて回転する剛体を考える．回転軸まわりの角速度を ω，力のモーメントの成分を N とすると，

$$I\frac{\mathrm{d}\omega}{\mathrm{d}t} = I\frac{\mathrm{d}^2\phi}{\mathrm{d}t^2} = N = \text{一定} \tag{6-43}$$

である．この式から，慣性モーメント I が大きいほど，角速度 ω の変化の割合が小さいことがわかる．すなわち，慣性モーメントは角速度 ω の

変わりにくさを表すものと考えることができる．このことは，質点の力学で質量が速度の変わりにくさ，つまり，慣性の大小を表していることに対応している．

6.6 慣性モーメント

ここがポイント！

慣性モーメントの求め方

回転軸から距離 r にある質量 m の質点の慣性モーメントは $I = mr^2$

質点系の慣性モーメントは $I = \sum_i m_i r_i^2$

剛体の慣性モーメントは $I = \int r^2 \rho \mathrm{d}V$

平行軸の定理

質量 M の剛体の重心を通る回転軸まわりの慣性モーメント I_G のとき，その軸と平行で重心から h だけ隔たった回転軸に平行な回転軸まわりの慣性モーメントは $I = I_G + Mh^2$ で求められる．

直交軸の定理

密度が一様な薄い平面板の剛体の面内で直交する 2 つの軸のまわりの慣性モーメントがそれぞれ I_1, I_2 とわかっているとき，この 2 つの軸の交点を通り，これらに垂直な軸を回転軸としたときの慣性モーメントは $I = I_1 + I_2$ で求められる．

前節で導入した慣性モーメントを詳しく見てみよう．慣性モーメントは，剛体の質量分布，回転軸のとり方などによって決まる定数である．慣性モーメントの定義 $\sum_i m_i r_i^2$ から，剛体の全質量が等しくても，なるべく回転軸から遠いところに質量が分布しているほうが慣性モーメントが大きいことがわかる．例えば一定の質量の鉄で輪をつくるのに一様な円板の輪とするより，中をくり抜いてできるだけ周囲に質量が集まるようにつくったほうが慣性モーメントは大きく，力のモーメントが働く場合には，角速度の変化が小さいのである．

まず簡単なモデルとして，物体が質点の場合の慣性モーメントについてから考えていく．回転軸から距離 r にある質量 m の質点の慣性モーメントは，$I = mr^2$ で求めることができる．質点の集合体である質点系の慣性モーメントは，系を構成している各質点の慣性モーメントをすべて足し合わせることで計算でき，$I = \sum_i m_i r_i^2$ で求めることができる．

例題 6.5

変形しない質量が無視できる長さ 1.0 m の棒 AB がある．この棒の A 端には質量 0.20 kg，B 端には質量 0.40 kg の小球がそれぞれ 1 個ずつ取り付けられ，棒の中点には 0.30 kg の小球が 1 個取り付けられている．このとき，次の場合の軸まわりの慣性モーメントを求めよ．

① この棒の中点を通って棒に垂直な軸

② この棒の A 端を通って棒に垂直な軸

解答

棒に取り付けられたおもりを質点と見なし，3 つの質点からなる質点系の慣性モーメントを計算すればよい．

① $I = m_1 {r_1}^2 + m_2 {r_2}^2 + m_3 {r_3}^2$

$= (0.20 \times 0.50^2 + 0.40 \times 0.50^2 + 0.30 \times 0^2)\,\mathrm{kg \cdot m^2}$

$= 0.15\,\mathrm{kg \cdot m^2}$

② $I = m_1 {r_1}^2 + m_2 {r_2}^2 + m_3 {r_3}^2$

$= (0.20 \times 0^2 + 0.40 \times 1.0^2 + 0.30 \times 0.50^2)\,\mathrm{kg \cdot m^2}$

$= 0.475\,\mathrm{kg \cdot m^2} \approx 0.48\,\mathrm{kg \cdot m^2}$

（解答終）

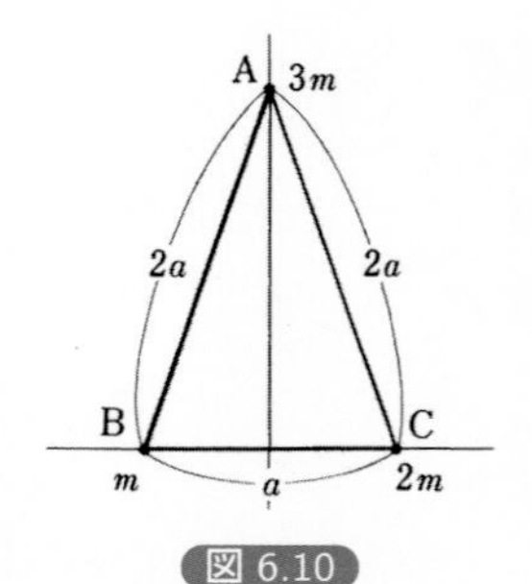

図 6.10

例題 6.6

質量 $m, 2m, 3m$ の 3 個の質点からなる図 6.10 のような質点系がある．次の場合の軸のまわりの慣性モーメントを求めよ．

① 点 A を通って BC に垂直な軸

② 点 B を通って紙面に垂直な軸

③ 点 B と点 C を結ぶ軸（直線 BC）

解 答

① $I = \left(\frac{1}{2}a\right)^2 m + \left(\frac{1}{2}a\right)^2 \cdot 2m = \frac{1}{4}ma^2 + \frac{1}{2}ma^2 = \frac{3}{4}ma^2$

② $I = (2a)^2 \cdot 3m + a^2 \cdot 2m = 14ma^2$

③ $I = \left\{(2a)^2 - \left(\frac{a}{2}\right)^2\right\} \cdot 3m = \frac{45}{4}ma^2$

（解答終）

次に物体が剛体の場合の慣性モーメントについて考えていく．通常，剛体の質量は連続的に分布しているので，$\sum_i m_i r_i^2 \to \int r^2 \mathrm{d}m$ として，$\mathrm{d}m = \rho \mathrm{d}V$ を用い，

$$I = \int r^2 \rho \mathrm{d}V \tag{6-44}$$

によって，慣性モーメントを計算することができる．次に剛体の慣性モーメントの計算に役立つ 2 つの定理を述べ，慣性モーメントを計算するいくつかの具体例を示しておく．

(1) 平行軸の定理

質量 M の剛体があって，任意の直線を回転軸とする慣性モーメント I を求めたいとする．ここでこの回転軸は重心から h だけ隔たっていて，この回転軸に平行な重心を通る回転軸についての慣性モーメント I_G はわかっているものとすると，

$$I = I_G + Mh^2 \tag{6-45}$$

の式を用いて I を求めることができる．これを**平行軸の定理**という．以下でこれを証明する．

証 明

重心を通る回転軸を z とする座標系 O-xyz 系および $\overrightarrow{\mathrm{OO'}} = h$ の点 O′O-xyz 系と平行な O′-$x'y'z'$ 系を考える（図 6.11）．

剛体の i 番目の要素を m_i とし，O 系から m_i の位置を

$$\boldsymbol{r}_i = x\boldsymbol{i} + y\boldsymbol{j} + z\boldsymbol{k} \tag{6-46}$$

O′ 系からの m_i の位置を

$$\boldsymbol{r}'_i = x'\boldsymbol{i} + y'\boldsymbol{j} + z'\boldsymbol{k} \tag{6-47}$$

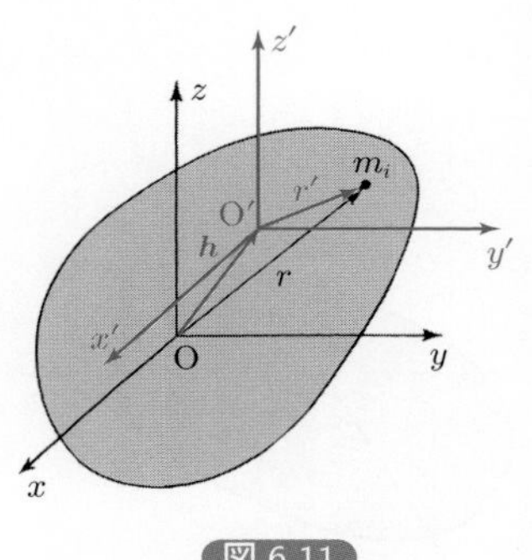

図 6.11

第 6 章 質点系の力学 ─多くの質点からなる系の力学─

とし，O 系からの O′ 点の位置を

$$\boldsymbol{h} = h_x\boldsymbol{i} + h_y\boldsymbol{j} + h_z\boldsymbol{k} \tag{6-48}$$

とする．慣性モーメントの定義式から，z, z' 軸についての慣性モーメント I_G，I はそれぞれ，

$$I_G = \sum_i m_i(x_i^2 + y_i^2) \tag{6-49}$$

$$I = \sum_i m_i(x_i'^2 + y_i'^2) \tag{6-50}$$

である．ここで $x_i = x_i' + h_x$，$y_i = y_i' + h_y$ の関係があるから，

$$\begin{aligned} I &= \sum_i m_i\left[(x_i - h_x)^2 + (y_i - h_y)^2\right] \\ &= \sum_i m_i\left(x_i^2 + y_i^2\right) + \left(\sum_i m_i\right)\left(h_x^2 + h_y^2\right) - 2h_x\sum_i m_i x_i \\ &\quad - 2h_y\sum_i m_i y_i \end{aligned} \tag{6-51}$$

を得る．重心の定義から $\sum_i m_i x_i = 0$，$\sum_i m_i y_i = 0$ であり，z 軸と z' 軸の間の距離 h は $h = \sqrt{h_x^2 + h_y^2}$ であるから，

$$I = I_G + Mh^2 \tag{6-52}$$

となって，式 (6-45) は証明された．

(2) 直交軸の定理

密度が一様な薄い平面板の剛体があって，この面内で直交する 2 つの軸のまわりの慣性モーメントがそれぞれ I_1, I_2 とわかっているとき，この 2 つの軸の交点を通って，これらに垂直な軸を回転軸としたときの慣性モーメントは

$$I = I_1 + I_2 \tag{6-53}$$

によって求められる．**直交軸の定理**という．以下でこれを証明する．

証 明

この平面板の面内に x-y 軸を，x 軸のまわりの慣性モーメントを I_1，y 軸のまわりの慣性モーメントを I_2 となるようにとる．剛体の質量の i 番目要素を m_i とし，その座標を (x_i, y_i) とする（図 6.12）．x, y, z 軸それぞれの軸のまわりの慣性モーメント I_1, I_2, I は慣性モーメントの定義に

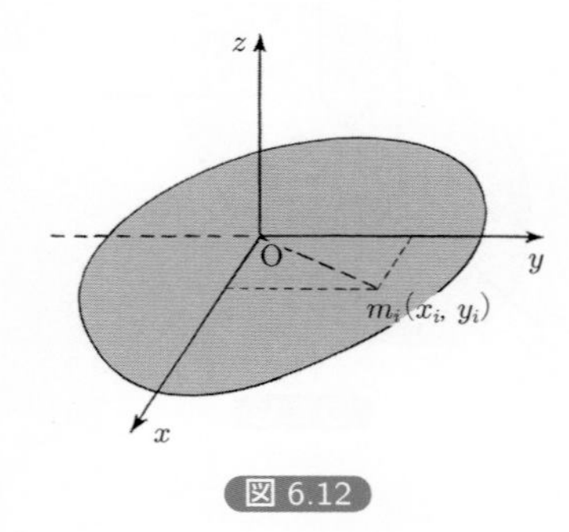

図 6.12

より，

$$I_1 = \sum_i m_i y_i^2 \tag{6-54}$$

$$I_2 = \sum_i m_i x_i^2 \tag{6-55}$$

$$I = \sum_i m_i r_i^2 = \sum_i m_i(x_i^2 + y_i^2) = \sum_i m_i x_i^2 + \sum_i m_i y_i^2$$
$$= I_1 + I_2 \tag{6-56}$$

となって，式 (6-53) は証明された．

(3) 慣性モーメントの具体例

ここでは例題を通して，具体的な計算方法を見ていく．

例題 6.7

図 6.13 のような一様な細いまっすぐな棒（長さ i，質量 m）の中心を通って棒に垂直な軸のまわりの慣性モーメントを求めよ．

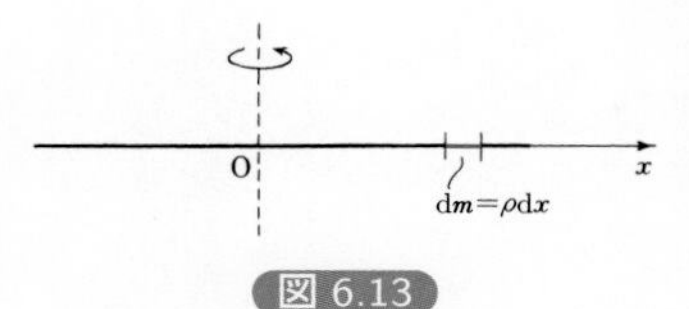

図 6.13

解 答

図 6.13 のように dm をとって，

$$I = \int x^2 \mathrm{d}m = \rho \int_{-\frac{l}{2}}^{\frac{l}{2}} x^2 \mathrm{d}x = \frac{1}{12} ml^2 \tag{1}$$

となる．ただし，$\rho = \dfrac{m}{l}$ を用いた．（解答終）

例題 6.8

一様な薄い長方形の板（長辺 a，短辺 b，質量 m）がある．

① 中心 O を通って面に垂直な軸のまわりの慣性モーメントを求めよ．

② 中心 O を通って長さ b の辺に平行な軸に関する慣性モーメントを求めよ．

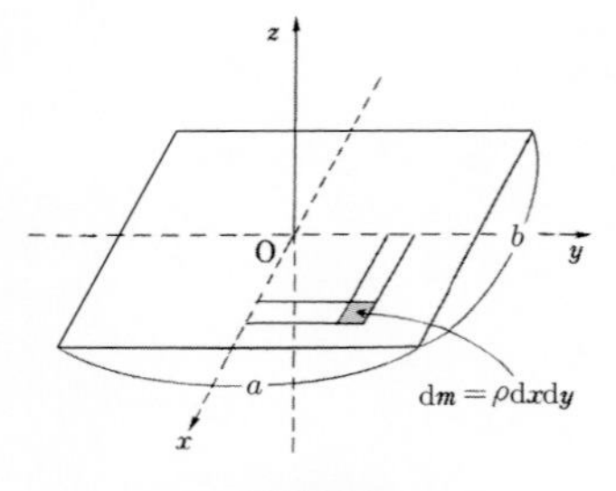

図 6.14

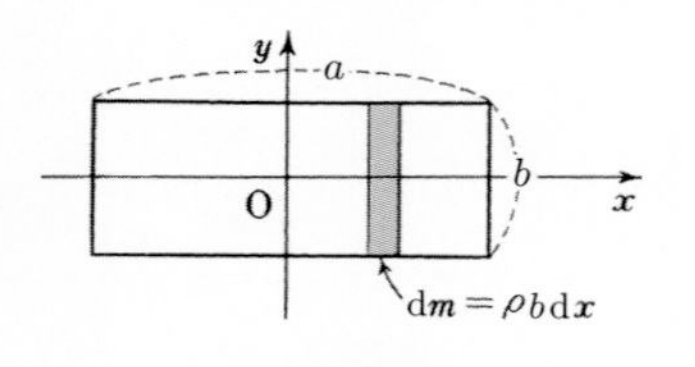

図 6.15

解 答

① 図 6.14 のように $\mathrm{d}m$ をとると，

$$I = \int_{-\frac{b}{2}}^{\frac{b}{2}} \int_{-\frac{a}{2}}^{\frac{a}{2}} (x^2 + y^2)\mathrm{d}x\mathrm{d}y = \frac{1}{12}m(a^2 + b^2) \tag{1}$$

を得る．ただし，$\rho = \dfrac{m}{ab}$ を用いた．

② 図 6.15 のように $\mathrm{d}m$ をとると，

$$I = \rho \int_{-\frac{a}{2}}^{\frac{a}{2}} x^2 b\mathrm{d}x = \frac{1}{12}ma^2 \tag{2}$$

を得る．ただし，$\rho = \dfrac{m}{ab}$ を用いた．

(解答終)

例題 6.9

一様な薄い円板（半径 a，質量 m）の中心を通って円板に含まれる軸のまわりの慣性モーメントを求めよ．

解 答

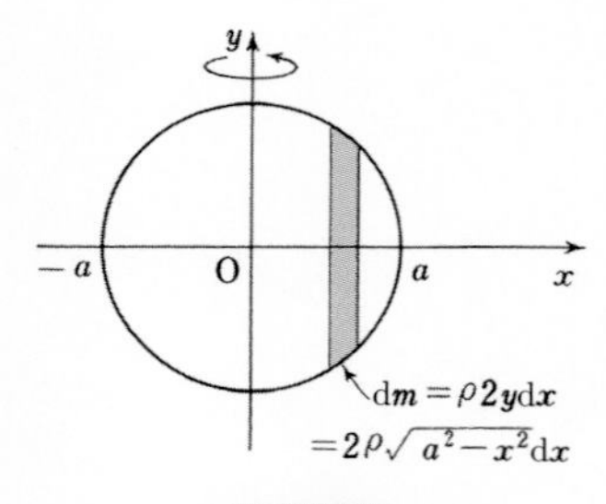

図 6.16

図 6.16 のように $\mathrm{d}m$ をとると，y 軸のまわりの慣性モーメントを求める式は，

$$I = 2\rho \int_{-a}^{a} x^2 \sqrt{a^2 - x^2}\mathrm{d}x \tag{1}$$

となる．ただし，$\rho = \dfrac{m}{\pi a^2}$ である．

積分公式

$$\int x^2 \sqrt{a^2 - x^2}\mathrm{d}x = \frac{1}{8}\left(-2x(a^2 - x^2)^{\frac{3}{2}} + a^2 x(a^2 - x^2)^{\frac{1}{2}} + a^4 \sin^{-1}\left(\frac{x}{a}\right)\right) \tag{2}$$

を用いて，

$$I = \frac{1}{4}ma^2 \tag{3}$$

を得る．　(解答終)

例題 6.10

一様な円板（半径 a，質量 m）の中心を通って面に垂直な軸に関する慣性モーメントを求めよ．

解 答

図 6.17 のように $\mathrm{d}m$ をとると

$$I = \int r^2 \mathrm{d}m = 2\pi\rho \int_0^a r^3 \mathrm{d}r = 2\pi\rho \cdot \frac{1}{4}a^4 = \frac{1}{2}\pi\rho a^4 \qquad (1)$$

を得る．ここで $\rho = \dfrac{m}{\pi a^2}$ なので

$$I = \frac{1}{2}ma^2 \qquad (2)$$

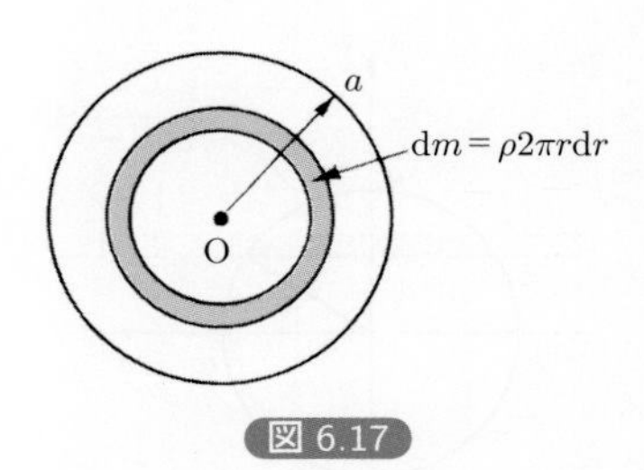

図 6.17

となる．このとき，円板の中心を通り円板に含まれる x 軸，y 軸（図 6.18）に関する慣性モーメントは，等しい（$I_x = I_y$）から，直交軸の定理を用いて，面に垂直な z 軸に関する慣性モーメントを I_z とすれば，

$$I_x + I_y = I_z \qquad (1)$$

$$2I_y = \frac{1}{2}ma^2 \qquad (2)$$

$$I_y = I_x = \frac{1}{4}ma^2 \qquad (3)$$

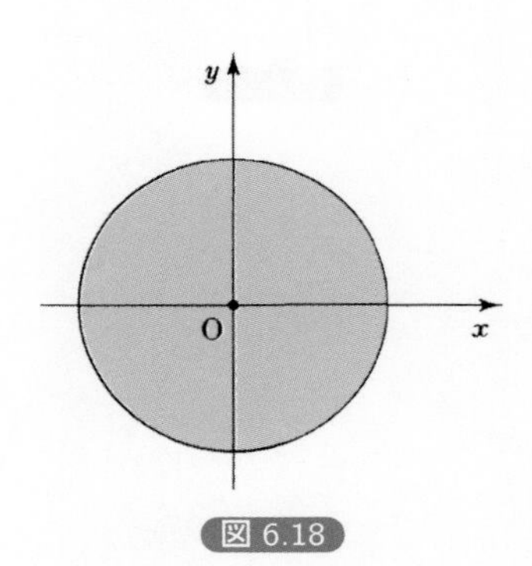

図 6.18

となって例題 6.9 で求めたものと一致する．（解答終）

例題 6.11

図 6.19 のように一様な円板（半径 a，質量 m）がある．円板の中心から h だけ離れた軸 z のまわりの慣性モーメントを求めよ．

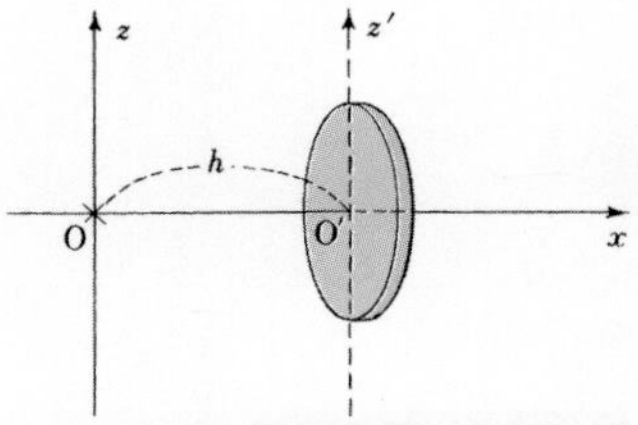

図 6.19

解 答

例題 6.9 より z' 軸についての慣性モーメント $I_{z'}$ は $I_{z'} = \dfrac{1}{4}ma^2$ である．z 軸に関する慣性モーメント I_z は，平行軸の定理を用いて，

$$I_z = \frac{1}{4}ma^2 + mh^2 \qquad (1)$$

となる．（解答終）

例題 6.12

一様な球（半径 a，質量 m）が，原点に中心がくるようにおかれている．この球の z 軸まわりの慣性モーメントを求めよ．

解 答

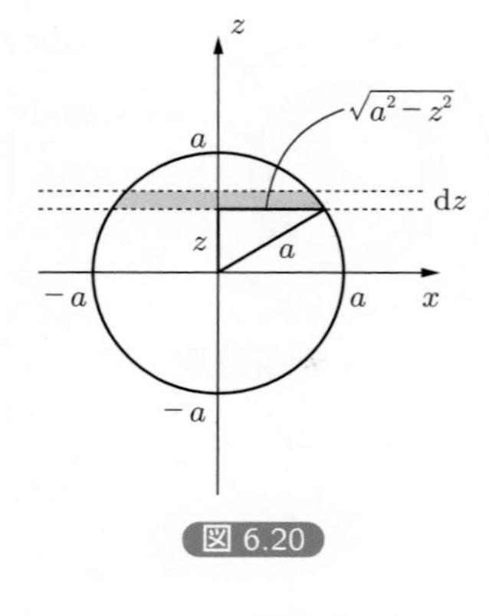

図 6.20

図 6.20 のように，球を xy 面に平行に厚さ $\mathrm{d}z$ の円板に分割する．各円板の z 軸まわりの慣性モーメントを $\mathrm{d}I$ とすると，球の z 軸まわりの慣性モーメント I は

$$I = \int \mathrm{d}I \tag{1}$$

である．点 $(0, 0, z)$ を通る円板の半径は $\sqrt{a^2 - z^2}$ なので，例題 6.10 の結果に厚みの分を考慮して

$$\mathrm{d}I = \frac{1}{2}\pi\rho\left(\sqrt{a^2 - z^2}\right)^4 \mathrm{d}z = \frac{1}{2}\pi\rho(a^4 - 2a^2z^2 + z^4)\mathrm{d}z \tag{2}$$

を得る．これを式 (1) に代入して $-a$ から a まで積分すると，

$$\begin{aligned} I &= \int_{-a}^{a} \frac{1}{2}\pi\rho(a^4 - 2a^2z^2 + z^4)\mathrm{d}z \\ &= \frac{1}{2}\pi\rho\left[a^4 z - \frac{2}{3}a^2z^3 + \frac{1}{5}z^5\right]_{-a}^{a} = \frac{8}{15}\pi\rho a^5 \end{aligned} \tag{3}$$

となり，$m = \dfrac{4}{3}\pi\rho a^3$ を用いて

$$I = \frac{2}{5}ma^2 \tag{4}$$

を得る．（解答終）

6.7 回転の運動エネルギーと仕事

ここがポイント!

慣性モーメント I の固定軸をもつ剛体に外力が W の仕事をし，剛体の角速度が ω_1 から ω_2 に変化したとき $W = \dfrac{1}{2}I\omega_2^2 - \dfrac{1}{2}I\omega_1^2$ が成り立つ．

剛体が固定軸のまわりに回転できるようになっていて，この剛体中の1点Pに力 $\boldsymbol{F}$ を作用させる．点Pにある微小部分が描く円周上の接線方向にこの力が作用しているとき，この力のなす仕事を求める（図 6.21）．

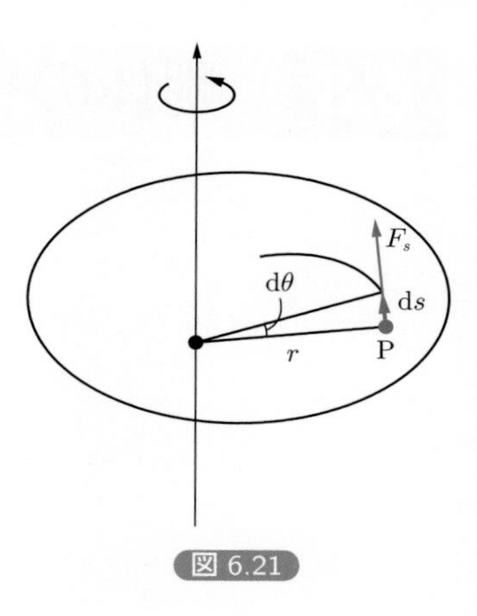

図 6.21

力 $\boldsymbol{F}$ の接線成分を F_s とすると仕事の定義より

$$W = \int F_s \mathrm{d}s \tag{6-57}$$

であり，$\mathrm{d}s = r\mathrm{d}\theta$ だから

$$W = \int F_s r \mathrm{d}\theta \tag{6-58}$$

となる．$F_s r = N$（力のモーメントの固定軸方向の成分）であるから，

$$W = \int N \mathrm{d}\theta \tag{6-59}$$

を得る．ところで，固定軸のまわりの剛体の運動方程式は

$$I\frac{\mathrm{d}\omega}{\mathrm{d}t} = N \tag{6-60}$$

であるから，これを書き替えて

$$I\frac{\mathrm{d}\theta}{\mathrm{d}t}\frac{\mathrm{d}\omega}{\mathrm{d}\theta} = N \tag{6-61}$$

とし，両辺に $\mathrm{d}\theta$ をかけて $\omega = \dfrac{\mathrm{d}\theta}{\mathrm{d}t}$ を用いると，

$$N\mathrm{d}\theta = I\omega\mathrm{d}\omega \tag{6-62}$$

となる．これを式 (6-60) に代入し，角速度 ω が ω_1 から ω_2 まで変化したとすると，

$$W = I\int_{\omega_1}^{\omega_2} \omega \mathrm{d}\omega = \frac{1}{2}I\omega_2^2 - \frac{1}{2}I\omega_1^2 \tag{6-63}$$

となる．ここで $\dfrac{1}{2}I\omega^2$ は式 (6-42) で求めた剛体の回転の運動エネルギーである．固定軸のまわりに回転できる剛体に外力が働くと，この外力のなした仕事は，回転の運動エネルギーの変化に等しい．

式 (6-42)

$$\begin{aligned} K &= \frac{1}{2}\sum_i m_i v_i^2 \\ &= \frac{1}{2}\sum_i m_i r_i^2 \left(\frac{\mathrm{d}\phi}{\mathrm{d}t}\right)^2 \\ &= \frac{1}{2}I\left(\frac{\mathrm{d}\phi}{\mathrm{d}t}\right)^2 \end{aligned}$$

6.8 剛体の平面運動

ここがポイント!

重心が xy 平面を並進運動し，重心を通り xy 面に垂直な軸のまわりを回転運動する剛体の場合，以下の 3 つの運動方程式を解けばよい．

x 軸方向の重心の運動方程式 $M\dfrac{\mathrm{d}^2X}{\mathrm{d}t^2}=\sum_i F_{ix}$

y 軸方向の重心の運動方程式 $M\dfrac{\mathrm{d}^2Y}{\mathrm{d}t^2}=\sum_i F_{iy}$

回転の運動方程式 $I_G\dfrac{\mathrm{d}^2\phi}{\mathrm{d}t^2}=\sum_i \left(x_i{}'F_{iy}-y_i{}'F_{ix}\right)$

ここで，M は剛体の質量，I_G は重心を通る回転軸のまわりの慣性モーメント，(X,Y) は重心の座標である．また，$\sum_i F_{ix}$，$\sum_i F_{iy}$ はそれぞれ x,y 軸方向の外力の合力，$(x_i{}',y_i{}')$ は回転軸から見た位置，$\sum_i(x_i{}'F_{iy}-y_i{}'F_{ix})$ は重心まわりの外力のモーメントの和の大きさである．

剛体の運動には並進運動と回転運動が同時に起こっているものがある．例えば，斜面上を球が転がるときのように，剛体が全体として，運動しながら回転する運動がそれである．このようなとき，剛体の運動を重心の運動とそのまわりの回転運動に分けて扱うことができることは，質点系の力学の議論から当然である．とくに，剛体の平面運動と呼ばれる重心の運動が一平面（xy 面）内に限られているときは，取り扱いが簡単になる．

式 (6-4)

$$M\frac{\mathrm{d}^2\boldsymbol{R}}{\mathrm{d}t^2}=\sum_i \boldsymbol{F}_i$$

式 (6-29)

$$\frac{\mathrm{d}\boldsymbol{L}'}{\mathrm{d}t}=\sum_i \boldsymbol{r}_i{}'\times\boldsymbol{F}_i$$

式 (6-40)

$$I\frac{\mathrm{d}^2\phi}{\mathrm{d}t^2}=\sum_i(x_iF_{iy}-y_iF_{ix})$$

重心については，質点の運動方程式と同様の式 (6-4) が成り立つ．重心が運動する平面を xy 平面とすれば，

$$M\frac{\mathrm{d}^2X}{\mathrm{d}t^2}=\sum_i F_{ix},\quad M\frac{\mathrm{d}^2Y}{\mathrm{d}t^2}=\sum_i F_{iy} \tag{6-64}$$

と書くことができる．ただし，(X,Y) は重心の座標である．外力は x,y 成分だけであるとする．これが重心の運動を決める式である．重心を通り xy 面に垂直な軸のまわりの回転とすれば，回転についての運動方程式もすぐに書くことができる．回転軸は剛体に固定されているから，この軸のまわりの慣性モーメントを I_G とすると回転を決める式は式 (6-29) と式 (6-40) を用いて，

$$I_G\frac{\mathrm{d}^2\phi}{\mathrm{d}t^2}=\sum_i(x_i{}'F_{iy}-y_i{}'F_{ix}) \tag{6-65}$$

となる．ただし，$(x_i{}', y_i{}')$ は回転軸から見た位置である．

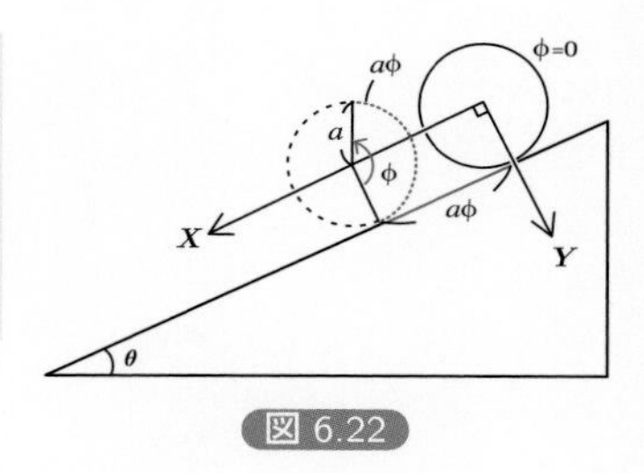

図 6.22

例題 6.13

図 6.22 のように傾斜角 θ の斜面にそって滑ることなく転がり下りる一様な球（半径 a，質量 m）の運動を調べよ．

解 答

球に働く力は重力 (重力加速度の大きさ g)，垂直抗力 (大きさ R)，摩擦力（大きさ F）の 3 力である．したがって運動方程式は

$$\begin{cases} m\dfrac{\mathrm{d}^2X}{\mathrm{d}t^2} = mg\sin\theta - F & (1) \\ m\dfrac{\mathrm{d}^2Y}{\mathrm{d}t^2} = mg\cos\theta - R & (2) \\ I_G\dfrac{\mathrm{d}^2\phi}{\mathrm{d}t^2} = aF & (3) \end{cases}$$

である．しかし，F, R は未知量でこのままではこの運動方程式を解くことはできない．球の重心は x 軸上だけを動き，滑ることなく転がるから，重心の座標は $(X, Y) = (a\phi, 0)$ である．つまり，この条件を満たすように F, R が生じているのである．常に $Y = 0$ から式 (2) より，

$$mg\cos\theta = R \qquad (4)$$

で垂直抗力の大きさ R を知ることができる．ここで I_G は例題 6.12 より $I_G = \dfrac{2}{5}Ma^2$ であるのでこれを式 (3) に用いると，

$$\frac{2}{5}ma^2\frac{\mathrm{d}^2\phi}{\mathrm{d}t^2} = aF \qquad (5)$$

となり，両辺を a で割って書き直すと，

$$\frac{2}{5}m\frac{\mathrm{d}^2}{\mathrm{d}t^2}(a\phi) = F \qquad (6)$$

を得る．$a\phi$ だから $\dfrac{\mathrm{d}}{\mathrm{d}t}(a\phi) = \dfrac{\mathrm{d}}{\mathrm{d}t}X$ となり式 (3) は

$$\frac{2}{5}m\frac{\mathrm{d}^2X}{\mathrm{d}t^2} = F \qquad (7)$$

となる．これを式 (1) に代入し F を消去すると，

$$m\frac{\mathrm{d}^2X}{\mathrm{d}t^2} = mg\sin\theta - \frac{2}{5}m\frac{\mathrm{d}^2X}{\mathrm{d}t^2} \qquad (8)$$

より，

$$\frac{\mathrm{d}^2 X}{\mathrm{d}t^2} = \frac{5}{7} g \sin\theta \tag{9}$$

を得る．よって，斜面を球が滑らずに転がり下りるときの重心の加速度の大きさは $\dfrac{5g\sin\theta}{7}$ である．同じ傾斜角のなめらかな斜面上を質点が滑り下りるとき加速度の大きさは $g\sin\theta$ であった．（解答終）

基本問題

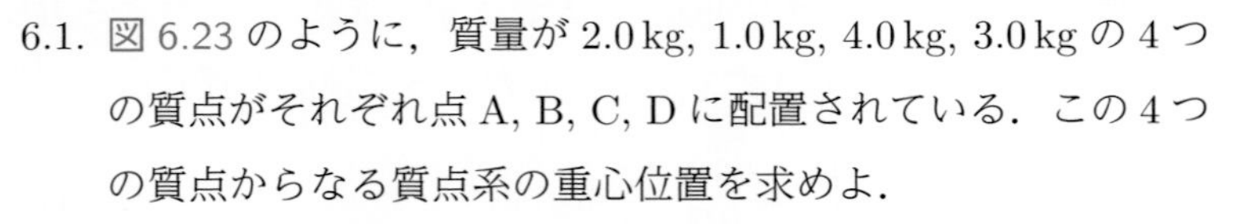

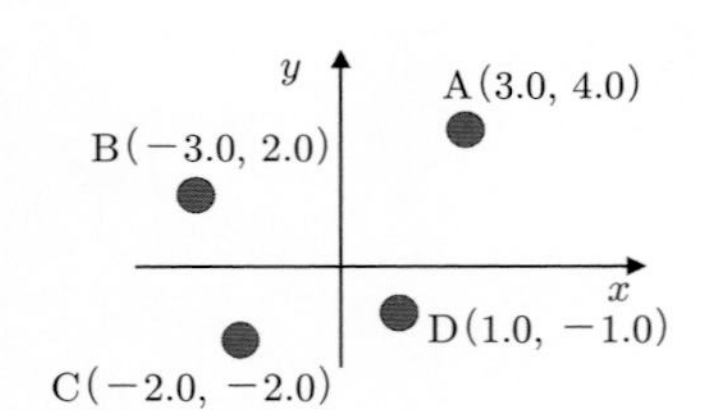

図 6.23

6.1. 図 6.23 のように，質量が 2.0 kg, 1.0 kg, 4.0 kg, 3.0 kg の 4 つの質点がそれぞれ点 A, B, C, D に配置されている．この 4 つの質点からなる質点系の重心位置を求めよ．

6.2. 太陽と地球に対して，他の天体などからの外力を受けないと仮定できるとき，太陽と地球の重心がどのように運動するか説明せよ．

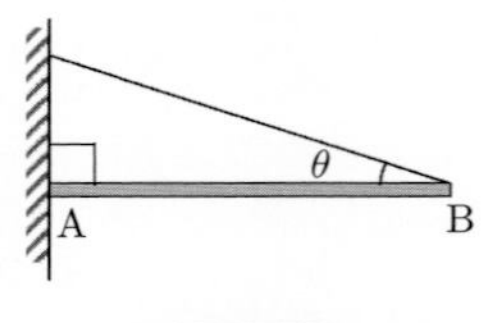

図 6.24

6.3. 図 6.24 のように，あらい鉛直な壁に長さ L，質量 m の一様で変形しない棒 AB を押し当て，棒の右端 B に糸を結び，糸の他端を壁に取り付けたところ，棒が水平な状態で静止し，糸と棒の間の角度は θ であった．このとき，糸の張力の大きさ T と，棒が壁から受ける摩擦力の大きさ F を求めよ．ただし，重力加速度の大きさは g とする．

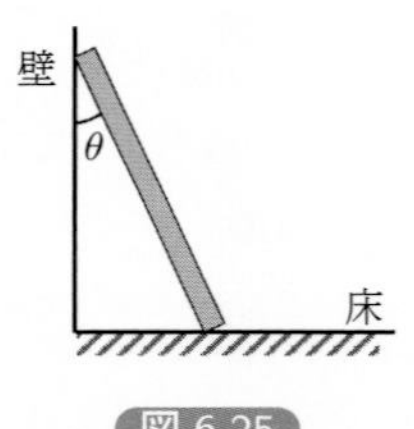

図 6.25

6.4. 図 6.25 のように，あらい水平な床となめらかな鉛直な壁に，長さ L，質量 m の一様で変形しない棒を立てかけたところ，棒と壁のなす角が θ のときに棒はすべらずに静止した．このとき，棒が壁と床から受ける垂直抗力の大きさと，棒が床から受ける摩擦力の大きさを求めよ．ただし，重力加速度の大きさを g とする．

6.5. 半径 0.40 m の一様な円板を，中心を通り面に垂直な軸を固定軸として自由に回転できるようにし，この円板が静止した状態から，円板の円周に沿って 3.0 N の一定の力を作用させた．このとき，固定軸のまわりの円板の慣性モーメントが $0.80\,\mathrm{kg\cdot m^2}$ であったとする．

① 力を作用させている間に生じる円板の角加速度を求めよ．

② 力を作用させ始めてから 2.0 秒後の円板の回転の角速度を求めよ．

③ 力を作用させ始めてから 2.0 秒間で円板が回転した角度を

求めよ．

6.6. 例題 6.7 と同じ，一様な細いまっすぐな棒（長さ l，質量 m）がある．この棒の端を通って棒に垂直な軸のまわりの慣性モーメントを求めよ．

6.7. 一様な円柱（半径 a，長さ l，質量 m）の中心を通って，円柱に垂直な軸（図 6.26）に関する慣性モーメントを求めよ．

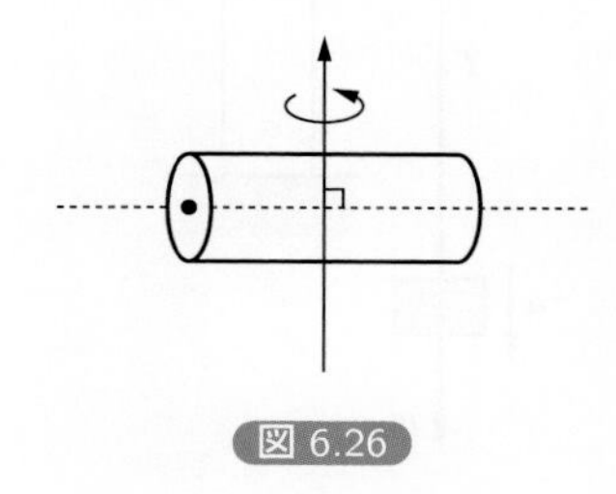

図 6.26

6.8. 中心を通り面に垂直な軸を固定軸として自由に回転できる円板が一定の角速度 0.10 rad/s で回転している．このとき，この円板の運動エネルギーを求めよ．ただし，固定軸のまわりの円板の慣性モーメントは $0.80\,\mathrm{kg\cdot m^2}$ であったとする．

6.9. 半径 0.40 m の一様な円板を，中心を通り面に垂直な軸を固定軸として自由に回転できるようにし，この円板が一定の角速度 0.10 rad/s で回転している状態から，円板の円周に沿って外力を加えた．この外力が円板に 4.0 J の仕事をしたとき，円板の角速度はいくらになるか求めよ．ただし，固定軸のまわりの円板の慣性モーメントは $0.80\,\mathrm{kg\cdot m^2}$ であったとする．

6.10. 図 6.27 のように傾斜角 θ の斜面上を，一様な円筒が，円筒の軸が斜面と直交しながら，滑ることなく，転がり下りる．この円筒（半径 a，長さ l，質量 m）の重心の加速度を求めよ．

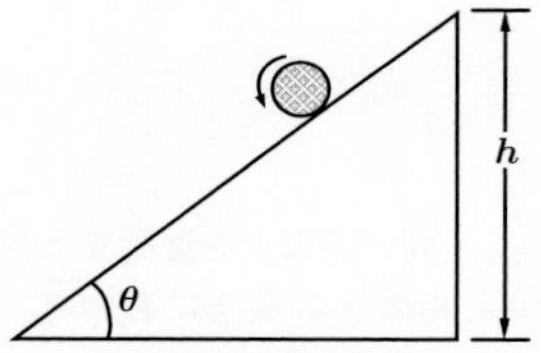

図 6.27

6.11. 傾斜角 θ の斜面上を，一様な円筒が，円筒の軸が斜面と直交しながら，滑ることなく，高さ h だけ転がり下りる．この円筒（半径 a，長さ l，質量 m）の回転の運動エネルギーと重心の並進の運動エネルギーの和を求めよ．

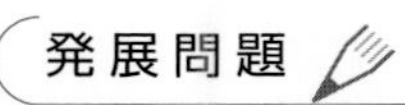

発展問題

6.12. 図 6.28 のように半径 a，質量 m の滑車があり，糸で m_1, m_2 の質点がつるされている．この滑車の慣性モーメントを I，$m_1 < m_2$ として m_1, m_2 の質点の落下の加速度を求めよ．さらに滑車の慣性モーメントを無視したときと比べよ．

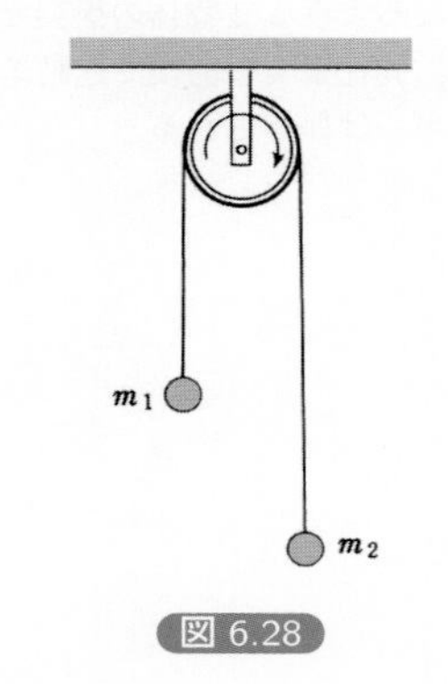

図 6.28

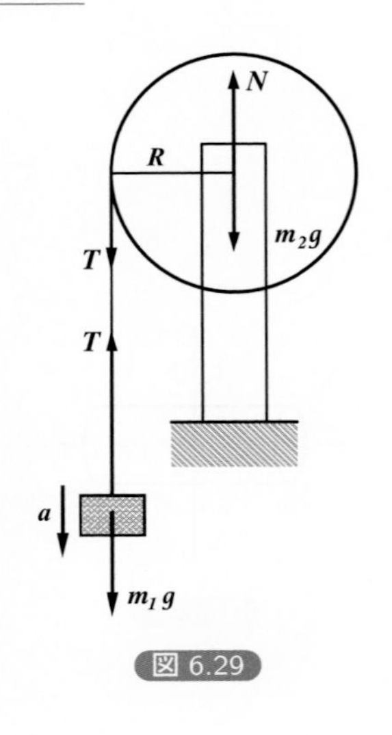

図 6.29

6.13. 図 6.29 のように半径 R，質量 m_2 の一様な円筒状の滑車が自由に回転できるようになっている．この滑車に糸をまき，その一端に質量 m_1 の物体をつるすものとする．糸は滑らずに滑車からほどけ，また回転軸には摩擦はないものとする．この物体の落下の加速度を求めよ

6.14. 質量 m の質点が半径 r_0 の円周上を一定の角速度 ω で回転している（図 6.30）．また，質量 m の一様な長さ r_0 の棒が，一端を固定して，角速度 ω で回転している（図 6.31）．このとき，それぞれの角運動量および回転エネルギーの式を書け．

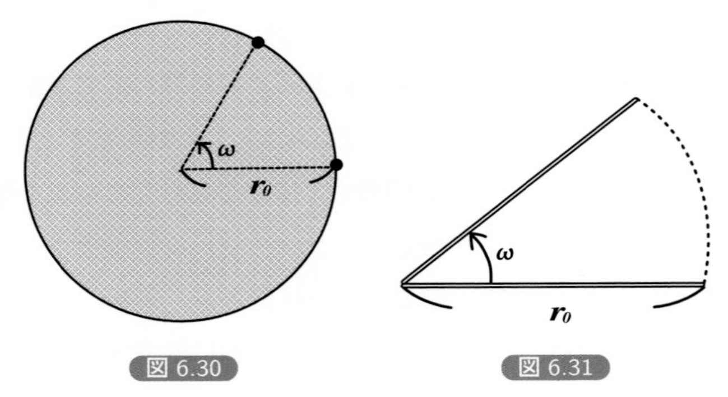

図 6.30　図 6.31

6.15. 質量 m_0，1 辺が $2a$ の正方形の一様な薄板が鉛直軸のまわりに自由に回転できるようになっている．速度の大きさ v_0 で質量 m のボールが軸から $\dfrac{2a}{3}$ の点に，面に垂直に衝突した．この衝突の後，ボールと薄板の運動はどうなるか．ただし，衝突は弾性衝突 [*5] とする（図 6.32）．

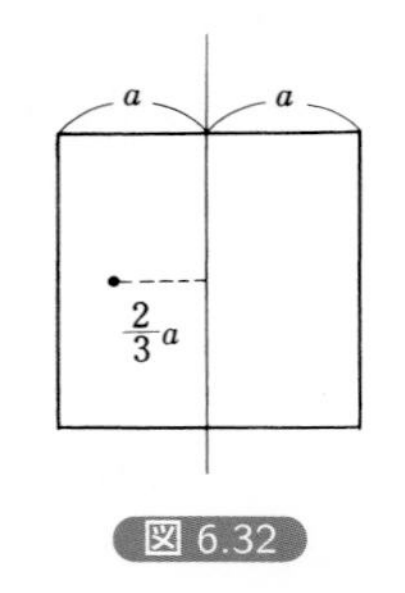

図 6.32

＊3　同一直線上を運動する物体 1 と物体 2 の衝突において，衝突前の速度をそれぞれ v_1, v_2（1 次元の運動として扱う）とし，衝突後の速度をそれぞれ $v_1{}', v_2{}'$ とすると，反発係数は

$$e = \frac{-v_2{}' - v_1{}'}{v_2 - v_1}$$

で表される．弾性衝突（完全弾性衝突）とは，反発係数 e が 1 となるような 2 物体の衝突であり，弾性衝突の前後で運動エネルギーは保存される．

問題略解

1章

1.1. (1) $1.0 \times 10^{-2}\,\mathrm{m}$ (2) $5.0 \times 10^{-8}\,\mathrm{kg}$

(3) $2.0 \times 10^{2}\,\mathrm{m/s}$ (4) $8.0 \times 10^{3}\,\mathrm{kg/m^3}$

1.2. (1) $[\mathrm{L}^1]/[\mathrm{T}^1] = [\mathrm{LT}^{-1}]$

(2) $[\mathrm{M}^1][\mathrm{L}^1\mathrm{T}^{-2}] = [\mathrm{LMT}^{-2}]$

(3) $[\mathrm{M}^1]/[\mathrm{L}^3] = [\mathrm{L}^{-3}\mathrm{M}]$

(4) $[\mathrm{M}^1][\mathrm{L}^1\mathrm{T}^{-1}] = [\mathrm{LMT}^{-1}]$

(5) $[\mathrm{L}^1][\mathrm{LMT}^{-2}] = [\mathrm{L}^2\mathrm{MT}^{-2}]$

(6) $[\mathrm{LMT}^{-2}]/[\mathrm{L}^2] = [\mathrm{L}^{-1}\mathrm{MT}^{-2}]$

(7) $[\mathrm{LMT}^{-2}][\mathrm{T}^1] = [\mathrm{LMT}^{-1}]$

1.3. $\mathrm{m}^3/(\mathrm{kg}\cdot\mathrm{s}^2)$

1.4. (1) 正しくない (2) 正しくない

(3) 正しくない (4) 正しい

(理由は省略)

1.5. $2.0\,\mathrm{m/s}$

1.6. $9.8\,\mathrm{m/s^2}$

1.7. 速度 $0.2\,\mathrm{m/s}$，高さ $5.1\,\mathrm{m}$

1.8. 時間 $11.4\,\mathrm{s}$，速さ $1.1 \times 10^2\,\mathrm{m/s}$

1.9. エ（× 加速度 → ○ 速度），キ（× 加速度 → ○ 変位）

1.10. 速度 $\dfrac{\mathrm{d}x}{\mathrm{d}t} = -\dfrac{1}{2}t + 2$，加速度 $\dfrac{\mathrm{d}^2x}{\mathrm{d}t^2} = -\dfrac{1}{2}$

1.11. ① $\dfrac{\mathrm{d}y}{\mathrm{d}t} = v_0 - gt$，$\dfrac{\mathrm{d}^2y}{\mathrm{d}t^2} = -g$

② $\dfrac{\mathrm{d}y}{\mathrm{d}t} = -ma\sin(mt) + nb\cos(nt)$,

$\dfrac{\mathrm{d}^2y}{\mathrm{d}t^2} = -m^2a\cos(mt) - n^2b\sin(nt)$

1.12. (1) $-2\,\mathrm{m}$ (2) $6\,\mathrm{m/s}$ (3) $6\,\mathrm{m/s}$ (4) $2\,\mathrm{m/s^2}$

(5) 一定の割合で増加する (6) 等加速度直線運動

1.13. (1)

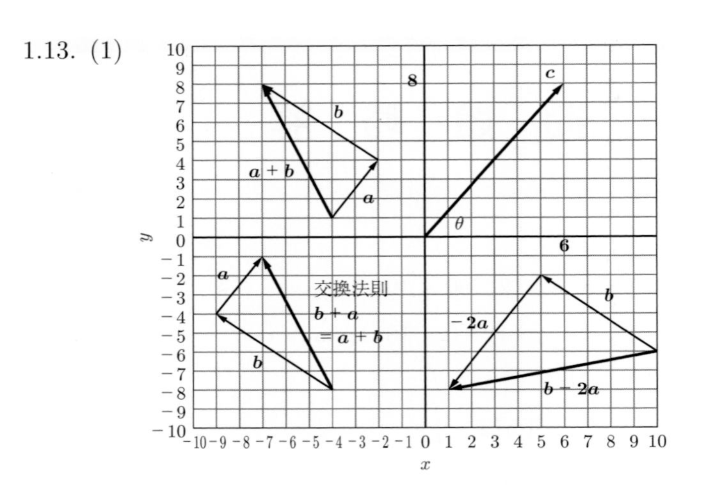

(2) $\boldsymbol{c} = 6\boldsymbol{i} + 8\boldsymbol{j} = (6, 8)$ より，$c = |\boldsymbol{c}| = \sqrt{6^2+8^2} = \sqrt{100} = 10$

$\tan\theta = \dfrac{8}{6} = \dfrac{4}{3}$ より，$\theta = \tan^{-1}\left(\dfrac{4}{3}\right) \approx 0.93\,\mathrm{rad}(\approx 53^\circ)$

1.14. (1) $\boldsymbol{i} + 11\boldsymbol{j} = (1, 11)$　　(2) $\sqrt{41}$

(3) $\boldsymbol{a}\cdot\boldsymbol{b} = 2\times(-1)+1\times 3 = 1$,　$\cos\theta = \dfrac{\boldsymbol{a}\cdot\boldsymbol{b}}{|\boldsymbol{a}||\boldsymbol{b}|} = \dfrac{1}{\sqrt{5}\cdot\sqrt{10}} = \dfrac{\sqrt{2}}{10}$

1.15. (1) $x = -14$　　(2) $y = 1$

1.16. $v = \dfrac{a}{(1+bt)}$ より $\dfrac{\mathrm{d}v}{\mathrm{d}t} = \dfrac{-ab}{(1+bt)^2} = -\dfrac{bv^2}{a}$，$a$ は初速

1.17. 加速度 $1.0\,\mathrm{m/s^2}$，移動距離 $3.3\,\mathrm{m}$

1.18. $22.5\,\mathrm{m/s^2}$

1.19. $8\,\mathrm{m/s}$

1.20. $50\,\mathrm{m/s}$

1.21. 約 28 s

1.22. 約 6 分 3 秒

1.23. $3.1\times 10^2\,\mathrm{m}$

1.24. 6 秒後

1.25. 大きさ $\sqrt{13}a$, 方向は大きさ a のベクトルに対し $\tan^{-1}\left(\dfrac{2}{3}\right)$ の方向

2 章

2.1. (a) 経路の式：$y = x - \dfrac{1}{2}x^2$

速度：$v_x = 4,\ v_y = 4 - 16t$

加速度：$a_x = 0,\ a_y = -16$

(b) 経路の式：$y = 1 - 2x^2$

速度：$v_x = \cos t,\ v_y = -2\sin 2t$

加速度：$a_x = -\sin t,\ a_y = -4\cos 2t$

(c) 経路の式：$\left(\dfrac{x}{a}\right)^2 + \left(\dfrac{y}{b}\right)^2 = 1$

速度：$v_x = -an \sin nt,\ v_y = bn \cos nt$

加速度：$a_x = -an^2 \cos nt,\ a_y = -bn^2 \sin nt$

2.2. (a) $\boldsymbol{v} = 2\boldsymbol{i} + 2(t+1)\boldsymbol{j}$

(b) $\boldsymbol{a} = 2\boldsymbol{j}$

(c) $y = \dfrac{1}{4}x^2 + x$

2.3. (a) $\boldsymbol{v} = \cos t\boldsymbol{i} - \sin 2t\boldsymbol{j}$

(b) $\boldsymbol{a} = -\sin t\boldsymbol{i} - 2\cos 2t\boldsymbol{j}$

(c) $y = 1 - x^2$

2.4. (a) $y = x^{\frac{3}{2}}$ または $y^2 = x^3$

(b) $\boldsymbol{v} = (4.0\,\mathrm{m/s},\ 12\,\mathrm{m/s})$, $\boldsymbol{a} = (2.0\,\mathrm{m/s^2},\ 12\,\mathrm{m/s^2})$,

$\boldsymbol{r} = (4.0\,\mathrm{m},\ 8.0\,\mathrm{m})$

2.5. (a) A に近づく向きに，大きさ 100 km/h

(b) A に近づく向きに，大きさ 20 km/h

2.6. 電車：地面，飛行機：大気，船：水，ロケット：地面または地球，ロケットの噴出ガス：ロケット，風：地面，川の流れ：地面または岸，落体：地面

2.7. 2.0 rad/s

2.8. 大きさ：$5.0\,\mathrm{m/s^2}$，向き：円の中心方向

2.9. (a) 0.254 m/s

(b) 3.0 秒後：西向きに 0.52 m/s，6.0 秒後：南向きに 0.52 m/s

(c) 3.0 秒間：南西向きに 0.25 m/s，6.0 秒間：南向きに 0.17 m/s

2.10. (a) $T = \pi\,\mathrm{s},\ f = \dfrac{1}{\pi}\,\mathrm{Hz}$

(b) $\omega = 100\pi\,\mathrm{rad/s},\ f = 50\,\mathrm{Hz}$

2.11. $\omega = \sqrt{\dfrac{k}{m}},\ f = \dfrac{1}{2\pi}\sqrt{\dfrac{k}{m}}$

2.12. 1.00 秒間：5.00 m/s，0.50 秒間：6.00 m/s，瞬間の速さ：7.00 m/s

2.13. 南から東へ 27° の方向に 92 km/h

2.14. 24 km/h, 角度が小さくなる

2.15. $\dfrac{1}{15}$ h 速い

2.16. 省略

2.17. 接線加速度：$0.33\,\mathrm{m/s^2}$, 法線加速度：$0.35\,\mathrm{m/s^2}$, 全加速度：$0.48\,\mathrm{m/s^2}$

2.18. $\boldsymbol{r}$ と $\boldsymbol{v}$ のスカラー積が 0 であることから示す

2.19. (a) 周期 $T = 2\pi\sqrt{\dfrac{L}{g}}$，$L = 1.00\,\mathrm{m}$ のとき周期 $T \approx 2.01\,\mathrm{s}$

(b) $x = x_0 \cos\omega t,\ v = -x_0\omega \sin\omega t$

3章

3.1. $x = 0\,\mathrm{N}$, $y = 2\,\mathrm{N}$

3.2. 大きさ $0.57\,\mathrm{m/s^2}$ ($\frac{2\sqrt{2}}{5}\,\mathrm{m/s^2}$)，角度 $-\frac{\pi}{4}\,\mathrm{rad}$ ($-45°$)

3.3. 省略

3.4. 省略

3.5. (1) $294\,\mathrm{N} \approx 2.9 \times 10^2\,\mathrm{N}$

(2) $4.0 \times 10^{-2}\,\mathrm{m}$ ($= 4.0\,\mathrm{cm}$)

(3) $88.2\,\mathrm{N} \approx 88\,\mathrm{N}$

3.6. 加速度の大きさ $\dfrac{F}{m_1 + m_2} - g$，張力の大きさ $\dfrac{m_2 F}{m_1 + m_2}$

3.7. 加速度の大きさ $\dfrac{P}{m} - g\sin\theta$，垂直抗力の大きさ $mg\cos\theta$

3.8. 垂直抗力の大きさ $mg\cos\theta$, 加速度の大きさ $\dfrac{F}{m} - g(\sin\theta + \mu'\cos\theta)$

3.9. 自動車の質量を m，初速度を v_0，制動力の大きさを F とする．制動力の向きを x 軸の正の向きとし，制動力を受け始めたときの時刻を $t = 0$，位置を $x = 0$，自動車が停止した時刻を $t = t_1$，位置を $x = x_1$ とする．初期条件は，時刻 $t = 0$ のとき位置 $x = 0$，速度 $v = -v_0$ である．自動車の運動方程式は $m\dfrac{\mathrm{d}^2 x}{\mathrm{d}t^2} = F$ で，これを解くと $v(t) = \dfrac{F}{m}t - v_0$, $x(t) = \dfrac{F}{2m}t^2 - v_0 t$ を得る．$t = t_1$ のときに $v = 0$ であるから，$\dfrac{F}{m}t_1 - v_0 = 0$ より $t_1 = \dfrac{mv_0}{F}$ である．このときの位置は $x_1 = x(t_1) = \dfrac{F}{2m}t_1^2 - v_0 t_1 = -\dfrac{m}{2F}v_0^2$ であり，したがって求める走行距離は $s = |x_1| = \dfrac{m}{2F}v_0^2$ である．具体的な数値を代入すると $4.5 \times 10\,\mathrm{m}$ を得る．

3.10. 鉛直下向きに y 軸をとり，投げ上げ地点を $y = 0$，投げ上げ時刻を $t = 0$ とする．作用する力は重力のみで，大きさは mg で y 軸の正の向きに作用する．初期条件は時刻 $t = 0$ のとき，位置 $y = 0$，速度 $v = -v_0$ である．物体の運動方程式は $m\dfrac{\mathrm{d}^2 x}{\mathrm{d}t^2} = mg$ で，これを解くと $v(t) = gt - v_0$，$y(t) = \dfrac{1}{2}gt^2 - v_0 t$ を得る．例題 3.11 の解と比べると，位置も速度も符号が反転している．

3.11. ① の場合, 初速度は $(v_0\cos\delta, -v_0\sin\delta)$, 地面に達したときの速度は $(v_0\cos\delta, v_0\sin\delta)$, 地面に達したときの位置は $\left(\dfrac{2v_0^2\cos\delta\sin\delta}{g}, h\right)$.
したがって，地面に達したときの速度は，初速度と比べて，大きさは同じで，向きは y 成分のみが反転している．

② の場合, 初速度は $(v_0, 0)$, 地面に達したときの速度は $(v_0, \sqrt{2gh})$,

地面に達したときの位置は $\left(v_0\sqrt{\dfrac{2h}{g}}, h\right)$

3.12. $60\sqrt{17}\,\mathrm{m}$

3.13. 運動方程式は $m\dfrac{\mathrm{d}^2x}{\mathrm{d}t^2} = mg - kx$ で，$x = x' + \dfrac{mg}{k}$ の置き換えをすると $m\dfrac{\mathrm{d}^2x'}{\mathrm{d}t^2} = -kx'$ となるので単振動である．最大の伸びは $\dfrac{2mg}{k}$

3.14. 加速度の大きさ $\dfrac{m_1 - m_2}{m_1 + m_2}g$，張力の大きさ $\dfrac{2m_1m_2}{m_1 + m_2}g$

3.15. (a) $M(g+a)$，(b) Mg，(c) 0

3.16. 半径 $\dfrac{v^2}{\sqrt{2}g}\left(\sqrt{1 + 4\dfrac{g^2R^2}{v^4}} - 1\right)^{\frac{1}{2}}$，垂直抗力の大きさ $\dfrac{R}{\sqrt{R^2 - r^2}}mg$

3.17. 糸の張力の大きさ $\dfrac{mg}{\cos\theta}$，回転の角速度 $\sqrt{\dfrac{g}{l\cos\theta}}$

3.18. $29.4\,\mathrm{m/s}$

3.19. $v_0^2 = \dfrac{gl\sin\theta}{\sin 2\delta}$

3.20. $\sqrt{\dfrac{g}{2h}}l$

3.21. 証明省略．周期 $2\pi\sqrt{\dfrac{r}{g}}$

3.22. 証明省略．$v = \sqrt{\dfrac{f_0r_0}{m}}$

4章

4.1. (1) $60\,\mathrm{J}$

(2) $-15\,\mathrm{J}$

(3) $588\,\mathrm{J} \approx 5.9 \times 10^2\,\mathrm{J}$

(4) $588\,\mathrm{J} \approx 5.9 \times 10^2\,\mathrm{J}$

4.2. $3.6 \times 10^6\,\mathrm{J}$

4.3. $360\,\mathrm{N}$

4.4. $3380\,\mathrm{N} \approx 3.4 \times 10^3\,\mathrm{N}$

4.5. $\dfrac{M^2g^2}{2k}$

4.6. $v = \sqrt{v_0^2 + 2gl\sin\theta}$

4.7. $W_1 = -fx_\mathrm{A}, W_2 = -fx_\mathrm{A}$

4.8. $W_1 = \dfrac{56}{3}\,\mathrm{J}, W_2 = \dfrac{52}{3}\,\mathrm{J},$

4.9. (1) $W_1 = 40\,\mathrm{J}$

(2) $W_2 = -19.6\,\mathrm{J} \approx -20\,\mathrm{J}$

(3) $v = 2.9\,\mathrm{m/s}$

4.10. $\sqrt{\dfrac{2\{F(\cos\theta+\mu'\sin\theta)-\mu' mg\}l}{m}+v_0^2}$

4.11. $2.5\,\mathrm{m/s}$

5章

5.1. 大きさ：$|m\boldsymbol{v}_2 - m\boldsymbol{v}_1| = \sqrt{2}mv_0$

向き：小球が飛んできた方向を基準として飛ばす方向に向かって 135°

5.2. (1) $12.5\,\mathrm{N\cdot s}$ ($\approx 13\,\mathrm{N\cdot s}$)

(2) $6.25\,\mathrm{m/s}$ ($\approx 6.3\,\mathrm{m/s}$)

5.3. $2\,Nmv$

5.4. 東向きに $3.0\,\mathrm{m/s}$，北向きに $4.0\,\mathrm{m/s}$（または，東から北に約 53° の向きに速さ $5.0\,\mathrm{m/s}$）

5.5. $2.7\times 10^{40}\,\mathrm{kg\cdot m^2/s}$

5.6. 速さは $6.0\,\mathrm{m/s}$，角運動量の大きさは $72\,\mathrm{kg\cdot m^2/s}$

5.7. $V=\left(\dfrac{m}{M}\right)V_0\cos\theta$

5.8. $\dfrac{\sqrt{3}mvn}{g}$

5.9. $\theta_2 = \sin^{-1}\left(\sqrt{\left(\dfrac{v_1'}{v_1}\right)}\cos\theta_1\right)$

$v_2' = v_1\sqrt{1-\left(\dfrac{v_1'}{v_1}\right)\cos\theta_1}$

5.10. $1 < a < \sqrt{2}$

$R_M = \left(\dfrac{a^2}{-a^2+2}\right)R_e$

$v_M = \left(-a+\dfrac{2}{a}\right)\sqrt{gR_e}$

5.11. $R_M = \dfrac{-R_e+\sqrt{R_e^2+4b^2}}{2} > 0$

6章

6.1. $\boldsymbol{R}=(-0.20, -0.10)$

6.2. 外力を受けないとき，$\boldsymbol{F}=\boldsymbol{0}$ であるので，$\mathrm{d}\boldsymbol{P}/\mathrm{d}t=\boldsymbol{0}$，つまり，質点系の全運動量 $\boldsymbol{P}$（＝太陽と地球の運動量の和）は時間変化しない．一方，この $\boldsymbol{P}$ は，質点系の全質量が重心に集中した仮想質点の運動量と等しい．よって，外力を受けないとき，重心は静止を続けるか，または，等速直線運動を続ける．

6.3. $T = \dfrac{mg}{2\sin\theta}$

$F = \dfrac{1}{2}mg$

6.4. 壁から受ける垂直抗力の大きさ：$\dfrac{mg\tan\theta}{2}$

床から受ける垂直抗力の大きさ：mg

床から受ける摩擦力の大きさ：$\dfrac{mg\tan\theta}{2}$

6.5. ①：$1.5\,\mathrm{rad/s^2}$

②：$3.0\,\mathrm{rad/s}$

③：$3.0\,\mathrm{rad}$

6.6. $I = \dfrac{1}{3}ml^2$

6.7. $I = \dfrac{1}{12}ml^2 + \dfrac{1}{4}ma^2$

6.8. $K = 4.0 \times 10^{-3}\,\mathrm{J}$

6.9. $\omega \approx 3.2\,\mathrm{rad/s}$

6.10. 斜面に沿って下向きに $\dfrac{2}{3}g\sin\theta$

6.11. mgh

6.12. 鉛直下向きに $\dfrac{m_2 - m_1}{m_1 + m_2 + \dfrac{I}{a^2}}g$

滑車の慣性モーメントを無視したときよりも，加速度の大きさは小さくなる．

6.13. 鉛直下向きに $\dfrac{m_1R^2}{m_1R^2 + I}g$

6.14. 質点の角運動量：$m{r_0}^2\omega$

質点の回転エネルギー：$\dfrac{1}{2}m{r_0}^2\omega^2$

棒の角運動量：$\dfrac{1}{3}m{r_0}^2\omega$

棒の回転エネルギー：$\dfrac{1}{6}m{r_0}^2\omega^2$

6.15. ボールは v_0 と同じ向きに $\dfrac{4m - 3m_0}{4m + 3m_0}v_0$ で進む．

板は角速度 $\dfrac{12m}{4m + 3m_0}\dfrac{v_0}{a}$ で回転する．

索　　引

――イ――

位　相　phase　52
位置エネルギー　potential energy　116
位置ベクトル　position vector　34
一般解　general solution　75

――ウ――

運動エネルギー　kinetic energy　114
運動の法則　law of motion　61
運動方程式　equation of motion　74
運動量　momentum　124
運動量保存の法則　law of conservation of momentum　128

――エ――

エネルギー　energy　113
エネルギーの原理　work-energy principle　114

――カ――

外　積　outer product　19
回転運動　rotation　146
回転の運動方程式　equation of motion for rotation　152
角運動量　angular momentum　132
角運動量保存の法則　law of conservation of angular momentum　134
角加速度　angular acceleration　45
角振動数　angular frequency　52
角速度　angular velocity　45
過減衰　overdamping　97
仮説の検証　test of hypothesis　8
加速度　acceleration　36
関　数　function　14
慣　性　inertia　60
慣性系　inertial system　61
慣性の法則　law of inertia　60
慣性モーメント　moment of inertia　151
間接測定量　indirectly measured quantity　12

――キ――

基本単位ベクトル　fundamental unit vector　20
共　振　resonance　98
強制振動　foeced oscillation　98
極座標　polar coordinates　21

――ク――

偶　力　couple of force　150

――ケ――

経路の式　trajectory formula　38
減衰振動　damped oscillation　96

――コ――

剛　体　rigid body　146
合　力　resultant force　62
弧度法　circular method　43

――サ――

最大静止摩擦力　maximum static friction　69
最大摩擦力　maximum friction　69
作用・反作用の法則　law of action and reaction　62

――シ――

次　元　dimension　10
次元式　dimensional formula　10
仕　事　work　109
仕事率（パワー）　power　111
質　点　material particle　32
質点系　system of particles　140
質　量　mass　61
質量中心　center of mass　141
周　期　period　52
重　心　center of gravity　141
自由度　degree of freedom　23
重　力　gravity　67
初期条件　initial conditions　75
振動数　frequency　52
振　幅　amplitude　52

――ス――

垂直抗力　normal force　69
スカラー　scalar　17

スカラー積 scalar product 19

—— セ ——

静止摩擦係数 coefficient of static friction 69
静止摩擦力 static friction 69
成 分 (ベクトルの) component (of a vector) 21
積 分 integral 14
線積分 line integral 110

—— ソ ——

相対位置ベクトル relative position vector 39
相対加速度 relative acceleration 39
相対速度 relative velocity 39
速 度 velocity 35
束縛運動 constrained motion 73
束縛力 constrained force 73

—— タ ——

単 位 unit 10
単位ベクトル unit vector 19
単振動 simple harmonic oscillation 52
単振動の運動方程式 simple harmonic oscillator equation of motion 89
弾 性 elasticity 68
弾性エネルギー elastic energy 118
弾性定数 elastic constant 68
弾性力 elastic force 68

—— チ ——

力 force 61
力の合成 composition of forces 62
力の分解 decomposition of force 62
力のモーメント moment of force 130
中心力 central force 99
張 力 tension 68
直接測定量 directly measured quantity 12
直交座標 rectangular coordinates, orthogonal coordinates 21
直交軸の定理 perpendicular axis theorem 156

—— テ ——

定 数 constant 14
定性的 qualitative 9
定量的 quantitative 9

—— ト ——

等速円運動 uniform circular motion 48
動摩擦係数 coefficient of kinetic friction 70
動摩擦力 kinetic friction 69
特殊解 particular solution 75
トルク torque 130

—— ナ ——

内 積 inner product 19
内 力 internal force 140

—— ニ ——

ニュートン (N) newton 62
ニュートンの運動の 3 法則 Newton's three laws of motion 60

—— ハ ——

ばね定数 spring constant 68
万有引力定数 universal gravitation constant 7
万有引力の法則 law of universal gravitation 7

—— ヒ ——

非周期減衰運動 aperiodic damped motion 97
左手系 left-handed coordinate system 21
微 分 differential 13
非保存力 nonconservative force 116

—— フ ——

フックの法則 Hooke's law 68
物理量 physical quantity 10
分 力 component of force 62

—— ヘ ——

平行軸の定理 parallel axis theorem 155
並進運動 translation 146
ベクトル vector 17
ベクトル積 vector product 19
ヘルツ (Hz) hertz 52

—— ホ ——

方向余弦 direction cosine 22
法 則 law 10
保存力 conservative force 116

ポテンシャル・エネルギー potential energy 116

―― マ ――

摩擦力 frictional force 69

―― ミ ――

右手系 right-handed coordinate system 21

―― ラ ――

ラジアン（rad） radian 43

―― リ ――

力学的エネルギー mechanical energy 120
力学的エネルギー保存の法則 law of conservation of mechanical energy 120
力 積 impulse 125
臨界減衰 critical damping 97

工学を学ぶための物理入門　―力学―
ISBN 978-4-8082-2083-9

2024年 4月 1日　初版発行

著者代表 © 佐 藤 杉 弥
発 行 者　鳥 飼 正 樹
印　　刷
製　　本　三 美 印 刷 株式会社

発行所　株式会社 東京教学社
郵便番号 112-0002
住　　所 東京都文京区小石川 3-10-5
電　　話 03（3868）2405
F　A　X 03（3868）0673
https://www.tokyokyogakusha.com

数 学 公 式

1. 対 数 関 数

自然対数の底　$e = \lim_{n \to \infty} \left(1 + \frac{1}{n}\right)^n \fallingdotseq 2.7183$

自然対数と常用対数の関係

$$\log_{10} e \fallingdotseq 0.43429, \quad \ln 10 = \log_e 10 = \frac{1}{\log_{10} e} \fallingdotseq 2.3026,$$

$$\log_{10} x \fallingdotseq \frac{1}{2.3026} \ln x \fallingdotseq 0.434291 \ln x, \quad \ln x \fallingdotseq \frac{1}{0.43429} \log_{10} x \fallingdotseq 2.3026 \log_{10} x$$

2. 三 角 関 数

$$\cos^2\theta + \sin^2\theta = 1$$

$$\sin(A \pm B) = \sin A \cos B \pm \cos A \sin B,$$

$$\cos(A \pm B) = \cos A \cos B \mp \sin A \sin B$$

$$\sin A + \sin B = 2\sin\left(\frac{A+B}{2}\right)\cos\left(\frac{A-B}{2}\right),$$

$$\sin A - \sin B = 2\cos\left(\frac{A+B}{2}\right)\sin\left(\frac{A-B}{2}\right),$$

$$\cos A + \cos B = 2\cos\left(\frac{A+B}{2}\right)\cos\left(\frac{B-A}{2}\right),$$

$$\cos A - \cos B = 2\sin\left(\frac{A+B}{2}\right)\sin\left(\frac{B-A}{2}\right),$$

$$\sin 2A = 2\sin A \cos A, \quad \cos 2A = \cos^2 A - \sin^2 A = 1 - 2\sin^2 A = 2\cos^2 A - 1,$$

$$\tan(A \pm B) = \frac{\tan A \pm \tan B}{1 \mp \tan A \tan B},$$

$$e^{ix} = \cos x + i \sin x, \quad (i = \sqrt{-1})$$

$$\sin x = \frac{e^{ix} - e^{-ix}}{2i}, \quad \cos x = \frac{e^{ix} + e^{-ix}}{2}$$

3. 微　　　分

$$\frac{d}{dx} ax^n = nax^{n-1}, \quad \frac{d}{dx} ae^x = ae^x, \quad \frac{d}{dx} a^x = a^x \ln a, \quad \frac{d}{dx} ax^x = ax^x(1 + \ln x),$$

$$\frac{d}{dx} \ln x = \frac{1}{x}, \quad \frac{d}{dx} \log_{10} x \fallingdotseq \frac{0.43429}{x}, \quad \frac{d}{dx} \sin x = \cos x,$$

$$\frac{d}{dx} \cos x = -\sin x, \quad \frac{d}{dx} \tan x = \frac{1}{\cos^2 x}$$